这不科学！

HOW TO THINK about WEIRD THINGS

如何科学地思考伪科学
Critical Thinking for a New Age

[美] **Theodore Schick, Jr.** 　**Lewis Vaughn** 著
　　 小西奥多·席克　　刘易斯·沃恩

武晓蓓　张志敏　译　武宏志　校

北京联合出版公司

图书在版编目（CIP）数据

这不科学！：如何科学地思考伪科学：修订第 7 版 /（美）小西奥多·席克,（美）刘易斯·沃恩著；武晓蓓,张志敏译 . -- 北京：北京联合出版公司，2020.10
ISBN 978-7-5596-4332-2

Ⅰ.①这… Ⅱ.①小… ②刘… ③武… ④张… Ⅲ.①科学—批判 Ⅳ.① G301

中国版本图书馆 CIP 数据核字 (2020) 第 106738 号

Theodore Schick, Jr. Lewis Vaughn
How to Think about Weird Things: Critical Thinking for a New Age，7e
ISBN 978-0-07-8038365
Copyright © 2014 by McGraw-Hill Education
All rights reserved. No part of this publication may be reproduced or transmitted in any form or by any means, electronic or mechanical, including without limitation photocopying, recording, taping, or any database, information or retrieval system, without the prior written permission of the publisher.
This authorized Chinese translation edition is jointly published by McGraw-Hill Education and Beijing United Publishing Co., Ltd. This edition is authorized for sale in the People's Republic of China only, excluding Hong Kong, Macao SAR and Taiwan.
Translation Copyright © 2020 by McGraw-Hill Education and Beijing United Publishing Co., Ltd.

版权所有。未经出版人事先书面许可，对本出版物的任何部分不得以任何方式或途径复制或传播，包括但不限于复印、录制、录音，或通过任何数据库、信息或可检索的系统。
本授权中文简体字翻译版由麦格劳-希尔（亚洲）教育出版公司和北京联合出版公司合作出版。此版本经授权仅限在中华人民共和国境内（不包括香港特别行政区、澳门特别行政区和台湾）销售。
版权 © 2020 由麦格劳-希尔（亚洲）教育出版公司与北京联合出版公司所有。
本书封面贴有 McGraw-Hill Education 公司防伪标签，无标签者不得销售。

这不科学！：如何科学地思考伪科学（修订第 7 版）

著　者：[美]小西奥多·席克　刘易斯·沃恩
译　者：武晓蓓　张志敏
校　者：武宏志
出品人：赵红仕
选题策划：后浪出版公司
出版统筹：吴兴元
特约编辑：俞凌波
责任编辑：徐　樟
营销推广：ONEBOOK
装帧制造：墨白空间

北京联合出版公司出版
（北京市西城区德外大街 83 号楼 9 层　100088）
天津创先河普业印刷有限公司印刷　新华书店经销
字数 347 千字　690 毫米 × 960 毫米　1/16　29 印张
2020 年 10 月第 1 版　2020 年 10 月第 1 次印刷
ISBN 978-7-5596-4332-2
定价：68.00 元

后浪出版咨询（北京）有限责任公司 常年法律顾问：北京大成律师事务所　周天晖 copyright@hinabook.com
未经许可，不得以任何方式复制或抄袭本书部分或全部内容
版权所有，侵权必究
本书若有质量问题，请与本公司图书销售中心联系调换。电话：010-64010019

献给艾伦、卡西、马西、帕塔瑞克和 T. J.

序 言

仅在讲英语的国家，每年就有百余种竭力宣传伪科学和超自然力量的书问世。今天，美国人相信占星术的比例已经超过了中世纪时的比例，那时候主要的教会神学家们，如圣奥古斯丁，已经给出充分的理由反驳占星术。我们为先进的科学而骄傲，然而公共教育水平跌落得如此之低，以至于四分之一的美国人和百分之五十五的青少年，更不用说近些年的一位总统和总统夫人，都相信占星术！

时而，有胆略的出版商抱着启发民众，而不是获取利益的目的，会出版客观评价伪科学和超自然力量方面的书。这一类型的书现在还屈指可数，但它们的出现总让人欣喜不已。与大部分指导读者区分好科学和坏科学的书相比，这本书有以下几方面的优势。

首先，这本书涵盖了伪科学的广阔范围，以及目前在美国吸引了大批跟随者的反常主张。其次，与其他类似的书不同，本书作者浓墨重彩地强调了帮助你批判性地评价怪异主张的原则，并且告诉你这些原则之所以重要的原因。再次，书里的讨论易读、精准而且坦率。

我尤其满意书中对科学实在论是非分明的评价。新纪元①圈子不

---

① 新纪元（New Age）即新纪元运动，是一种去中心化的社会现象，起源于20世纪70年代至80年代的西方社会与宗教运动。新纪元涉及灵性、神秘学、替代疗法等，并吸收了东西方古老精神与宗教传统，以及环境保护主义相关元素。——译者注

把科学规律视为客观存在,而是视为我们思想和文化的投射,这种认识已成为时髦。诚然,量子力学带有主观色彩。"电子的特性在测量前不确定",这个说法有一定道理,但是,这种技术方面的量子理论在宏观水平上与日常生活并不相干。量子力学的数学形式体系根本不像被东方宗教迷住的某些物理学家所声称的那样:它蕴含着月亮被看见时才存在的断言。正如爱因斯坦喜欢问的,老鼠的观察会让月亮变为真实的吗?

本书作者针对迷惑人的物理理论给出了清晰、准确的解释。量子理论确实云集了大量让人费解的奇异实验,但没有一个能够证明$E=mc^2$是文化产品,或者在阿富汗或遥远的星球上E可能等于mc^3。外星来客当然会用不同的符号表达爱因斯坦的公式,但是规律本身就像火星一样独立存在于人的思想之外。

正如作者明确说的:"有一种世界存在的方式。"科学的任务就是尽可能多地了解这个不是我们所创造的宇宙的运行方式。技术取得的令人敬畏的成绩有力地证明了科学一直在越来越接近客观真理。

如同作者告诉我们的,有两种不同的知识:逻辑、数学真理(在一个给定形式系统里确定的命题)与科学真理。科学真理从来不是绝对确定的,但能以某种概率等级加以接受,在许多情况下,这种概率等级实际上很难与确实性相区分。就像作者指出的,只有怪异的大脑才会想象二加二等于四以外的任何结果、奶牛能跳到月亮上,或者兔子能下五彩蛋。

尤其要对作者喝彩的是,他们论及了未经证实的替代疗法,其中一些超乎想象得稀奇古怪。荒谬的医学断言可能对那些拒绝主流医生的治疗,而依赖荒谬医学断言的轻信者造成数不清的伤害。

作者引用了其他作家丰富多彩且恰如其分的话语,这一点也值得称赞。比如，伯特兰·罗素（Bertrand Russell）的三条抑制人们接受所谓"知识垃圾"之倾向的规则：

1. 当专家意见一致时，相反的观点就不可能是确实的。
2. 当专家意见相左时，没有一个观点能被非专家看作是确实的。
3. 当专家全部认为一个肯定性观点缺乏充分理由时，普通人悬置判断为妥。

"这些原则看似温和，"罗素补充道，"然而一旦接受，它们会彻底变革人类生活。"

我并不幻想这本书能在说服读者采纳罗素的三条箴言方面多么有效。我能说的是，在某种程度上，这本书将为我们这个技术上先进但科学上落伍的国家提供迫切需要的服务。

——马丁·加德纳（Martin Gardner）

前　言

似乎没有什么能比那些关于超常、超自然或神秘现象（本书称之为"怪异事物"）的断言，更能激发人的兴趣、唤起人的情感，更能制造混乱。尽管许多诸如此类的断言不可置信，许多人还是相信它们，而且这种相信给他们的生活带来了深远影响。每年，都有数十亿美元花在了那些声称有特异功能的人和产品上。通灵者声称他们与外星人有过交流，巫师和占星师声称能预测未来，治疗师声称他们治愈了艾滋病患者以至肿瘤患者。我们该相信谁？我们该如何判断哪些断言是可信的？什么能区分理性和非理性断言？本书旨在帮助你回答诸如此类的问题。

你**为什么**相信已有的断言？下列是你相信的理由吗？

- 你自己有过一次奇异的个人经历。
- 你有这样的观念，即任何事都是可能的——包括怪异事物。
- 对断言是真是假，你有特别强烈的感觉。
- 你做出了强迫自己接受该断言的一百八十度大转弯。
- 你相信支持该断言的内在的、神秘的认识方式。
- 你知道没有人否证这个断言。

- 你有该断言为真的经验证据。
- 你认为，只要自己相信某个断言对你来说是真的，那它就是真的。

这个"相信的理由"清单可以一直列下去。但是，哪些是**好理由**呢？显然，有些理由比别的理由更好；有些理由可以帮助我们决定哪个断言更可能为真；有些却不能。如果在乎一个断言是否确实为真，我们的信念是否有充分根据（并非只是感到舒服或方便），我们就必须能够区分好理由和坏理由。同时，必须明白我们的信念如何和何时得以证明，如何和何时能说我们**知道**某事是真的或可信的。

本书的核心前提是，这样的理解是可能的、有用的和允许的。能够区分好理由和坏理由不仅能提升你的决策能力，而且能赋予你一种应对形形色色大吹大擂叫卖言论的有力武器。本书将向你一步一步展示如何区分理由，如何评价证据，如何辨别何时一个断言（无论它多么奇怪）有可能为真。它是一门应用于许多人认为对批判性思维免疫的那些断言和现象的批判性思维课程。

因此，本书的重点不是揭穿具体断言的真相，也不是为具体断言辩护，而是阐明能使你自己评估任何断言的批判性思维原则。为了说明如何应用这些原则，我们提供了对许多奇异断言的分析，包括关于它们可能真或假的结论的分析。但重点在于小心运用这些原则，而不是维护或驳斥给出的断言。

在怪异事物的王国，这些原则本身往往正是争论的焦点。有关怪异事物的论证经常涉及**人们如何知道**和**人们是否知道**——所谓认识论这一哲学分支的关键所在。因而对怪异事物的思考让我们能够直面人类思维的一些最基本的问题。所以，我们专注于清楚地阐释这些问题，说明为什么这本书里的原则本身是有效的，表明为什么这些原则的许多替代选择是无根据的。我们探索知识的来源，诸如信念、直觉、神秘主义、知觉、内省、记忆、理性和科学。我们质问：这些因素给予我们知识了吗？为什么给了或为什么没有给？

由于我们将说明这些原则是如何在具体情况下使用的，所以本书基本上是**应用认识论**著作。无论你是奇异现象的相信者还是不信者，无论你是否意识到它，你都有一种认识论，即一种知识理论。如果你曾希望分辨一个怪异的断言（或任何其他类型的主张）是否为真，那么你的认识论最好是一种好的认识论。

本书讨论的原则能帮你评价任何断言——不只限于对付怪异现象的那些原则。我们相信，如果你能成功使用这些原则去评价最奇异、最出乎意料的断言，你就准备好去应对任何普通的东西了。

新版本，新材料

第七版我们修改了几个部分，更新了几个部分，添加了如今吸引大众兴趣的、新的讨论话题。这些变化包括：

- 研究气候变化的一个新案例。
- 古代外星人、搜鬼人、先知、菲尼克斯之光和斯蒂芬维尔之光、世界末日预言以及免疫和自闭症的新专栏文字。
- 扩展了对非理性信念之伤害、时间旅行和太空旅行的可能性、魔术和奇迹的关系以及占星术合理性的讨论。

重要的原有特色

本书也包括以下内容:

• 对三十多个知识、推理和证据之原则的阐释,这些原则能用来提升你解决问题的技能,使你的判断更加敏锐。

• 六十多个关于超常、超自然或神秘现象的讨论,包括占星术、鬼魂、精灵、超感官知觉、意念致动、不明飞行物劫持、通灵、探测术、濒死体验、预言梦、鬼上身、时空穿梭、超心理学和神创论。①

• 评价任何超常断言的详细步骤。我们称之为"查究公式"(SEARCH formula),并给出一些例子,说明它如何被应用于某些流行的怪异主张。

• 许多专栏文字,提供了关于各种各样标新立异信念的详细信息、超常主张的真实信徒和怀疑者的评价以及相关科学研究的报告。我们认为这些材料能激发讨论,或者用作能运用批判性思维原则加以评价的例子。

• 关于真理本质的不同观点的综合处理,包括相对主义和主

---

① 这里所列举的神秘现象大都可归为我们通常所说的"特异功能"。超感官知觉(Extra-sensory Perception,简称 ESP),泛指从外界获知信息的超常能力,包括某些人认为存在的"第六感",比如遥视、透视等。意念致动或念力(Psychokinesis),属于向外界发送信息的"操控外界事物"的能力,包括用意念使物体移动、使物体从封闭容器中穿壁而出,以及"千里传功"改变远方物质特性等。通灵(Channeling)指的是,人类世界里有少部分的人能够与亡者之魂、精灵和神佛这些"灵"们自由交流,且能够随意操控常人不可企及的力量,这些怪异之人叫作"通灵者"。探测术(Dowsing)是一种占卜法,用占卜杖探寻地下水、金属、矿石、宝石、石油或地脉以及各种其他物品或物质。超心理学(Parapsychology)主要研究所谓的"超自然"的现象,比如濒死体验、轮回等。——译者注

观主义的若干形式。

- 关于科学的特性、方法和局限性的详细讨论,通过对超心理学和神创论的断言进行分析予以具体说明。该讨论包括科学之妥适性标准的完备处理,以及这些标准如何被用于评价超常主张。

致　谢

两位作者共同承担了本书的写作任务，因此也共同为书的不足之处负责。但是，在整个项目上，我们并非孤军奋战。墨兰伯格学院给我们提供了研究基金和图书资源，我们对此表示感谢，并对参与基于此书开设课程的墨兰伯格学者表示感谢。同时，对帮助我们校对书稿、提出专业建议和深刻评论的人们表示感谢。

第七版要感谢的人包括：

安妮·贝利（希莱纳大学）

詹姆斯·布莱克曼（旧金山州立大学）

威廉·豪力（莫德斯托初级学院）

迈克尔·杰克逊（圣文德大学）

唐·迈利尔（阿肯萨斯州立大学）

泰德·鲁特尼克（圣安布罗斯大学）

丹尼斯·萧（西哥伦比亚学院）

孙卫民（加利福尼亚州立大学北岭分校）

马克·沃派特（杨斯顿州立大学）

海伦·伍德曼（费里斯州立大学）

我们继续对第六版的评论者表示感谢，他们是：

H. E. 巴伯（圣地亚哥大学）

提姆·布莱克（加利福尼亚州立大学北岭分校）

道格拉斯·E. 黑尔（加利福尼亚州立大学富尔顿分校）

瑞贝卡·罗斯-方腾（得克萨斯州立大学圣马科斯分校）

马克·沃派特（杨斯顿州立大学）

目 录

序 言 ······ 1

前 言 ······ 4

致 谢 ······ 9

第 1 章 引言：走近怪异现象 ······ 1
    1.1 "为什么"的重要性 / 2
    1.2 从怪异堕入荒诞 / 4
    1.3 怪异现象集锦 / 7

第 2 章 不可能之事的可能性 ······ 19
    2.1 范式与超常现象 / 20
    2.2 逻辑可能性与物理不可能性 / 22
    2.3 超感官知觉的可能性 / 32
    2.4 理论与实际 / 34
    2.5 预知未来 / 38
    小 结 / 43
    学习问题 / 44

评估这些主张。它们有道理吗？/ 44

讨论问题 / 45

实战问题 / 45

批判性阅读与写作 / 46

第 3 章　好论证、坏论证和怪异事物 …………………………… 49

3.1　主张和论证 / 49

3.2　演绎论证 / 57

3.3　归纳论证 / 63

3.4　非形式谬误 / 72

3.5　统计谬误 / 79

小　结 / 82

学习问题 / 83

评估这些主张。它们有道理吗？/ 83

讨论问题 / 85

实战问题 / 86

批判性阅读与写作 / 86

第 4 章　知识、信念与证据 …………………………… 89

4.1　古巴比伦人获取知识的技艺 / 90

4.2　命题知识 / 91

4.3　理由与证据 / 93

4.4　专家意见 / 101

4.5　一致性与证明 / 106

4.6　知识的来源 / 107

4.7 诉诸信仰 / 110

4.8 诉诸直觉 / 113

4.9 诉诸神秘体验 / 116

4.10 重温占星术 / 121

小　结 / 128

学习问题 / 130

评估这些主张。它们有道理吗？ / 130

讨论问题 / 131

实战问题 / 131

批判性阅读与写作 / 131

第 5 章　从个人经验中寻求真相 ········· 135

5.1 现象与存在 / 135

5.2 感知：为什么你不能总是眼见为实 / 139

5.3 记忆：为什么你不能总是相信自己记起的事情 / 155

5.4 构想：为什么有时你看到了你所相信的 / 166

5.5 传闻证据：为什么证言不可信 / 202

5.6 科学证据：为什么受控制的研究是可信的 / 211

小　结 / 214

学习问题 / 215

评估这些主张。它们有道理吗？ / 216

讨论问题 / 216

实战问题 / 217

批判性阅读与写作 / 217

第6章　科学及其假冒者 ·········· 224

6.1　科学与教条 / 225

6.2　科学与科学主义 / 226

6.3　科学方法论 / 227

6.4　确证与反驳假说 / 235

6.5　假说的妥适性标准 / 242

6.6　神创论、进化论与妥适性标准 / 254

6.7　通灵学 / 277

小　结 / 298

学习问题 / 300

评估这些主张。它们有道理吗？/ 300

讨论问题 / 301

实战问题 / 301

批判性阅读与写作 / 301

第7章　超常现象案例研究 ·········· 309

7.1　查究公式 / 311

7.2　顺势疗法 / 317

7.3　代　祷 / 323

7.4　不明飞行物劫持 / 327

7.5　与死者交流 / 347

7.6　濒死体验 / 354

7.7　鬼 / 376

7.8　阴谋论 / 387

7.9　气候变化 / 395

小　结 / 401

学习问题 / 402

运用查究方法评价这些主张 / 402

学习问题 / 403

批判性阅读与写作 / 404

第 8 章　相对主义、真理与实在 ……………………… 410

8.1　我们每个人创造了我们自己的实在 / 412

8.2　实在是社会地建构出来的 / 419

8.3　实在是由概念架构建立的 / 428

8.4　相对主义者的炸药包 / 434

8.5　面对实在 / 436

小　结 / 439

学习问题 / 440

评估这些主张。它们有道理吗？/ 441

讨论问题 / 441

批判性阅读与写作 / 442

第 1 章

引言：走近怪异现象

本书适合这样的读者——他们凝视夜空或房间的幽暗处，毛骨悚然，目瞪口呆，对一种不能解释但从未停止好奇的体验发出疑问："它是真的吗？"本书也适合这样的读者——他们已经阅读和听说了关于不明飞行物、通灵现象、时空穿梭、灵魂出窍的体验、幽灵、鬼怪、占星术、转世轮回、神秘主义、针刺疗法、虹膜诊断学、难以置信的量子物理实验，以及成千上万其他奇异的事情，并且问："它是真的吗？"这本书更适合这样的读者——他们就像爱因斯坦一样，相信最美的体验是神秘的，而且有勇气不断发问，直到得到有关神秘事物的答案。

尽管本书会提供一些答案，但主要不是回答这些问题的。本书是一本**让你自己找到答案的书**——如何检验真理或我们可能体验的最具影响力、最神秘、最刺激、最令人困惑的难题的真实性。它是关于如何清晰、批判地思考我们所谓的"怪异事物"的——所有异乎寻常、令人生畏、奇妙、怪异以及可笑的事，无论是真的还是声称的，它们从科学、伪科学、玄奥、超自然现象、神秘和奇迹里喷涌而出。

> 好奇是哲学家的情感，哲学始于好奇。
> ——柏拉图

1.1 "为什么"的重要性

> 怀疑的思考习惯对我们的生存是必要的，因为瞎扯、欺骗、废话、粗枝大叶的思考和装扮成事实的荒唐愿望并不专属于魔术和针对心理问题的含糊建议。
>
> ——卡尔·萨根

拿起任何一本有关这些话题的书或杂志，它都会告诉你某些超常现象是真实还是幻觉，有些奇怪的断言是真是假，可能或不可能。你身边的很多人会欣然为你提供他们对于最奇异事物的信念（通常是坚定不移的）。在这些大量的断言里，你听到了许多"什么"，但很少听到有用的"为什么"。也就是说，你听到了信念，但很少听到支持信念的坚实理由——没有实质的理由足以让你分享这些信念；没有足够可靠的理由表明这些断言很可能为**真**。你可能听到天真热情的倡议、严厉的斥责、片面的筛选证据、党派路线的辩护、信仰的跳跃、轻率得出的虚假结论、陷入一厢情愿式的思考、在摇晃不稳的基础上勇敢坚持主观确实性，但是看不见好的理由。即使你真的听到了好理由，也可能会最终形成关于一个奇异主张的坚定看法，而不会学到在类似情况下能帮助你的任何原则。或者，你听到了好理由，但没有人费心解释为什么它们是好理由，为什么它们最有可能引向真理。或者，没有人敢回答终极的"为什么"——为什么好理由一开始就是必需的。

没有好的"为什么"，人类就没有希望理解所有我们乐意称之为**怪异**（或称为别的）的事儿。没有好的"为什么"，我们的信念只不过是任意的、与随意选纸牌无异的、没有知识含量的断言。没有好的"为什么"指引我们，在一个信念多如牛毛的世界里，我们的信念也就失去了价值。

面对怪异现象时，我们尤其需要好的"为什么"，因为关于怪异事物的陈述几乎总是隐匿在混淆、误解、错误感知，以及我们自己相信或不相信的主观愿望的旋涡之中。我们判断这些怪异事物真实性的任务不比那些困惑或启发每个科学家的任务更容易：有时最怪异的现象却绝对真实；有时最奇怪的断言原来却是真的。最好的科学家和思想家从不会忘记，让人惊叹的发现有时就是在经验的边缘、反常现象潜行的地方做出的。

外星人在劫持我们的邻居。具备超能力的侦探破了案。你的前世是中世纪的马童。诺查丹玛斯预言了肯尼迪被刺杀。草药能治愈艾滋病。人或物的悬浮是可能的。塔罗牌解读披露了人的性格。科学证明了东方神秘主义的智慧。登月是骗局。磁疗行得通。濒死体验证明死后生命存在。水晶能治病。大脚怪在出没。猫王还活着。

你相信这些断言吗？你相信其中某些或全部断言只是笑谈，是只有傻瓜才会当真的胡言乱语吗？然而，重要的问题是：**为什么**？为什么你相信或不相信？仅仅相信——没有好的"为什么"——不能帮助我们接近真相。草率地拒绝或接受一个断言，不能帮助我们区分实际上很可能为真（或为假）与我们仅仅想要令其为真（或为假）的东西。不是建立在最佳理由和证据基础上的信念，只能在空中摇摆，除了代表我们短暂的情感或个人喜好以外，再没有任何意义。

我们这里提供的是对好的"为什么"的概括。我们尽可能清晰地解释和说明评价形形色色怪异事物的理性探究的原则。我们给出权衡论据和得出充分结论的基本指南。这些原则之中，大部分只不过是老生常谈，常常被哲学家、科学家以及其他任何

> 如果一个人的行动、言语和步骤都是回答了清晰的"为什么"的清晰的"因为"，我们就把他称作聪明人。
> ——约翰·卡斯帕·拉瓦特

有志于发现事实真相的人使用。许多原则在各种科学探索中都是基本的。我们表明，为什么这些原则如此有力，如何使用它们，**为什么从这些"为什么"出发是好的**——对于发现什么是真的，什么是真实存在的而言，为什么它们是比其他东西更加可靠的向导。

我们认为非常需要这后一种解释。你也许听说没有可信的科学证据可以证明意念致动（仅用意念移动物体）。但是你也许从未听说，为什么先仔细解释科学证据是必要的。大多数科学家会说，想到一个朋友，接着突然就接到了那个人的电话，这样普通的经验并不能证明传心术（不用五种感官而进行的心灵沟通）为真。但是，为什么不能呢？只有几个科学家和少数其他人费心解释了为什么。一百个人独自试吃了一种草药，现在信誓旦旦地说草药治愈了他们的癌症。科学家会说，这一百个故事构成传闻证据，根本没有证明草药的效用。但是，为什么呢？好答案是有的，但要费力获取。

答案可以在区分好理由和坏理由的原则中找到。你无须信仰这些原则（或其他陈述）。通过谨慎驾驭理智，你自己就能证明它们的有效性。

> 人很渺小，夜空很广大，充满了奇观。
> ——邓萨尼勋爵

你也不应该假设这些指南永远正确，不可改变。它们只不过是在有人提出丢弃它们的可靠、合理理由之前，我们所拥有的最佳指南而已。

这些指南本不应该让任何人感到惊讶。然而，对许多人而言，这些原则却犹如晴天霹雳，如同让他们看到了一张未知国家的详细地图。即便是我们之中那些能坦然面对这些原则的人，也得承认，我们很可能每天至少违背其中一个原则——结果就是掉进了错误结论的阴沟里。

1.2 从怪异堕入荒诞

我们真诚地邀请所有那些确实认为阅读这本书是浪费时间的人来

读这本书——他们认为用理性原则评价怪异主张是不可能的，或是无稽之谈。对这种日益风靡的态度，对于它的各种表现形式，我们发起直接挑战。我们在做不可能的或者至少有些人认为不可能的事。我们有充分的理由相信，下列断言实际上是错误的：

- 没有客观真理这样的东西。我们制造了我们自己的真理。
- 没有客观实在这样的东西。我们制造了我们自己的实在。
- 存在精神的、神秘的或内在的认知方式，它们优于我们平常的认知方式。
- 如果一种经验看起来是真实的，那它就是真实的。
- 如果你对一个想法感觉良好，那它就是对的。
- 我们没有能力获取关于实在的真实本性的知识。
- 科学本身是非理性或神秘的。它只不过是另一种信仰、信念系统或神话，不比别的东西更为正当合理。
- 信念是真是假无关紧要，只要它们对你有意义。

我们讨论这些观点，是因为它们无法回避。如果你想评价怪异事物，那你迟早会遇到这些观念，它们会挑战你最基本的假设。按照定义，奇异就是脱离常规，因此，它常常对我们常规的认识方法表示怀疑。它吸引很多人相信，在超常事物领域里，奇异的认识方式一定盛行。它导致许多人得出这样的结论：理性刚好不适用，合理性用在了错误的地方。

> 我确实觉得我们都在创造我们自己的实在。我认为我就在这里创造你。因此我创造了媒介，因此我创造了实体，因为我在创造一切。
> ——雪莉·麦克雷恩

从严肃审查这些挑战我们所知之事（或者认为我们知道）与如何知道的基本假设中，你能学到很多东西。事实上，你能从本书中学到有关以上观念的三个重要教益：

1. 如果这些观念有一些**是**真的，那么，认识有关任何事物的任何东西（包括怪异的材料）都是**不可能**的。
2. 如果你真的相信这些观念里的任何一个，你就断送了发现真实事物或真命题的机会。
3. 拒斥这些观念就是解放思想，增加力量。

例如，在我们审视不存在客观真理这个观念时，第一个教益就会清晰地显现在我们面前。这个观念意味着，实际上，实在就是我们每个人所相信的东西。除了一个人关于实在的信念外，实在并不存在。

> 独立精神的本质不在于思考什么，而在于如何思考。
> ——克里斯托弗·希钦斯

因此，真理不是客观的，而是主观的。这一观念体现在流行的一句话中："对你来讲不是真的，对我而言却是真的。"问题是，如果不存在客观真理，那么就**没有**陈述是客观上为真的，包括"不存在客观真理"这一陈述。该陈述在自我反驳。如果该陈述为真的话，那就意味着这个陈述和**所有**陈述——我们的，你们的，或者任何其他人的——都不值得相信或认同。每一个观点都成为武断的，除了某人喜欢它这个事实外，就没有什么可取之处了。不可能存在知识这样的东西，因为如果没有什么是真的的话，就没有什么是可知的了。肯定和否定某物之间的区别已毫无意义。意义和无意义，合理信念和幻觉之间不可能有区别。由于我们后面会讨论的几个理由，人们将面对一些无法忍受的荒谬。这首先是因为，同意或不同意别人的观点将成为不可能。事实上，与别人沟通，学习一种语言，比较彼此的观点，甚至思考，都将是不可能的。

第三个教益的要点是，如果这些离谱的观念束缚了我们，拒斥它们就解放了我们。拒绝它们就等于说我们**能**了解世界——推理和权衡证据的能力帮助我们获取知识。在某种程度上，接下来讨论的主要目的是要证明这种能力的强大。人的理性让我们变得强大，它胜过任何力量，能让我们区分事实和虚构，理解重大议题，洞穿神秘现象，回答广博的疑问。

> 光，给我更多的光。
> ——歌德临终遗言

1.3 怪异现象集锦

有多少人真正在意怪异事物？很多。图书销量，杂志、电视的报道量，相关电影以及民意调查都显示，人们对超自然的、超常的、神秘的、幽灵的和来世的现象有广泛的兴趣。例如，2005 年盖洛普民意调查（Gallup poll）显示：

> 各地的人都喜欢相信他们知道不真的东西。这让他们摆脱了自己思考的麻烦，也摆脱了他们认识事物的责任。
> ——布鲁克斯·阿特金森

- 55% 的美国人相信灵媒（灵性治疗）或人的心灵拥有对身体的治愈力量。
- 41% 的人相信 ESP（超感官知觉）。
- 42% 的人相信地球人有时会被魔鬼附体。
- 32% 的人相信幽灵或死人的魂灵在某些地点或情景下能复活。
- 31% 的人相信传心术存在，或不用传统的五感进行交流是可以做到的。
- 24% 的人相信外星人在过去的某个时候造访过地球。
- 26% 的人相信千里眼或心灵有了解过去、预见未来的能力。

・21%的人相信人能听到死人说话，或人能在精神上与死人沟通。

・25%的人相信占星术，或恒星与行星的位置变化能影响人的生活。

・21%的人相信巫婆。

・20%的人相信转世，即人死后灵魂会在新的身体里重生。

还有许许多多超常的事，成千上万的人经历、相信它们，并因此改变了他们自己的生活。其中一些会在本书里进行讨论。下面是一些样本：

・成百上千濒临死亡的人讲述了他们在来世的极乐体验。他们的讲述各有不同，但是有些细节不断重复：当他们处在死亡的门口时，平静的心情笼罩了他们。他们看到他们漂浮在自己的躯体之上。他们穿过一条漫长、幽暗的隧道，进入了另一个明亮、金光闪闪、美妙无比的世界。他们看到了早已死去的亲戚和安慰他们的光之灵。然后他们回到了自己的躯体，醒来了，之后他们被自己的奇特经历改变了。各种情况下的体验看起来一点儿也不像是梦或幻象，而像是生动真实的。这些情节被称为濒死体验（NDEs）。许多有这种体验的人说，他们的濒死体验给出了死后重生的不可否认的证据。

・有些人报告了常常令人发指的所谓预言之梦，这种梦似乎能预测未来。这里有一例："我梦见跟父亲一起走在一个陡坡上。他走得太靠坡边，泥土像瀑布一样落在下面的岩石上。我转过身去抓他的胳膊，但他脚下的土坡坍塌了，致使他悬挂在我的手上。

伪教师

两位社会学家——阿灵顿得克萨斯大学的社会学家雷·伊芙（Ray Eve）和人类学家达纳·登（Dana Dunn）——试图寻找伪科学信念的根源。他们在理论上认为，可能是老师在学校里传播了这些观点。

为了验证其理论，他们对美国 190 名教授生物和生命科学的高中教师进行了调查。结果发现：43% 的人认为大洪水和诺亚方舟的故事肯定或很可能是真实的；20% 的人相信活人能与死人沟通；19% 的人觉得恐龙与人类生活在同一时期；20% 的人相信巫术；16% 的人相信亚特兰蒂斯存在。而且，30% 的人想教神创论科学；26% 的人觉得有些种族比另一些种族更聪明；22% 的人相信世界上有鬼。

尽管 30%～40% 的教师工作很出色，但伊芙说："观察结果是，这些教师大部分不是足球教练，就是家政学教师，他们是被要求教生物学的。"

有希望改变这种现状吗？"就像改变国防部一样难，"伊芙说，"教育官僚如此困难，以至于即使你知道出了问题，解决的可能性却很小。"[1]

我使劲拉他，但是他变得越来越大，越来越重。他慢慢落了下去，冲我叫喊，但没有声音。然后我就尖叫着惊醒了。三个星期后，我父亲从两层高的窗户上跌下去摔死了，当时他在刷窗台。那时我跟他在一个房间里，但来不及抓住他。我很少记住梦境，也从未梦到过有人跌落。"这样的梦对做梦者会有深刻的情感影响，也会激发他去坚定地相信超自然的力量。

• 可能有数以百计的人声称，他们生前曾经在迥然不同的地方过着非常独特的生活。当人们被催眠时，他们便回到了所谓深埋的自我状态，这些前世生活的故事便浮出水面。下面这个故事发生在

> 小公驹生了一张人脸，就像它爹一样！
> ——《世界新闻周刊》

1952年，那时一个美国的家庭主妇弗吉尼亚·泰格（Virginia Tighe），在催眠中回到了19世纪爱尔兰的前生中。她反常地用爱尔兰土话讲述了自己让人诧异的前世生活。在催眠中，许多人也生动细致地讲述了他们在罗马、中世纪的法国、16世纪的西班牙、古希腊、埃及、亚特兰蒂斯或更多其他地方的前世生活，他们都用当地的语言或方言讲述。许多名人声称，被催眠时，他们也退回到了一种状态，发现了自己的前世存在。例如，雪莉·麦克雷恩（Shirley MacLaine）说她曾经是一个装着一条木腿的海盗、一个佛教僧侣、一个路易十五宫廷里的弄臣、一个蒙古游牧民和不同类型的娼妓。许多人相信，诸如此类的例子证明了转世说。

• 有些美国军官对神奇的"遥视"（千里眼）超能力现象表现出了极强的兴趣。它声称不用任何感官就能准确感知遥远地理位置的信息。军官们声称，苏联在发展这种能力上超过了美国。据说任何人都具备遥视能力，因为它不需要特殊训练和才能。关于这种现象已经有许多实验研究，有些人说这些实验证明遥视是真实的。

- 许多人指望从通灵师、占星师和塔罗牌大师那里购买珍贵的商品：预测未来。你可以从报纸、杂志、书、电视脱口秀、"900"电话号码①、与预言家的私人会面等渠道获取这种商品。预测会涉及影星的命运，世界舞台上的重大事件，或你自己的人生起伏变化等。到处都能听到令人吃惊的、不可能实现的预言成为现实的消息。这里有个例子：1981年4月2日，里根遇刺事件之后的第四天，一名洛杉矶通灵师**几个星期前已经预测到了整个事件**的消息公布于世。在那个四月的早上，NBC（National Broadcasting Company，美国全国广播公司）的《今日》节目、ABC（The American Broadcasting Company，美国广播公司）的《早安美国》，和CNN（Cable News Network，有线新闻网）播放了一段录音，说明通灵师兰德提供了对谋杀企图的详细预测。这盒磁带据说是1981年1月6日录制的。她预见里根被一个浅棕色头发的年轻人击中，他姓名的首字母是"J. H."，里根会被击中胸部，现场会出现一阵"枪林弹雨"，这命中注定的一天会在三月的最后一个星期或四月的第一个星期出现。

> 胖女人的胸罩咔嚓绷断了——伤了13个人！
> ——《世界新闻周刊》

- 一些奇怪的事在物理学界流行，它是如此奇怪，以至于有些费心思考的人现在宣布，物理学越来越像东方神秘主义了。怪异发生在被称为量子力学的物理学分支中，这一领域研究亚原子粒子，它是构成宇宙万物最小的物质。有这样一个声名狼藉的怪异现象：在量子领域，**在被某人观察之前**，粒子不具备它们的某些特性。在科学家测量它们之前，粒子似乎并不以确定的形式存

---

① 美国的"900"电话号码服务是一种通过电话向客户提供旅馆、旅游、交通、占星术等多种信息的服务。——译者注

在。这个鬼魅般的事实与爱因斯坦的理论不符,却不断在严格控制的实验中被证实。这使得一些人推断:实在是主观的,作为观察者的我们创造了我们自己的宇宙——宇宙是我们想象的产物。这个量子反常现象促使一些人甚至一两个物理学家严肃地问道:"一棵树在没人看的时候真的还在那儿吗?"

> 哎呀,上帝,我是怎样进入这个房子里与这些奇怪的人在一起的?
> ——斯图尔特·布兰德

· 1894年,通灵研究学会发表了第一个关于个人遭遇幽灵现象的调查。有几百种第一手叙述材料,材料的叙述者声称看到了真正的幽灵。特异现象学术史记载了一个令人毫不意外的事实:人们报告这样的特殊经历已经有几个世纪了。现在,情况也没有多少改变。你可能至少亲耳听过一个这样的叙述,这个叙述来自你所了解的人。这个人说,他讲的根本不是鬼**故事**,而是事实。研究表明,这种经验能发生在心智很健全的人身上,生动逼真,具有强烈的情感效应。还有一些人报告说,他们感到一种"存在感",好像有一个隐形人在身旁。有名的鬼故事带着引起鸡皮疙瘩的细节,一遍一遍被人重复讲述,没有尽头。你不必阅读通俗小报(更有名望的报纸也会这样做),就能发现这样的故事。当某人惊讶"你在喊谁?"时,一群真正的鬼就要开始闹腾了。

· 《驱魔人》电影将它戏剧化。恐怖片《鬼哭神嚎》强化了对它的意识。天主教会认可它。新闻媒体争相报道它。这就是鬼上身的观念——即人和地方能被巨大的超自然的邪恶力量纠缠、伤害和控制。一个典型案例如下:1986年8月18日,美联社报道,据说有鬼出没在宾夕法尼亚州西部皮茨顿的一间房子里。杰克和珍妮·斯摩尔与他们的四个孩子住在那里。他们说鬼在吓他们。这则报道说:"斯摩尔一家说,他们闻到了一股烟熏和腐肉的臭味，听到了猪哼哼的声音、马蹄声、令人毛骨悚然的尖叫声和呻吟声。门时关时开，电时有时断，无形的鬼光在他们面前穿行，电视机掠过房间。甚至家里75磅①的德国牧羊犬也被击到了墙上，杰克·斯摩尔说那时他就站在旁边。"² 后来，杰克·斯摩尔的话被《纽约每日新闻》引用："（一个女鬼或女妖）在床上至少与我性交了十几次，我醒了，但是一动也不能动了。"斯摩尔一家邀请恶魔学家埃德·华伦（Ed Warren）来调查，华伦曾经参与过《鬼哭神嚎》的拍摄。他声明，确实有几个魔鬼待在那座房子里。

· 很久以前，外星人访问了地球，他们向原始人传授了先进的技术和知识。许多人这样说，否则你怎么解释让人震惊的埃及金字塔工程和新世界？他们会这样问。深入秘鲁纳斯卡平原的古老设计看起来不像是给着陆的外星宇宙飞船造的机场标志吗？1513年高精度的皮瑞·雷斯（Piri Reis）地图一定是某种航拍的结果？非洲的原始多贡部落所掌握的关于一颗无法用肉眼看到的行星的事实，直到19世纪才被航空员发现？他们说，在神话和传说中，我们的祖先诉说了这些"众神"的访问。埃里克·冯·丹尼肯（Erich von Däniken）在他的书《众神的战车》《天外来神》和《丹尼肯的证据》里，反复提到了这一主题。当有人断言其他一些人的祖先太原始了，以致他们没有借助外星人的帮助掌握某些工程技能的时候，外星人的想法这时就在作怪。

· 许多人求助于一种主流医学规避的与现代科学不相容的疾病治疗方法：顺势疗法。这种疗法大约从18世纪初开始，到现在，美国已有几百个该行业的从业人员，他们的医术基于两大原则。一是以毒攻毒——病人的病症能通过在健康人身上引起相

---

① 1磅≈0.453,6千克。——编者注

超常现象掠影

你对下面问题的看法是什么？在每个问题的后面写出相应的数字，表明你的立场。使用以下等级：5＝真；4＝很可能真；3＝既非很可能，也非不可能；2＝很可能假；1＝假。读完本书后，你可以再做一次，看看你的观点是否改变了。

1. 人能读懂别人的心思。＿＿＿＿

2. 人能预见未来。＿＿＿＿

3. 人仅用意念就能移动外部物体。＿＿＿＿

4. 恶作剧的鬼能移动物体。＿＿＿＿

5. 外星飞船曾着陆地球。＿＿＿＿

6. 人被外星人劫持过。＿＿＿＿

7. 人曾经历过鬼上身。＿＿＿＿

8. 除了肉体外，人还有非物质的魂灵。＿＿＿＿

9. 人的魂灵能脱离肉体，并能走到遥远的地方。＿＿＿＿

10. 肉体死后，人能在另一具肉体里转世。＿＿＿＿

11. 人能跟死人的灵魂说话。＿＿＿＿

12. 出生时太阳、行星和其他星星的位置能影响人的身体、性格和命运。＿＿＿＿

13. 有天使存在。＿＿＿＿

14. 人能被信仰治疗师治愈。＿＿＿＿

15. 人能被顺势疗法治愈。＿＿＿＿

同症状的物质治愈。另一个原则是这种物质的量越小，疗效就越高。顺势疗法的药稀释后，效力能达到最大化——一直稀释至原来物质的分子不再存在。这样的稀释有可能治愈任何违背化学规律的疾病。近几年，药店和保健食品店里提供顺势疗法的药品已然呈上升趋势，越来越多的人相信它们（包括英国王室成员）。

· 多年来，一个关于怪异、神奇事件的故事广为流传。最初，这个故事被作家里奥·华生（Lyall Watson）在1979年出版的《生命潮》一书里提及。他说这个故事是从科学家那里收集到的，曾被无数作家引用。华生报告说，1950年，一些生活在日本幸岛的野生猴子被首次喂食生红薯。其中一只叫"爱默"的猴子学会了在溪水里洗红薯上的泥沙。几年中，爱默把这个技能教给了领地里的其他猴子。一天，当掌握这个技能的猴子达100只时，难以置信的事情发生了。突然，几乎所有其他猴子也都掌握了这项技能。"不仅如此，"华生说，"这个习惯似乎超越了自然障碍，而且在其他岛屿猴子的领地里自发地呈现出来，就像密封在实验广口瓶里的甘油晶体。"[3] 他说，第一百只猴子标志着一种"临界量"的形成，这促成了一种集体心理的诞生。这就是第一百只猴子现象。有些人相信这个故事是事实，而且这种现象在人类中存在。如果是这样的话，我们就面对一个骇人的含义：当足够数量的人相信某事是真，那么它对每个人而言就是真的。另外一些人说，追问这个故事是否是真实的没有意义——它是一个隐喻或神话，其本身和科学一样真实。我们还是要倔强地问：这样的事确实发生过吗？它究竟有什么意义？

> 我们需要的不是相信的意志，而是探究的意志。
> ——伯特兰·罗素

外星人、精灵、神奇疗法、意念致动和来世让所有人感到惊讶。如果这些东西存在，世界将是一个更加奇妙的地方。在宇宙中我们将不会孤单，对我们的生命将会有更好的把控，我们将会永生。我们想在这样的世界生活的愿望，无疑对传播关于这些东西的信念起了重要作用。但是，我们期望某事为真的事实并不是相信它为真的理由。要获取事情的真相，我们必须从主观愿望式的思维转变到批判性思维。我们必须学会抛弃偏见和先入之见，公平无私地审视证据。只有这样，我们才有希望辨别真实与虚幻。

> 大多数人的麻烦是他们不用理智思考，而是用希望、恐惧或愿望思考。
> ——威尔·杜兰特

但是，你也许要反驳，偶尔幻想一下又有何妨？如果有人觉得某个信念让他舒心愉悦，那它是真是假有关系吗？是的，有关系，因为我们的行动基于我们的信念。如果我们的信念错了，行动就不可能成功。这一点在替代疗法中最为明显。每一年，美国人把亿万美元花在虚假治疗上，这通常都以生命代价而告终。正如律师麦纳揭露的："江湖骗术杀死的人，超过了死于暴力罪行的人的总和。"[4]

非理性的信念不仅让我们付出了生命代价，也威胁了我们的生存。举一个例子：塔罗牌师和形形色色的通灵师所做的，就是接一个电话（或点一下鼠标）的事，但他们的服务不便宜。通灵师热线一分钟要 3.99 美元，一小时 240 美元，比大部分心理分析师的要价还高。通灵师热线曾经是一个数百万美元的产业，仅一个集团——通灵读者网——2002 年的电话服务费用就超过了 3 亿美元。然而，据披露，该行业大部分通灵师热线都是由没工作的家庭主妇充当职员。[5] 她们没有被检测过通灵能力，也没有接受过任何通灵的指导。她们唯一的训练，就是在电话上跟人保持沟通的状态。

托马斯·法利（Thomas Farley）多年来一直在收集有关非理性信

念引起伤害的资料。他的网站（whatstheharm.com）已确认了670,000个以上的案例。在这些案例中，人们由于相信了并无充分理由支持的事物，而受到了身体或经济上的伤害。在他所研究的案例中，批判性思维的缺乏导致了368,379人死亡，306,379人受到伤害，经济损失超过了2,815,931,000美元。受害人未能把自己的信念建立在现实的基础上，这最终让他们付出了生命的代价，或者在很多案例中，是付出了毕生积蓄的代价。[6]

除了威胁我们个人的福祉，非理性信念也在威胁我们社会的福祉。一个民主社会依赖每个成员做出理性选择的能力，而理性选择必须基于理性信念。如果我们不能区分合理与不合理的主张，我们就容易受到骗子、无赖、庸医之断言的影响。正如古尔德所观察的："当人们没有掌握判断的工具，仅仅依赖他们的愿望时，政治操纵的种子就播下了。"[7]政治机会主义者喜欢玩弄人们的恐惧、希望和欲求。如果我们缺乏分辨可信和不可信主张的能力，我们可能会不止以牺牲自己的良好判断力而告终——还会付出自由的代价。

> 非理性地把持真理，比理性的错误更有害。
> ——托马斯·亨利·赫胥黎

没有人想上当受骗或失去钱财。不幸的是，我们的教育体制花太多的时间教人思考什么，而不是教人如何思考。结果是，许多人对用于将错误减到最少、将理解增到最大的规则和程序没有多少认识。本书旨在帮助你熟悉这些规则和程序，阐明为什么获取真相时应该使用它们。理解它们的正当合理性，能使你更擅长在不熟悉的情境下运用它们。

你的生活质量取决于你的决策质量，决策的质量取决于思考的质量。通过提升你思考的质量，我们希望能多多少少提升你的生活质量。

注 释

1. Paul McCarthy, "Pseudoteachers," *Omni,* July 1989, p. 74.
2. Associated Press, August 18, 1986.
3. Lyall Watson, *Lifetide* (New York: Bantam Books, 1979), p. 148.
4. 见 W. E. Schaller & C. R. Carrol, *Health, Quackery, and the Consumer* (Philadelphia: Saunders, 1976), p. 169 的引证。
5. Frederick Woodruff, *Secrets of a Telephone Psychic* (Hillsboro, OR:Beyond Words, 1998).
6. Thomas Farley, http//www.whatstheharm.net
7. Stephen J. Gould, *An Urchin in the Storm: Essays about Books and Ideas*(New York: Norton, 1987), p. 245.

第 2 章

不可能之事的可能性

超常现象的麻烦是，它们不是正常现象。它们不只是罕见或反常，而是似乎违背了事物的自然秩序（这是我们有时称之为**超自然现象**的原因）。它们的存在似乎与某些支配宇宙的基本规律相矛盾。对我们来说，由于这些规律规定了实在，任何违背它们的事物似乎都是不可能的。例如，思考一下公众称之为超感官知觉（ESP）或者传心术（读懂另一个人的心灵）的能力、遥视（不用眼睛就能看到遥远的物体）和预知（看见未来）。这些现象之所以怪异，是因为它们似乎在物理上不可能。物理学家米尔顿·罗斯曼解释说：

> 亲爱的艾格尼丝，世界是一个奇异的景象。
> ——莫里哀

> 通过空间进行的信息传输，要求能量从一个地方转换到另一个地方。传心术要求负载能量的信号直接从一个人的心里传到另一个人的心里。所有超感官知觉的描述暗示这些现象以不同方式违背了能量守恒定律（物质能量既不能被创造也不能被消灭的原则），也违背了所有信息理论甚至因果关系原则（结果不能先于其原因的原则）。严格按照物理原则，我们就得说，超感官知觉

是不可能的。[1]

根据罗斯曼的解释，任何违背物理原则的事物都是不可能的。因为超感官知觉违背这些原则，所以它是不可能的。

2.1 范式与超常现象

> 当没有什么是确然的时候，一切皆有可能。
> ——玛格丽特·德拉布尔

但是，那些忠实信徒（接受超自然力量存在的人）认为，没有什么是不可能的。正如埃里克·冯·丹尼肯在其《众神的战车》里所言："再也**没有什么东西**是难以置信的了。'不可能的'这个词对现代科学家而言，应该只是字面上的不可能。任何今天不接受这一点的人，明天将会被现实碾得粉碎。"[2] 丹尼肯这里指的是这样的事实：科学家曾经认为不可能的事，现在已经被认为是真的了。最著名的例子就是陨星。曾经有很多年，科学界都排斥陨星的可能性。伟大的化学家拉瓦锡论证了石头不可能从天上掉下来，因为天上没有石头。另一个自由思想家托马斯·杰斐逊，在读了哈佛大学两位教授声称观察到了陨星的报告后说："我更愿意相信这两个北方佬教授是在撒谎，而不是石头从天而降。"[3] 而忠实信徒认为，拉瓦锡和杰斐逊都被科学愚弄了。在他们的世界观里，没有石头从天而降的概念，所以他们拒绝接受陨星存在的现实。忠实信徒说，当今的许多科学家也在承受类似的目光短浅的害处。他们不能突破自己狭小理论的限制去看待事物。

这一缺陷蕴藏着潜在的危险，因为它可能阻止科学发展。历史学家托马斯·库恩（Thomas Kuhn）在其开创性著作《科学革命的结构》

里说明，科学只有在承认和处理**反常现象**（似乎不遵守已知规律的现象）时，才能进步。库恩认为，所有的科学探究都在一个**范式**或一种理论架构里发生，这个范式决定了哪些问题值得提出，应该用什么方法来回答这些问题。

> 困难的事花的时间长；不可能的事花的时间更长。
> ——查姆·威兹曼

然而，时不时地会发现一些现象，它们并不适合已有范式；即是说，它们不能用现行的理论予以解释。一开始，就像陨星的例子，科学共同体会设法摈斥或搪塞这些现象。但是，如果没有令人满意的解释出现，科学共同体就会被迫放弃旧范式，转而采纳新范式。在这种情况下，科学共同体需要经历一种**范式转换**。

过去已经发生过许多次范式转换了。伽利略对木星的卫星和金星的相位的发现，导致了从太阳系以地球为中心的观点（地心说）到以太阳为中心的观点（日心说）的转变。达尔文在加拉帕戈斯群岛发现的奇怪生物，导致了从神创论到进化论的转变。"光以太"（luminiferous ether，一种假想的承载光波运行的介质）探测的失败，导致了从牛顿物理学到爱因斯坦物理学的转变。同样，忠实信徒说，超常现象可能导致另一种范式转换。转换后形成的世界观也许与我们的不同，就如我们的世界观与土著居民的不同一样。我们也许不得不放弃很多我们最珍视的有关实在本质的信念。但是他们主张，之前曾经发生过的，没有理由认为它以后不会再发生。正如莎士比亚雄辩地提出："天地之大，赫瑞修，存在着比按你的哲学所能梦想到的多得多的事物。"

那么，我们应该相信谁呢？我们应该跟从科学家吗？他们把超常现象排除在外，因为它们违背基本的物理原则。还是应该跟从忠实信徒？他们视超常现象为新纪元的先兆。为了更好地评价这些观点的优劣，我们有必要仔细考察可能性（possibility）、似真性（plausibility）和实在（reality）这些概念。

2.2 逻辑可能性与物理不可能性

尽管一切皆有可能的断言很时髦，但这样的断言是错误的，因为有些事不可能是假的，而另外一些事不可能是真的。前者称为**必然真理**，诸如"2+2=4""所有的单身汉都没有结婚""红色是一种颜色"；而后者叫作**必然虚假**，比如"2+2=5""所有的单身汉都结婚了""红色不是一种颜色"。[4] 希腊哲学家亚里士多德（柏拉图的学生）最早系统化了我们的必然真理的知识。其中最基本的真理——其他真理所依赖的真理——被称为**思维规律**。它们是：

> 人不能相信不可能的事儿。
> ——《爱丽丝镜中奇遇记》中的爱丽丝

不矛盾律：没有事物能同时具有某一属性又不具有该属性。
同一律：每一事物与其自身同一。
排中律：对于任一特定属性，每一事物要么具有，要么不具有。

这些原则之所以称为思维规律，是因为倘若没有它们，思考以及交流将是不可能的。为了思考或交流，我们的思想和语句必须要有具体内容，它们必须是关于某一事物而不是另一事物的。如果不保持不矛盾律，那就没法把一个思想或一个语句，同另一个思想或语句区分开来。无论什么，只要适用于某一个，就也适用于另一个。每一个主张都将一样真（假）。因此，那些否定不矛盾律的人不可能主张他们的立场优于那些接受该规律的人的立场。

拒斥某一观点最有效的技术之一，就是著名的**归谬法**。如果你能表明一个观点引来了荒谬的后果，你就提供了拒绝它的有力理由。否定不矛盾律的后果就是荒谬的后果。任何在理论上使思考和交流变得

不可能的观点，退一步说，都是值得怀疑的。亚里士多德在《形而上学》第四卷里切中要害地说道：①

> 如果所有人错了，同时又对了，这样认为的人就既不能说话也不能讲出什么意思来，因为他同时说这些又说不是这些，要是他什么也不认为，想和不想都一个样，那么他跟植物又有什么区别呢？5

确实没有区别。没有不矛盾律，我们不可能相信事物是某一种而不是另一种。但是如果我们不能相信事物是某一种而不是另一种，我们就根本不能思考。

> 为什么，有时候早餐前我会相信多达六种不可能的事。
> ——《爱丽丝镜中奇遇记》中的白皇后

逻辑是对正确思维的研究。因此，思维规律时常被认为是逻辑规律。任何违反这些规律的东西都被说成是**逻辑上不可能的**，任何逻辑上不可能的事物都不可能存在。比如，我们知道没有圆的正方形，没有结婚的单身汉，没有最大的数，因为这些事物违反不矛盾律——它们赋予一个事物一种属性又否定这种属性，因此**自相矛盾**。思维规律不仅决定理性的边界，也决定现实的边界。不论什么真实的事儿都必定遵从不矛盾律。这就是为什么伟大的德国逻辑学家戈特洛布·弗雷格（Gottlob Frege）把逻辑称为"对科学规律之规律的研究"。科学规律必定遵从逻辑规律。因此，冯·丹尼肯错了。某些事物是逻辑上不可能的，而任何逻辑上不可能的事都不可能存在。

---

① 以下译文采自苗力田主编：《亚里士多德全集》第七卷，中国人民大学出版社2009年版，第97页。——译者注

亚里士多德对思维规律的证明

既然思维规律是所有逻辑证明的基础，它们就不能通过逻辑证明的手段加以证明。但是，亚里士多德说，可以从反面予以证明：[1]

>如我们所说，有些人讲同一事物可以既存在又不存在，认为可以如此主张。而且不少研究自然的人也运用这种说法。但是我们明确主张，事物不可能同时存在又不存在，由此我们证明了它是所有本原中最为确实的。有些人由于学养不足的确认为需要对此加以证明，但是不知道对哪些应该对哪些不应该寻求证明，正是学养不足之表现。一般而言，不可能对万事万物都有着证明，不然便会步入无穷，如此以至于什么也没证明。假如有某些东西不需寻求其证明，他们不可能说出有什么本原比它更加自明。
>
>不过对此我们可以从反面证明其不可能，要是我们的对方持某种说法的话。……我所说的从反面进行证明跟通常的证明的不同之处在于，证明者看来会假定初始的理由，而若是另外的人持有这样的理由，就可能进行反驳而不是证明。这一切的出发点不需要他说某物存在或不存在（这是一个人可能假定的初始理由），而需要他说出对他自己和其他人均有意义的某种东西。假如他能说出些什么的话，这便是必要的，如若不然，就无法同这种人理论，而且他既不能同自己也无法同别人交谈。如若假定了这一点，证明便将会可能，因为已经有了某种确定无疑的东西。然而

---

[1] 以下译文采自苗力田主编：《亚里士多德全集》第七卷，中国人民大学出版社2009年版，第91—92页。——译者注

该负责任的不是证明者而是接受者,因为尽管他没有推理却接受了别人的推理。另外,首肯这一点的人便已经首肯了证明之外的某种东西的真实性(故并非一切事都既如此又不如此)。[6]

换句话说,不矛盾律对于那些不承认有确定事物的人来讲不能被证明,因为证明要求我们的话语意指一事物而不是他事物。另一方面,对于那些说出确定事物的人不必证明不矛盾律,因为在说出确定事物的时候他或她就已经假定它的真实。

罗斯曼断言 ESP 是不可能的。如果他的意思是 ESP 是逻辑上不可能的，在假定他是对的情况下，我们就能断然摒弃它，因为在那种情形下它不可能存在。但是 ESP 不是逻辑上不可能的。解读别人的心灵，看到遥远的物体，甚至预言未来，并不像结婚的单身汉、圆的方块一样自相矛盾。像外星人劫持、（灵魂）离体体验或与死人沟通这样的超自然现象，也不是自相矛盾的。如果有什么区别的话，那就是：这些现象违反的不是逻辑规律，而是物理规律，或者更一般地说是科学规律。如果它们违反了那些规律，它们就是**物理上不可能的**。

> 我们必须靠今天得到的真理过今天的生活，并准备好明天把它称作谬误。
> ——威廉·詹姆斯

科学试图通过发现支配世界的规律，来理解世界。这些规律告诉我们，不同的物理性质是如何彼此联系的。例如，牛顿的第二运动定律 $f=ma$ 告诉我们，抛物的力等于质量乘以它的加速度。爱因斯坦的定律 $E=mc^2$ 告诉我们，物质的能量等于质量乘以光速的平方。了解这些规律不仅可以帮助我们理解事物发生的原因，也能让我们预测和控制将要发生的事情。例如，牛顿的运动定律让我们能预测行星的位置和控制导弹发射的轨道。

任何与自然规律不相容的事物，都是物理上不可能的。例如，一头奶牛跳到月球上，这在物理上是不可能的，因为这一壮举违背了控制奶牛的生理机能和引力的规律。奶牛的肌肉根本不可能使它产生足够的力量，让它达到逃脱地球引力的速度。但是奶牛跳到月球上在逻辑上不是不可能的。跳到月球上的奶牛的概念不存在矛盾。同样，兔子下彩蛋的概念也没有矛盾。因此，物理可能性比逻辑可能性的概念更加受限；物理上可能的均是逻辑上可能的，但并非一切逻辑上可能的都是物理上可能的。

还有另一种类型的可能性有必要进行了解：技术的可能性。某事物如果超出了我们（当下）的能力去实现，就是技术上不可能的。例如，星系之间的载人航天旅行在技术上不可能，因为我们目前还没有能力储存足够的食物和能量到另一个星系旅行。然而，这并不是物理上的不可能，因为做这样一次旅行不违背任何自然规律。我们只是缺乏技术来完成这一壮举。

使一件事成为怪异的，或使一个主张成为超常的东西，是因为它看起来是不可能的。例如，时空穿梭、意念致动、古代的航天员，都是怪异事物——对这些奇事存在的断言也是离奇的——因为它们似乎与我们上面讨论的一种或多种可能性相冲突。

时空穿梭似乎逻辑上不可能，因为它意味着一事件同时发生又不发生。设想你在时间中返回到一个以前从未去过的地方。历史记录你没在那个地点和时间出现过，但是现在你在那个地点和时间出现了。然而，在一个地点和时间点上，你不能同时在和不在。因此，时空穿梭似乎违背不矛盾律。这就是为什么在复杂的时空穿梭故事里，像迈克尔·克莱顿（Michael Crichton）的《重返中世纪》，其中的旅行者去平行宇宙而不是他们自己的宇宙旅行的原因。科学作家马丁·加德纳解释说："基本思想就如它的神奇一样简单。人们可以旅行到他们宇宙之未来的任何点，这并不复杂，但是，他们进入过去的瞬间，宇宙就分裂成了两个平行的世界，每个都有其自己的时间轨迹。沿着一个轨迹运转世界，好像没有循环发生。沿着另一个轨迹运转新创造的宇宙，其历史永久地改变了。"[7] 如果你在时间里向后旅行时宇宙分裂了，不会有什么矛盾，因为没有一个宇宙会是既如此又不如此的东西。

魔法的不可能性

魔术师经常做看起来违反自然规律的事。实际上,他们当然没有违反规律,他们只是制造了违反规律的错觉。大部分魔术师承认他们所做的是手上功夫。然而有人坚持说他们所做的是真的,他们在展示超自然技艺。尤里·盖勒(Uri Geller)就是一例。20世纪70年代,他在全国播放的电视节目中频频出现,他用意念折弯金属,修好破碎的手表,这让上百万的美国人信服。例如,他拿着一把钥匙或一个勺子,似乎没有用一点儿力气,就把它弄弯了。在许多节目中,他邀请在家里的观看者拿起一个停走的表,把它放在家里的电视上。他说他能通过极强的意志力让表重新走动。让人吃惊的是,许多表真的开始走了。然而,钟表匠说表的修理与盖勒的超自然能力无关,而与这样的事实有关:很多表停走是因为表里的润滑油太厚的缘故。把表放在散热的电视上,油就变薄了,停转的齿轮因此就能转动了。

有一个故事是关于一位年轻妇女的,她相信盖勒的神奇力量。这则故事说,她在看盖勒的电视节目时怀孕了。这个女人当时在用IUD(宫内避孕器)避孕。她说她的IUD失去作用了,因为尤里·盖勒的意念能量解开了它的线圈。不用说,她没有从盖勒那里得到任何补偿。

盖勒折弯金属的技艺被许多魔术师重复。这不能证明他不能用意念折弯金属,但如果那真是他做的,他也会做得很吃力。就连受过训练的观察者也会被魔术师的熟练手法蒙骗。这就是为什么超自然力量的调查者,如"令人惊奇的"兰迪和马丁·加德纳建议说,在调查超自然力量的案例时,魔术师要在场。因为魔术师甚至比科学家更了解我们是如何被误导的,他们会更有资格评价这种断言的真实性。

意念致动，即用意念移动外部物体的能力，似乎是物理上不可能的，因为它好像蕴含着一种未知力的存在。科学仅仅确认两种力，其效果可以被远距离感知：电磁力和重力（地球引力）。然而，大脑没有能力生成无论是哪种足够的力，去直接影响躯体之外的物体。因此，意念致动似乎违背了科学规律。

我们被古代航天员或外层空间的外星人访问过的观点，似乎在技术上不可能，因为星际旅行需要的能量是个天文数字。美国航空航天局突破推进物理工程项目经理马克·米尔斯（Marc Mills）曾计算过使用各种推进系统的星际旅行所需要的燃料，它们似乎无不超出我们力所能及的范围。比如，假设我们想要传送一架航天飞机，其有效载荷能在 900 年内使其抵达离我们最近的恒星。如果我们使用常规的（化学的）火箭燃料，其需要量将比整个宇宙的质量还要大。如果我们用裂变（裂变是创造原子弹的过程）给我们的火箭飞船提供动力，我们将需要 10 亿个超大型油轮规模的推进燃料大容器。假如我们使用核聚变（核聚变是创造氢弹和给太阳提供能量的过程），我们将需要 1,000 个这样的容器。假如我们使用反物质（已知的最有效的能源），我们依然需要 10 辆火车规模的推进剂容器。[8] 这还只是单程旅行需要的。回程就需要双倍，而如果我们想要用更少的时间完成旅行，则要乘许多倍才行。所以，星际旅行似乎即使不是永远，起码也在未来数年内超出了我们的技术能力。

与冯·丹尼肯让我们相信的相反，把"不可能"这个词用于一些事物是可能的。有些事物是逻辑上不可能的，有些事物是物理上不可能的，还有一些事物是技术上不可能的。正如克劳斯星际旅行的例子表明的，即使某事物在物理上是可能的，但这并不必然得出它将成为

> 我学会了极其谨慎地使用"不可能"这个词。
> ——华纳·冯·布劳恩

实际存在的。在这些问题上，指导我们思考的原则应该是：

> **仅仅因为某事物是逻辑上或物理上可能的，并不意味着它是实际存在的或将是实际存在的。**

如果逻辑的或物理的可能性是最终现实的根基，我们就能期望出现一个有跳到月亮上的奶牛或下蛋的兔子的世界了。要决定某事物是不是实际存在的，我们需要检验支持它的证据。

然而，有些人衡量一个主张的可信度不是根据支持它的证据，而是依靠缺乏反对它的证据。他们争辩说，因为没有反对他们观点的证据，所以它就一定是真的。尽管这样的论证具有强烈的心理吸引力，但它们是逻辑谬误。它们的结论从它们的前提推不出，因为证据缺乏就是根本没有证据。这种论证被认为是犯了**诉诸无知**的谬误。下面是一些例子：

> 没有人证明琼斯在撒谎。因此他一定在讲真话。
> 没有人证明没有鬼。因此鬼一定存在。
> 没有人证明 ESP 是不可能的。因此 ESP 一定是可能的。

所有的缺乏证据表露的是我们自己的无知；它没有提供一个相信任何事物的理由。

如果缺少反对一个主张的证据竟然构成了支持它的证据，那么各种各样的怪异主张就都是有理由的。例如，美人鱼、独角兽和半人半马的存在——更不用说大脚怪、尼斯湖水怪和喜马拉雅雪人了——这些都将排除了怀疑。不幸的是，证实一个主张并不是那么容易。这里使用的原则是：

> **仅仅因为一个主张没有被终极性地驳倒，并不意味着它就是真的。**

一个主张为真是由有利于它的大量证据建立起来的，而不是由缺乏反对它的证据确立的。

另外，把证明责任置于怀疑者一方的策略是不公平的，因为这让其去做不可能的事，即证明一个全称否定句。一个全称否定句是一种某类东西不存在的断言。假设有断言说，没有白色乌鸦。为了支持这一断言，假设有人指出没有人报告说看到过白色的乌鸦。由此，并不能得出没有白色乌鸦的结论，因为可能没有人在正确的地方寻找。或者，某人看到了一只，却可能没被报道。要证明一个全称否定句，你必须能够穷尽所有时空下的调查。由于没有人能做到这一点，因而要求人们那样做就不合情理。无论何时，只要有人提出新奇的东西——不论是一项政策，一个事实，还是一种理论——提供证明的责任要求其为接受这个新颖的东西而提供理由。

> 假如相信某事物的唯一根据是没人证明它不存在，那么你就能断言任何东西都是真实的。
>
> ——J. K. 罗琳

然而，不止是忠实信徒会犯诉诸无知的谬误。怀疑主义经常这样论证：没有人证明 ESP 存在；因此，它不存在。这又是一个谬误推理；这是想从无中获有。这里发挥作用的原则是上面所引原则的反转：

> **仅仅因为断言没有被终极性地证明，并不意味着它就是假的。**

即使没有人找到任何 ESP 的证据，我们也不能得出永远找不到证据的结论。某人可能明天就找到了。因此，即便没有 ESP 的好证据，我们也不能断言它不存在。然而，我们能断定，没有令人信服的理由认为它确实存在。

2.3 超感官知觉的可能性

罗斯曼关于 ESP 是物理上不可能的断言如何？它是真的吗？如果是，它还值得探究吗？我们先看第二个问题。即使我们最好的科学理论显示 ESP 在物理上不可能，探究它仍然有一定价值，因为我们最好的科学理论有可能是错的。说它是对是错的唯一方法就是检验它，而探究 ESP 构成了这样的检验。不能举出任何 ESP（或其他超常现象）可信的例子有助于证实我们现行的理论。但是，如果我们找到了 ESP 的好证据，比如某人连续几年的 ESP 测试得分始终高于预期的偶然得分，且这个结果剔除了任何作假的可能性——我们就必须重新思考现行的科学理论了。

> 当然，一切物理上可能的事都是自然的。
> ——理查德·布林斯莱·谢里丹

但是，我们还是没有必要拒绝这些科学理论。因为一开始似乎矛盾的东西，经过进一步的审视，其实并不是矛盾的。陨星就是一个恰当的例子。如同我们所了解的，17 世纪和 18 世纪的科学机构拒绝承认陨星的存在，因为它们似乎与已经接受的实在模型相冲突。但是，一旦它们的存在被验证，而且科学家开始认真地解释它们，就会发现它们没有违反物理规律。牛顿的任何一条定律都没有因为对它们进

> 自然从不违背自己的规律。
> ——达·芬奇

> 积极思考的人总是尝试性地生活，而不是教条式地生活。
> ——罗伯特·弗罗斯特

行协调而被否定。事实上，随着科学家逐渐加深对行星物理学的了解，他们发现，牛顿定律实际上**预示**了陨星的存在。

这一点尤其适用于神迹研究。神迹通常被看作是违背自然（物理）规律的。因为只有超自然现象能违背自然规律，因此神迹通常被当作上帝存在的证据。但是根据前述原则，很难看出我们有理由相信一个神迹的发生，因为，一个事件外在的不可能性也许只是我们对其背后的操控力量或机理的无知所导致。正如罗马天主教神学家圣奥古斯丁所言："神迹与自然不悖，与我们的自然知识相悖。"[9] 古代犹太人和早期的基督徒对科学的无知可以解释为什么他们报道了那么多神奇的事件。

例如，思考一下分离红海这个神奇事件。《圣经》告诉我们："耶和华便用大东风，使海水一夜退去，水便分开，海就成了干地。"（《出埃及记》14:21）两位海洋学家最近表明，因为红海的地质结构，强大的东风可以把海变成陆地。他们在文章的摘要里写道：

> （假设一股）匀速的风用一整天吹过整个海湾……结果表明，就像狭长的湖水被类似的风吹过一样，海湾边上的水开始从起风的位置渐渐退去……水会退去1千米多，海平面会下降2.5米以上。[10]

可以说，红海的分离不必被看作神迹，因为它也许不违背任何物理规律。同理，耶稣在水上漫步也是可能的。多伦·诺夫（Doron Nof）最近解释说，这样的壮举本来就是一种自然现象的结果：泉冰（来自地下泉的冰）。[11] 在这两种情况下，不必诉诸一个超自然的原因，因为事件能用纯自然的术语予以解释。这个例子所体现的是：

仅仅因为你不能解释某种现象，并不意味着它就是超自然的现象。

你不能解释某事，可能完全是因为你对操控力量或机理的无知。当面对你不明白的事物时，最理性的做法就是寻找一个自然的解释。

2.4　理论与实际

那些想要坚持超常现象在物理上不可能的怀疑主义者，经常把这

> 多少事被认为完全不可能，直到它们产生了实际影响？
> ——老普林尼

种现象本身描写为与物理规律相矛盾，但是，一个现象不可能比"一棵树能结婚"更与一个规律相矛盾。因为结婚是人们之间的一种关系，只有人能结婚。同样，因为矛盾是命题之间的关系，只有命题才彼此矛盾。不是现象本身与物理规律相矛盾，而是我们关于它们的理论使然。因为这些理论可能是错的，我们必须极其小心地对待物理不可能性的主张。

哲学家 C. J. 杜卡斯（C. J. Ducasse）指出，200 年以前，一个人的声音能被大西洋对岸的人听到，似乎是物理上不可能的。[12] 那时候的人们假定，实现声音传递的唯一方法就是用空气传播，而空气不可能把信息携带得那么远。但是如果你使用电话线或无线电波，你的声音就能很容易地被大西洋对岸的人听到了。该壮举表面的不可能性基于一种特别的理论。通过改变这种理论，不可能性就消失了。同样，ESP 表面的不可能性也基于一种特别的理论。如果那个理论错了，ESP 是物理上不可能的断言就可能也错了。

罗斯曼关于 ESP 不可能的断言所基于的理论是，ESP 是从一个物

体到另一个物体的信息传递,这种信息传递具有违背物理规律的特点(比如信息没有随距离增加而减弱)。如果这一理论正确,他的断言就正确。如果错了,断言便失去了依据。

阿德里安·道布斯(Adrian Dobbs)是一个通灵者,他坚持说没有好理由能让人相信 ESP 信号确实违背了物理规律。首先,道布斯认为,没有 ESP 信号不随距离增加而弱化的证据。他告诉我们:"就已经做的实验来看,我们还没有系统收集的数据能检测这种情况,即远距离发生的 ESP 信号是否与近距离发生的一样频繁。"[13] 第二,即使是电磁信号,也不总是传得越远就越弱。他解释说:"每一个有经验的无线电发射机操作员都知道,'突破'情况时有发生,此时信号被远超于发射机设定的正常工作状态所能达到的距离'一清二楚'地接收到。"[14] 或许,传说中的远距离 ESP 案例是由于某些这样的特殊条件造成的。第三,即使一个信号被远距离接收,也并不意味信号没有衰减,"因为现代无线电技术表明,接收者探测出非常微弱的电磁信号是行得通的;通过使用自动增益控制系统放大输入信号,强信号和弱信号在扬声器的输出级都达到了主观上听得见的程度"。[15] 也许 ESP 里有某种"自动增益控制"在起作用,它使得弱信号和强信号在同一水平被输出。不管是哪种情况,与罗斯曼让我们相信的相反,有关 ESP 可利用的证据并不排斥物理解释。ESP 很可能在物理上是可能的。

超光速粒子与预知

根据相对论,任何比光速传播还快的事物必定引起时间倒流。而且,普通物体(静止质量大于零)不可能比光速还快,因为在那样的速度下,它要有无穷大的质量。然而,在爱因斯坦的方程式里,用不同的数字替换质量的变量后,物理学家杰拉尔德·范伯格发现,如果某物具有虚质量(由虚数代表的质量),那么它就比光速更快,这在物理上是可能的。他给这种粒子起名为超光速粒子或快子(tachyons)。[16]

如果超光速粒子存在,它们必定以时光倒流运动,因为它们比光速快。因而,有人认为超光速粒子能解释预知现象。有先见之明的人可能具有极其敏感的超光子感受器。电子工程师劳伦斯·本纳姆认为:

> 预知涉及时间逆行中的信息传递,根据相对论,这迫使人们选择比光速更快(超光速)的过程作为物理规律许可范围内的解释原因……物理学家杰拉尔德·范伯格和数学家阿德里安·道布斯……把超光速粒子理论化为(数学上的)虚质量……超光速粒子能被看作在时光倒流中携带了负能量,或在时间前行中携带了正能量。这种互换性让我们将超光速粒子视为双向不连续的场线,超小型的"曲速""虫洞",或者不管方向、穿越时空运载信息的短线路,类似于光子在普通时空中运载信息一样。[17]

尽管超光速粒子在物理上是可能的,但截至目前,还没有一个人侦测到它。事实上,G. A. 本福德、D. L. 布克、W. A. 纽科姆在《超光速粒子时空电话》里论证,没有人会发现它,因为超光速粒子通话会引起逻辑矛盾。[18] 马丁·加德纳解释说：

> 设想地球上的物理学家琼斯在用超光速粒子时空电话与另一个星系里的物理学家阿尔法通话。他们达成以下约定：当阿尔法从琼斯那里接到信息时，他就迅速回应。琼斯承诺在地球时间三点时给阿尔法发个信息，如果一点时阿尔法没有从琼斯那里收到信息的话。你看出困难了吗？两个信息时间上都逆行。如果琼斯在三点发信息，阿尔法的回应一点以前能到他那儿。"那么，"如（本福德、布克、纽科姆）所言，"信息交换只能当且仅当在其不发生的情况下发生……这是一个真正的……因果矛盾。"[19]

2.5 预知未来

预知比传心术更令人迷惑——因为它不仅似乎物理上不可能，而且似乎逻辑上也不可能。预知一个事件，就是在其实际上发生之前知道会发生什么。因而，预知是一种算命的形式——识透未来。这种能力当然看起来是物理上不可能的，因为它似乎与因果原则——即结果不可能先于其原因——相抵触。但更重要的是，它似乎也是逻辑上不可能的，因为它好像暗示了未来现在就存在，这是一个自相矛盾的说法。我们只能感知目前存在的事物，如果我们感知未来，未来就必定存在于现在。但是，根据定义，未来并不存在于现在。随着时间的到来，它会存在，但现在并不存在。因此，预知似乎向我们承诺了一个现存的不存在，这是一种逻辑的不可能。

> 我去过数百家算命店，并被告知了数千种的事情，但是没有人告诉过我，我是个女警察，正准备好要逮捕算命师。
> ——纽约市警察

这个观点的问题是，在一些与所有已知物理规律相容的物理实在模型中，未来在现在确实存在。这些模型从赫尔曼·闵可夫斯基（Hermann Minkowski）对爱因斯坦狭义相对论的阐释中得到启示。

在 1905 年发表的狭义相对论里，爱因斯坦表明，空间与时间的密切关系超出以往任何人的想象。例如他指出，你行走得越快，你老得越慢。以光速运动的话，你根本不会变老；可以说，时间停滞了。如果你的速度超过了光速，你就会时光倒流。[20] 但是如果你的时光倒流了，你就会陷入各种麻烦之中。比如，你会在你父亲遇到你母亲之前杀死他。那么，在你身上会发生什么呢？根据爱因斯坦的理论，我们不必担忧诸如此类的事情，因为没有什么比光速行走得更快。

> 看见容易，预见难。
> ——富兰克林

爱因斯坦关于空间与时间相联系的发现，常常用时间是第四维的说法加以表述。这指的是时间具有运动的方向,如同上下、左右、前后的方向一样。物体同时在空间和时间里穿行。

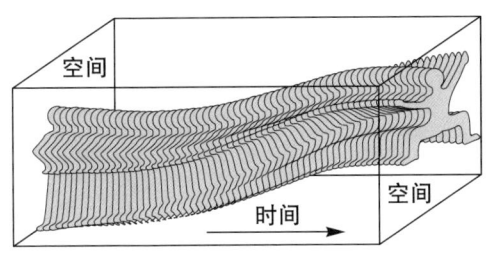

一个物体的全部历史可以表征为一张图,一条轴代表空间的三维,另一条轴代表时间。在这张图上,你会像一个弯曲的条形一样出现,它从你的出生延伸到你的死亡(如上图所示)。每一个切片将表征你生命的一个时刻。根据四维的观点,你生命的所有时刻都同时存在。

> 我们这些相信物理学的人知道,区分过去、现在和将来只是一个顽固、持久的幻觉。
>
> ——爱因斯坦

爱因斯坦的相对论提供了一个看待宇宙的方式,这个方式使未来出现于现在成为逻辑上和物理上都是可能的。这种宇宙观已经成为有名的"块状宇宙"观,因为它把宇宙当成了一个静止、不变的"块"。但是宇宙似乎不是静止的。那么什么造成了变化的幻觉?有人相信这是我们的意识与四维的自我之间的相互作用造成的。

电影胶片通过一次一格投射到影院的屏幕上,就能生成变化的错觉。同样,人们认为,通过将四维物体一次一个切片投射到意识的屏幕上,也能造成变化的错觉。通常是按顺序一片一片投射,然而在预知的例子里,拿出切片的顺序被打乱了。可以说,思维跳到了前面。结果,我们意识到某些事"提前"发生了。[21] 因此,就连预知,或许也是物理上可能的。

失败的通灵预言

每一年，通灵师都对来年做出预测。每一年，大部分预测都没有成真。relativelyinteresting.com 网站的作者汇编了下述 2011 年预测失误清单：

通灵师克雷格和简·汉密尔顿-帕克
- 预言：加利福尼亚地震，著名的好莱坞标志被毁。好莱坞标志看上去依然存在，毫发无损……
- 预言：野生动物疾病恐慌导致大量牲畜被宰杀。根本没有。
- 预言：利物浦队赢得英格兰足总杯。没有，别人赢了。
- 预言：主要政治家死于空难。也许再具体点？一位总统？总理？大臣？继续。

通灵师尼基
- 预言：花花公子大厦将被烧毁。这一直是个头条新闻，但是，唉！并未发生。
- 预言：淘金热将在夏威夷出现。不，并没有出现。
- 预言：首例脑移植将进行。认真的吗？还远着呢。
- 预言：马蹄形不明飞行物将惊现于新墨西哥州的罗斯维尔。并不滑稽的笑话。
- 预言：希拉里将获得诺贝尔和平奖。没有。共同受奖的是埃伦·约翰逊-瑟利夫（Ellen Johnson-Sirleaf）、莱伊曼·古博薇（Leymah Gbowee）和塔瓦库·卡尔曼（Tawakkol Karman）。
- 预言：一种大型计算机病毒将持续 48 小时占去大片信道，可能影响空中旅行。失败。

通灵师蒙特

- 预言：朝鲜和韩国将继续他们的战斗，在冬末之前，朝鲜的经济崩溃将要到来，引来一场由想要改变朝鲜的民众组织的叛乱。那时，领导人金正恩也许不能幸免于叛乱，或者可能逃匿中国。**彻底错误，想想金正日死于 2011 年 12 月 19 日，蒙特难道不要尝试预言一下？**

- 预言：俄罗斯和中国将签订一个重大的军事协定，使他们成为在与北约竞争中占优势的世界强国。**我在新闻上没有听说，也许这是个秘密。**

- 预言：一种让人们漂浮于空中的装置将被造出，你可以在一个平台上散步、漂浮。**我希望这是真的，可是，唉！这类装置不存在。**

- 预言：更多的舰船在中日争议的岛屿附近沉没之后，日本和中国将有一场军事对峙，几乎把周边国家带入战争。俄罗斯调停解决争端。**并未发生。**

通灵师西德尼·弗里德曼

- 预言：在美国，我感到经济气候在某种程度上持续好转，虽然慢但肯定会好转。**他有一半猜对的机会，明白了吗？**

- 预言：一名职业棒球大联盟球员莫名死在场地上。**对此，我能说的是，一个现役大联盟球员 2011 年去世了，但不是在场地上——被刺了。对不起，西德尼，这不算成功。**

- 预言：我并不完全肯定这是什么，但在美国中部地区的天空看到一场爆炸。**你能更具体些吗？严肃点，这可能是一架飞机，一颗流星，一道闪光，一个热气球……这太普通**

了，很可能发生好多次，然而，由于过于无关紧要，新闻里从不报道。

哎哟……这些被忘记的预言怎么样？

2011年，也有一些新闻里出现的某些史诗般的时刻……你会注意到，上述通灵师未能预见其中的任何一个。

- 日本地震和海啸，相关的核危机
- 本·拉登死亡
- 亚利桑那州图森市枪击案
- 艾米·怀恩豪斯去世
- 占领华尔街
- 金正日逝世
- 阿拉伯之春
- 宾夕法尼亚大学虐待丑闻
- 乔布斯逝世
- 席卷美国中西部和东南部的龙卷风
- 欧盟财政危机

对公众来说，知道海啸会袭击日本的哪个地方难道不是非常有用吗？别管军队搜寻拉登的10年……就让他们知道他藏在哪儿，怎么样？或者，对图森市的枪击案发出一丁点儿警告？没有，什么也没有。[22]

但是正如我们所了解的,某事可能,并不意味着它就是真实的。为了决定它是否为真实,我们必须审视它背后的理由。如果理由是好理由,我们就有充分的理由相信它。如果没有,相信它就是非理性的。

逻辑是关于好推理的研究。它并不是告诉我们人们实际上是如何推理的,而是告诉我们,如果想要避开错误和虚假,我们应该怎样推理。下一章中,我们会更详细地探索好推理的本质。

小 结

正如有些人断言的,并非任何事情都是可能的。任何违背逻辑规律的事情都可以说是逻辑上不可能的,而任何逻辑上不可能的东西不可能存在。诸如"圆的方形"和"结了婚的单身汉",都是逻辑上不可能的,因为它们同时将一个属性及其对立面归属于同一个事物,因而自相矛盾。许多超常的事物,如ESP、外星人劫持、灵魂出窍的体验,都是逻辑上可能的——它们不自相矛盾。但是,如果它们违背了科学规律,它们就是物理上不可能的。任何与科学规律或自然规律不相容的东西都是物理上不可能的。有些事情也可能是技术上不可能的——超出了我们目前实现能力的范围。时空穿梭似乎逻辑上不可能;意念致动,即用意念移动外物的能力,似乎物理上不可能;外星人从外层空间来访,似乎技术上不可能。对于诸如此类的事物要记住的原则是,某事是逻辑上或物理上可能的,并不意味着它就是实际存在的,或将会变成实际存在的。

我们必须慎重处理物理不可能的主张,因为不是现象本身而是我们关于它们的理论与物理规律相矛盾——我们的理论可能是错的。例如，预知似乎既是物理不可能，也是逻辑不可能。但是，存在一些物理实在的模型，这些模型与所有已知的物理规律相符，在这些模型里，未来确实现在就存在。

学习问题

1. 逻辑可能性与物理可能性的区别是什么？
2. 超感官知觉是逻辑上不可能的吗？
3. 超感官知觉是物理上不可能的吗？
4. 思考这个论证：没有人能解释它是怎么发生的，因此它一定是个神迹。这个论证是好论证吗？为什么是，或为什么不是？
5. 思考这个论证：你不能证明外星人没有访问过地球，因此相信它们访问过是合理的。这个论证是好论证吗？为什么是，或为什么不是？

评估这些主张。它们有道理吗？

1. 科学家没有证据证明其他星球上存在智能生命。因此，地球一定容纳了宇宙中唯一的智能生命。

2. 埃及人不可能建造金字塔，因为切割石头的精确度远远超过他们原始的能力。因此，金字塔一定是外星来客建造的。

3. 自从我们搬进这座房子，灯就不时摇晃，光线昏暗。我们检查了线路，没有发现任何问题。因此，这座房子一定在闹鬼。

4. 没有任何记录显示看手相的人——塞尔达女士——是个骗子。因此，她一定是真诚的。

5. 你不应该怀疑 ESP，因为科学家从未证明它不存在。

讨论问题

1. 让时光倒流并生活在从前的年代，逻辑上可能吗？为什么可能，或为什么不可能？

2. 制作一个能思考、有感觉、像我们一样行为的机器人（一种机械设备，由无机原料组成）逻辑上可能吗？物理上可能吗？为什么可能，或为什么不可能？

3. 在《〈圣经〉与不明飞行物》一书中，拉里·唐宁主张，《圣经》里描述的奇异事件实际上是外星人造成的。与上帝造成这些事件的断言相比，他的断言与之一样有道理还是更有道理？为什么？

4. 什么时候我们有正当理由相信：（1）一个逻辑规律被打破了？（2）一个自然规律被打破了？

实战问题

一个全国顶级通灵师的预言是街头小报的"台柱子"。它们通常发表在新年伊始，预言了这一年里将要发生的事。但很少有人为验证这些预言是否准确而操心。下面是街头小报通灵师预言的 20 世纪 90 年代要发生的事：

- 苏联宇航员会惊奇地发现一个废弃的外星人空间站，里面有几具外星人的尸体。
- 人类将首次成功实施大脑移植。

・公共水源将用预防艾滋病的化学制品进行处理。

任务1：确定这些预言是否成真了。如果你不确定，查一下互联网上的主要新闻网站。

有些通灵师的预言很模糊，它们容易看起来是准确的。比如，思考这个预言，"教皇将生病，可能会死"。

任务2：列出至少10个可以被认为是实现了的预言事件。例如，"教皇感冒了，但没有死"，或者"教皇跌倒了，摔坏了屁股"。

批判性阅读与写作

I. 阅读以下段落并回答问题：

1. 这个段落里作者使用了哪种论证？
2. 你认为这个论证有说服力吗？为什么有，或为什么没有？
3. 作者把证明责任放在了大脚怪怀疑者的一边还是相信者的一边？
4. 在这个议题中，谁应该承担证明责任？
5. 如果作者论证大脚怪不是真实的，因为没有人终极性地证明它存在，你会接受这个论证吗？为什么会，或为什么不会？

II. 写一篇200字的文章，分析评价这个段落里的论证。解释什么样的理由会给予结论更强的支持。

段落1

参加完大脚怪现象（可能存在于北美的巨型猿人）的讨论会后，我的信念发生了巨大变化，我自己都感到吃惊。我不再断然摒弃大脚怪存在的可能性了。我不知道究竟在美国和加拿大西部森林里正在发生什么，但是我相信那一定是神秘和奇怪的。我对没有人提供大脚怪不存在的任何证明而感到吃惊。有一些碎片式的、隐约可见的证据暗示大脚怪可能是真实的，但没有压倒性的论据或大量的证据证明他一定**不**存在。没有人给我展示一个在整个北美进行对大脚怪的搜寻但没有收获的科学调查。由此我只能得出一个结论：尽管似乎不太可能，但大脚怪存在——而且很可能就在目击者说的地方，在西部荒野里。

注　释

1. Milton A.Rothman, *A Physicist's Guide to Skepticism* (Buffalo: Prometheus Books, 1988), p. 193.
2. Erich von Däniken, *Chariots of the Gods* (New York: Bantam Books,1970), p. 30.
3. Saul-Paul Sirag, "The Skeptics," in *Future Science,* ed. John White and Stanley Krippner (Garden City, NJ: Doubleday, 1977), p. 535.
4. For a more in-depth examination of necessity, see Raymond Bradley and Norman Swartz, *Possible Worlds* (Indianapolis: Hackett, 1979).
5. Aristotle, *Metaphysics,* Book IV, 1008b, trans. Richard McKeon (New York: Random House, 1941), p. 742.
6. Ibid., Book IV, 1006a, p. 737.
7. Martin Gardner, *Time Travel and Other Mathematical Bewilderments* (New York: Freeman, 1988), p. 7.
8. Marc Mills, "Warp Drive When? A Look at the Scaling," accessed September 1, 2012, http://www.nasa.gov/centers/glenn/technology/warp/scales.html
9. Saint Augustine, *The City of God,* XXI, 8.
10. Doron Nof and Nathan Paldor, "Are There Oceanographic Explanations for the Israelites' Crossing of the Red Sea?" *Bulletin of the American Meteorological Society* 73 (1992): 304–314.
11. Doron Nof et al., "Is there a paleolimnological explanation for 'walking on water' in the Sea of Galilee?" *Journal of Paleolimnology* 35 (2006):417–439.
12. C. J. Ducasse, "Some Questions Concerning Psychical Phenomena," *The Journal of the*

American Society for Psychical Research 48 (1954): 5.

13. Adrian Dobbs, "The Feasibility of a Physical Theory of ESP," in *Science and ESP,* ed. J. R. Smythies (London: Routledge and Kegan Paul, 1967), p. 230.
14. Ibid., pp. 230–231.
15. Ibid., p. 234.
16. Gerald Feinberg, "Particles That Go Faster Than Light," *Scientific American,* February 1970, pp. 69–77.
17. Laurence M. Beynam, "Quantum Physics and Paranormal Events," in *Future Science,* White and Krippner, pp. 317–318.
18. G. A. Benford, D. L. Book, and W. A. Newcomb, "The Tachyonic Antitelephone," *Physical Review D,* 3d ser., 2 (1970): 63–65.
19. Martin Gardner, "Time Travel," in *Time Travel and Other Mathematical Bewilderments* (New York: W. H. Freeman, 1988), p. 4.
20. George Gamow, *One, Two, Three . . . Infinity* (New York: Bantam Books, 1979), p. 104.
21. Lee F. Werth, "Normalizing the Paranormal," *American Philosophical Quarterly* 15 (1978): 47–56.
22. "Failed doomsday and apocalyptic predictions," *Rationally Interesting*, May 8, 2012, accessed September 1, 2012, http://www.relativelyinteresting.com/failed-doomsday-and-apocalyptic-predictions/

第 3 章

好论证、坏论证和怪异事物

批判性思维的中心焦点是论证的表达和评估,无论主题是普通的还是怪异的,这种说法都是正确的。通常,在进行批判性思维的时候,我们就是在设法构想出论证或评价论证。我们试图:**证明**一个主张或命题是真的,或者**判断**一个主张事实上是真的。在这两种情况下,如果我们成功了,就有可能丰富我们的知识和拓展我们的理解——毕竟,这是我们运用批判性思维的首要理由。

因此,在这一章里,我们会讨论你所需要的种种技能:理解论证,即辨识不同语境中的论证;区分论证和非论证;评估论证的价值以及避免坏论证的干扰。

3.1 主张和论证

正如之前提到的,当我们有好理由相信一个主张时,我们就有权相信它。接受一个主张的理由本身也被作为主张陈述出来。若干主张的组合——一个主张(或一些主张)可能给出接受另一主张的理由——

被称为一个**论证**。或者换个说法,当主张(理由)为另一个主张提供支持时,我们便有了一个论证。

> 逻辑推论是傻瓜的稻草人,智者的信号灯。
> ——托马斯·亨利·赫胥黎

人们有时用"argument"这个词指一次争吵或言语冲突。然而,这一意义跟批判性思维关系不大。在批判性思维中,论证就是如上定义的——若干理由支持一个主张。

更确切地说,旨在支持另一个主张的一些主张(或理由)就是众所周知的**前提**。前提所欲支持的主张就叫作**结论**。我们来看看下面这些简单论证:

1. 我的导师说鬼魂是真实的。所以,鬼魂必定存在。
2. 因为先前的租客曾尖叫着跑出房间,并请求牧师为房子驱魔,所以,很明显这所房子里一定有鬼魂出没。
3. 每当胡里奥读到灵异事件时,他总是会浑身发抖。现在他正在读灵异事件,他会发抖。
4. 所有的人终有一死。苏格拉底是个人。所以,苏格拉底终有一死。
5. 这个班里 50% 的学生是共和党人。所以,这所学校 50% 的学生是共和党人。

在以上 5 个论证中,你可以分辨哪些是前提,哪些是结论吗?试着挑出以上每一论证中的结论,然后寻找前提。在下面的论证中,已经标注出了前提部分和结论部分:

1. [前提]我的导师说鬼魂是真实的。[结论]所以,鬼魂必定存在。

2. [前提]因为先前的租客曾尖叫着跑出房间,[前提]并请求牧师为房子驱魔,[结论]所以,很明显这所房子里一定有鬼魂出没。

3. [前提]每当胡里奥读到灵异事件时,他总是会浑身发抖。[前提]现在他正在读灵异事件,[结论]他将会发抖。

4. [前提]所有的人终有一死。[前提]苏格拉底是个人。[结论]所以,苏格拉底终有一死。

5. [前提]这个班里50%的学生是共和党人。[结论]所以,这所学校50%的学生是共和党人。

现在来考虑这个段落:

这栋房屋已经有一百年的历史了,它看起来让人毛骨悚然。有些人说,他们曾在晚上看见有人或某种东西在房子里走来走去。约翰说他永远不会到屋子里面去。

你能在这个段落里找到一个论证吗?我们认为找不到,因为其中没有论证。该段落包含三个描述性主张,但它们都没有支持一个结论。然而,稍加思索,我们就可以把这个段落变成一个论证。例如:

> 逻辑就是逻辑。这就是我所说的一切。
> ——福尔摩斯

毫无疑问,这所房子闹鬼,因为它已经有一百年的历史了,看起来让人毛骨悚然,就连约翰这样平素极为勇敢的人都不敢靠近这所房子。

现在我们有了一个论证。结论就是"毫无疑问，这所房子闹鬼"。前提有三个：（1）"[这所房子]已经有一百年的历史了"；（2）"看起来让人毛骨悚然"；（3）"约翰这样平素极为勇敢的人都不敢靠近这所房子"。

一些人认为，当他们就一个议题简单地陈述自己的观点时，便是提出了一个论证。然而，一连串陈述或对他们观点的澄清，并不是一个论证。看看下面这个段落：

> 我认为堕胎是错误的做法。我一直这样认为，永远不会改变自己的看法。那些出于一己之私而支持堕胎的人很明显是错误的。事实上，那些出于任何缘由支持任何形式堕胎的人都是错误的。他们也许是对信仰忠诚的人，也可能得到最高法院的支持，但是他们这样做仍是在提倡一种不道德的行为。

这并不是论证。这只是一堆未得到支持的主张。它并没有给"相信堕胎这一行为是错误的"提供任何理由。然而，这是许多人所谓的表露观点的"论证"的典型表达方式，这种所谓的"论证"往往由口水仗与主张和反主张的无意义循环所组成。如此的对话交流也许会披露参与者的一些信息，但对于相信某事物的根据只字未提。

你应该牢记论证与劝服的区别：两者并不是一回事。通过各种劝服策略——花言巧语、情感诉求、欺骗、威压等——你也许能够影响人们接受一个结论。然而，如果你这样做了，那么并没有表明此结论值得人们接受，也没有表明有相信该结论的好理由。当然，一个好的论证，除了呈现接受一个主张的坚实根据以外，也可以是心理上有说服力的。但是，这两种对待主张的方式不应该被混淆。

不幸的是，没有100%可靠的公式能让我们区分论证和非论证。然而，有些方法可以使这一工作变得更容易些。一种方法是寻找**指示词**，它们通常是伴随论证一起出现的术语与结论或前提就在附近的标志。例如，在上面提到过的关于鬼屋的段落中，我们可以注意到，**因为**这个词向我们警示，随之而来的是前提的出现。在上述论证1、4和5中，词语"所以"指示着一个结论尾随其后。

有一些常见的结论指示词：

因此	所以
故	因而
从而	结果是
由此得出	我们可得出这样的结论
这意味着	这蕴含着

也有一些常见的前提指示词：

由于	出于……的原因
因为	鉴于这样的事实
假设	已知……
理由是	如……指出的
因	由于……的事实

需要记住的是，指示词并**不总是**指向结论或前提。有时，当没有论证出现时，指示词也会被使用。例如，"**自**（since）九点开始，胡里奥一直在工作"，或者，"内奥米在这里工作，**因为**（because）她想

要这样"。同样，论证里偶尔也不使用任何指示词：

> 看，毫无疑问，这所房子闹鬼。它有一百年的历史了，看起来让人毛骨悚然，就连约翰——平素很勇敢的人——也不愿靠近它。

论证的最低要求是，至少含有一个前提和一个结论。然而，这一简单结构可以有多种组合形式。第一，一个论证可以有一个或多个前提。上文关于鬼屋的论证共有三个前提，然而它也可以有四个或七个，甚至更多前提。第二，论证的结论可以在前提之后出现（如在论证1到5中），或是出现在前提之前（如在鬼屋的论证中）。第三，论证可埋藏在并不是论证组成部分的一串其他陈述中。这些其他陈述可能是提问、感叹、描述、解释、背景信息或别的东西。诀窍便是发现隐藏在无关材料中的论证。

辨识论证最简便的方法是**先找出结论**。如果你先找到结论，那么锁定前提就变得更简单了。为了找到结论，先问自己："作者或说者想让我接受什么样的主张呢？"或"作者或说者为什么样的主张提供理由呢？"

> 如果世界是一个合乎逻辑之地，那么男人骑马就要坐横鞍。
> ——莉塔·梅·布朗

一个论证可以是好的也可以是坏的。一个好的论证可以证明结论值得接受。一个坏的论证未能证明结论值得接受。

论证的形式是多样化的。论证既可以是**演绎**的，也可是**归纳**的。演绎论证意在为结论提供终极性的支持。归纳论证意在为结论提供

> 什么危险能来自独创性的推理和探究？我所知道的最差的思索的怀疑论者要比最好的迷信偏执之徒好得多。
> ——大卫·休谟

很可能的支持。一个成功提供终极性支持的演绎论证被说成是**有效**的。

反之，则是**无效**的。一个有效的演绎论证具有这样的特征：如果它的前提真，那么结论**必定**真。换言之，一个有真前提和假结论的演绎有效论证是不可能的。请注意，这里使用的**有效**的这一术语并不是**真**的同义词。**有效**的指的是演绎论证的逻辑结构——它指的是在前提真的情况下，能**保证**结论真的一种论证结构。如果一个论证是有效的，我们就说结论能由前提推出。因为一个演绎有效论证保证，如果前提是真的，那么结论必真，这就叫作**保真**。

下面是一个经典的演绎有效论证：

> 所有的人都会死。
> 苏格拉底是个人。
> 所以，苏格拉底会死。

再看另外一个：

> 如果你身上有伤疤，那么你被外星人劫持过。显然，你身上有伤疤。因此，你被外星人劫持过。

请注意，在以上论证中，如果前提是真的，结论**必定**真。如果前提真，结论不可能假。不管前提的顺序如何，也不管结论是在先还是在后出现，皆是如此。

下面是以上这些论证的演绎无效的版本：

> 如果苏格拉底是一只狗，那么他会死。
> 苏格拉底不是一只狗。

所以，苏格拉底不会死。

如果你身上有伤疤，那么你被外星人劫持过。你被外星人劫持过。所以，你身上有伤疤。

这些论证是无效的。在每个论证中，结论并不能从前提推出。

一个给其结论成功提供高概率支持的归纳论证是**强**的。没能给其结论成功提供高概率支持的归纳论证是**弱**的。在一个归纳强的论证中，如果前提是真的，那么结论很可能是真的。归纳强的论证的逻辑结构只能在前提真的情况下使结论很可能真。和演绎有效论证不同，归纳强的论证不能保证前提真的时候结论真。归纳强的论证所能做的是，表明结论很有可能是真的。因此，归纳论证不是保真的。

下面是两个归纳强的论证：

没有人活过200年。
苏格拉底是一个人。
所以，苏格拉底很可能活不了200年之久。

一个人身上的神秘伤疤几乎总是指示其被外星人劫持过。
你身上有些神秘伤疤。
所以，你很可能是被外星人劫持的受害者。

看看第一个归纳论证。注意，前提真而结论假是可能的。毕竟，第一个前提说，无法保证苏格拉底会死，只是因为他是一个人。他只是**有可能**会死。在第二个论证中，也没有保证如果你身上有神秘伤疤，你就被外星人劫持过。如果你身上有神秘伤疤，仍旧存在你**未曾**被外星人劫持过的可能性。

好的论证必须是有效的或强的——但是它们都必须有真前提。一个好论证拥有恰当的逻辑结构**以及**真前提。试着考虑下面的论证：

> 所有的狗能下蛋。
> 首相是只狗。
> 所以，首相会下蛋。

这是一个有效论证，但是它的前提是假的。结论合乎逻辑地由前提推出——即使前提是假的。因此，这一论证不是一个好论证。有真前提的演绎有效论证被说成是**正确的**（sound）。一个正确论证是一个好论证。一个好论证会给你接受结论的好理由。同样，一个好的归纳论证必须是逻辑上强的且有真前提的论证。一个有真前提的归纳强的论证被说成是**强有力的**（cogent）。一个强有力的论证是好论证，能为接受结论提供好理由。

3.2 演绎论证

一个演绎论证是否有效，取决于它的形式和结构。如果我们用字母替换论证的陈述来表达该论证的话，我们就能最容易地看出它的形式。考虑下面的演绎论证：

> 我们的理性必须被当作一种原因，而真理是其自然的结果。
> ——大卫·休谟

1. 如果灵魂是不朽的，那么思维不依赖大脑活动。
2. 灵魂是不朽的。
3. 所以，思维不依赖大脑活动。

用字母来代表每一陈述，我们就可以用符号来表达该论证：

如果 p，那么 q。
p。
所以，q。

第一行是一个复合命题，由两个陈述组成，其中每个陈述由一个字母指代：p 或 q。这样一个复合命题叫作**条件句**，或若—则**陈述**。跟在**如果**之后的陈述叫**前件**，在**那么**之后的陈述叫**后件**。整个论证被称为条件句论证，因为它含有至少一个条件陈述（如果 p，那么 q）。

条件句论证很常见。事实上，很多条件句论证模式极为常见，因而给予它们专门的名称。这些流行的形式值得了解，因为它们可以帮助你迅速判断你所遇到的论证的有效性。由于论证的有效性取决于它的形式，因而如果你知道某一种特别常见的形式总是有效的（或无效的），那么你就能够知道任何有同样形式的论证肯定是有效的（或无效的）。

例如，我们刚刚考察过的论证就具有常见的形式，即所谓的**肯定前件**或肯定前件式论证。任何具有这种形式的论证总是有效的。我们可以将这个形式中的陈述变成我们喜欢的任何陈述，具有该形式的论证依然是有效的——无论前提是否为真。试着考虑以下这个肯定前件的论证：

1. 如果一个人是由锡构成的，那么所有的人都是由锡构成的。
2. 一个人由锡构成。
3. 所以，每个人都是由锡构成的。

这一论证的前提和结论都是假的。然而，这一论证却是有效的，因为如果前提真，那么结论必定真实。一个有效论证可以有假前提和一个假结论，假前提和一个真结论，或者真前提和一个真结论。唯一不可能的事情是：有真前提和一个假结论。

下面是另一种常见的条件句论证形式：

如果 p，那么 q。
并非 q。
所以，并非 p。

比如：

1. 如果灵魂是不朽的，那么思维不依赖于大脑活动。
2. 思维并非不依赖大脑活动。
3. 所以，灵魂并非是不朽的。

这种形式就是所谓的否定后件或否定后件式。任何具有这种形式的论证都是有效的，不管是什么样的主题或前提是否为真。

有一种有效的假言论证形式，人们经常运用它批判性地思考一系列事件，这就是著名的假言三段论。（**假言**的是**条件句**的同义词，一个三段论是包含两个前提和一个结论的演绎论证。）在这种形式中，每一个陈述都是条件句。请看：

如果 p，那么 q。
如果 q，那么 r。
所以，如果 p，那么 r。

例如：

1. 如果地板吱吱嘎嘎地作响，那么有人在过道里走。
2. 如果有人在过道里走，那么屋子里一定有窃贼。
3. 所以，如果地板吱吱嘎嘎作响，那么屋子里一定有窃贼。

正如你可能料想的那样，一些很常见的论证形式是无效的。比如，有一个称为**否定前件**的论证形式：

如果 p，那么 q。
并非 p。
所以，并非 q。

1. 如果乔是一个单身汉，那么乔是一位男性。
2. 乔不是一个单身汉。
3. 所以，乔不是一位男性。

这一论证的无效性是显而易见的。但是看看下面具有同样形式的例子：

1. 如果科学家们能够证明鬼魂的存在，那么鬼魂就是真实的。
2. 然而科学家们无法证明鬼魂的存在。
3. 所以，鬼魂必定不真实。

在这里，暴露无遗的无效性就在于，所有前提为真而结论为假是可能的。即使科学家们无法证明鬼魂的存在，也没有表明鬼魂不是真实的。也许鬼魂确实存在，尽管科学无法证明它。

另一个常见的无效形式叫作肯定后件：

如果 p，那么 q。
q。
所以，p。

1. 如果芝加哥是伊利诺伊州的州府，那么芝加哥属于伊利诺伊州。
2. 芝加哥属于伊利诺伊州。
3. 所以，芝加哥是伊利诺伊州的州府。

我们很快便能看出这一论证是无效的，因为你会回想起之前说过的，对于一个有效论证来说，永远不可能有真前提和一个假结论——上面的论证正是有真前提和一个假结论。

> 逻辑是理性的军械库，供应所有攻击和防御的武器。
> ——托马斯·富勒

当然，并非所有常见的演绎论证都是条件句形式的。下面是一个非条件句的有效形式，被称为析取三段论：

或者 p，或者 q。
非 p。
所以，非 q。

1. 或者是吉尔，或者是杰克，伪造了不明飞行物着陆的新闻。
2. 吉尔没有伪造不明飞行物着陆的新闻。
3. 所以，一定是杰克伪造了不明飞行物着陆的新闻。

前提 1 中的 p 或 q 的模式叫作**析取命题**，析取命题中的每一陈述（p 或 q）叫作析取支。在一个析取三段论中，可以否定任何一个析取支，而且未被否定的析取支即结论必定是真的。

当你试着迅速判定一个论证的有效性时，你所熟悉的这六种论证形式迟早用得上。如果你遇到一个其结构与上面讨论过的任何一个有效形式相吻合的论证，那么，就知道这个论证是有效的。如果这个论证有一个与无效形式相吻合的结构，那么，你就能判断它是无效的。记住这些常见形式可以帮助你更有效地分辨论证模式。

另一个判断演绎论证有效性的方法叫作**反例法**。这一方法基于上面提到过的一个事实，即一个有效论证不可能有真前提和假结论。因此，决定一个论证是否有效（称为被检验论证），你可以尝试建构一个具有**被检验论证一样形式**的相应论证，但它无疑有**真前提和假结论**。如果成功地构建出了这样一个论证，那就表明被检验论证是无效的。

假设以下是你的被检验论证：

1. 如果伊斯特可以用意念弯曲勺子，那么她是个有特异功能的人。
2. 伊斯特不能用意念弯曲勺子。

3. 所以，伊斯特不是个有特异功能的人。

为了检验其有效性，你构造了下面的对应论证：

1. 如果狗能下蛋，那么，它们对人是有用的。
2. 狗不能下蛋。
3. 所以，狗对人是无用的。

上面的论证和被检验论证有着完全一样的形式（你可能早就看出它是否定前件），但它有真前提和假结论，因此，它是无效的，所以被检验论证也是无效的。

3.3 归纳论证

如果某些条件被满足，即使归纳论证不是有效的，它们仍然可以提供让我们相信其结论的好理由。为了更好地了解什么构成一个强的归纳论证，让我们研究一些归纳的常见形式。

枚举归纳

当我们在观察了某一群组的某些成员之后得出一个概括时，我们所使用的这类推理就是枚举归纳。一个典型的枚举归纳的前提是报告观察到的具有某一特殊属性的组群成员百分比的陈述。结论是一个声称具有该特殊属性的整个群组成员的百分比的陈述。

在枚举归纳中，我们可以这样推理：

你在"乔家餐馆"所吃的大部分食物都很难吃。所以,这个饭馆提供的所有食物很可能都很难吃。

来自这个桶的苹果60%都很好吃。所以,这个桶里有60%的苹果好吃。

你在会议上见到的一半人都是路德教徒,所以,可能会议上有一半人都是路德教徒。

因此,枚举归纳有以下形式:

观察过的群组 A 中的成员有 X% 的成员具有属性 P。
所以,群组 A 中有 X% 的成员具有属性 P。

一些专业术语在这里会有用。所研究的群组——我们感兴趣的由个体组成的整个类——叫作**目标群组**。目标群组中的被观察成员就是**样本**,我们所研究的属性叫作**相关属性**。在枚举归纳中,我们根据样本中相关属性的观察,得出关于目标群组中该相关属性的结论。在苹果的那个例子中,目标群组是桶中的苹果,样本是被观察的苹果,相关属性就是味道。

就归纳的任何形式来说,一个枚举归纳论证仅当它是强的且有真前提的时候才是好论证。要成为强的,一个归纳论证必须在以下两方面得分较高:(1)样本量;(2)样本的代表性。试看下面的例子:

胡里奥在院子里碰到的四个学生中有三个是民主党人。

所以，这个学院里有四分之三的学生很可能是民主党人。

当然，这一论证是弱的。仅仅在他们中的四个人的基础上，我们不能得出一个关于那个学院的所有学生（我们可以假定有成百上千的学生）的政治面貌的可靠结论。用四个学生的样本，我们可以合理得出这样的结论：这个学院中的**一些**学生是民主党人，这就是我们能达到的极限。

运用一个不充分的样本量去得出关于目标群组的结论是一个常见错误，即**轻率概括**的谬误（本章稍后讨论）。如果你因为你用过的一辆柠檬色的雪佛兰牌汽车不怎么样，你就认为雪佛兰牌汽车是烂车；如果你因为最近碰到的三个生物专业的学生很无聊，你就认为所有生物专业学生都很无聊；或者因为你看见某一种族的两个人考试作弊，你就得出与你不同种族的人不诚实的结论，那么，你就犯了这个错误。

然而，样本要多大才足够大？一般来说，样本越大，它所代表的目标群组的性质就越可靠。但有时候，即使是小样本也能这样。一个指导原则是，一个目标群组在特性方面与所研究的属性越是同质的，所要求的样本越小。例如，我们会要求非常小的野鸭样本来决定它们是否都有喙，因为野鸭的物理性质在整个该物种中是几乎没有变化的。但是，如果我们想要知道加拿大人的购物习惯，就需要考察一个非常大的样本——成百上千的加拿大人。在社会和心理属性方面，人们的差异是巨大的，所以，观察其中的一小部分去概括几千或几百万的人通常是无意义的。

样本不仅必须大小合适，还要有代表性——即它们必须在所有相关方面像目标群组。一个不能适当地代表目标群组的样本叫作**偏性样本**。偏性样本形成弱论证。为了可靠地概括纽约人的超自然信念，我们的样本不应该仅由当地神秘学俱乐部的成员构成。这些成员对超自然现象的看法不大可能一般地代表纽约人的观点。要得出一个关于 X 湖水污染的可靠结论，我们不应该从受到工厂污染的湖水部分抽取所有水样。这一区域不代表整个湖。

如果一个样本具有在目标群组所展示的同样比例的相关性质，那么这个样本就是该目标群组的合适代表。如果一个性质能影响相关属性，那么这一性质就有相关性。假设你要进行一项调查，想查明成年西班牙人是否相信鬼魂。可能影响他们相信鬼魂的特性包括宗教信仰、收入、职业以及教育水平。因而这些相关特性应该包括在你的样本内，它们也应该以相同的比例在目标群组即成年西班牙人中呈现出来。这就意味着，例如，如果 60% 的西班牙人是大学毕业生，那么，你的样本应该反映这一点——样本中 60% 的人应该是大学毕业生。

正如你可能猜到的，枚举归纳是民意调查的基础，那些无所不在的调查描述了对选举、政治议题、道德辩论以及消费者偏好的公众态度。像任何一种枚举归纳一样，民意调查根据样本获取对目标群组的一般结论。民意调查要成为可靠的，必须使用在所有相关方面代表目标群组的合适样本。好的民意调查必定也是被良好实施的，这样才能得到准确数据——能真实地描述反映它们想要描述的数字。民意调查由于数字误差、表述问题的措辞不当、有缺陷的研究设计、抽样误差和其他一些问题不能得出准确数据。所有这些意味着，一项民意调查可以根据合适大小的、有代表性的样本而起作用，但它仍然会是一个弱的归纳论证。

对于生成较大目标群组——例如，所有美国成年人的代表性样本——来说，全国民调机构有完善的技术。因为有现代抽样程序，这些样本可以包括 2000 个人（代表大约 2 亿人）以下。如此小的代表性样本在**随机抽样**中是可行的。这项技术基于这个事实：设计一个真正的代表性样本的最好方法是随机从目标群组中选择样本。如果目标群组的每一成员有同等机会被选进样本，那么随机抽样就得到了保证。非随机性地选择样本成员就会产生一个偏性样本。

我们经常接触一些由非随机抽样产生的民意调查。之所以许多是非随机的，是因为它们使用了**自我选择样本**。假设一个网页或电视节目让人们回答一个简单问题——例如："你认为应该在大学校园里禁止私藏武器吗？"在这种情况下，民意调查人不会随机挑选回答者；同样，回答者也因各种不相干的理由而非随机地让自己成为回答者。样本会因为有利于在特殊议题（或任何议题）上喜欢抒发己见的人，或者是当问题提出时碰巧在上网或收看电视节目的人（比如一些持有得到网络或节目鼓励的政治主张的人），而成为偏性样本。这些机构常常承认，它们的自我选择调查是靠不住的，宣称（有时是用小字印刷的）这种民意调查是"不科学的"。

甚至最好的民意调查也无法保证100%的可靠性——即这些随机的、大小适当的样本会准确地反映出较大目标群组的看法。无论民意调查专家多么仔细，他们的抽样想要得到的数值只能接近于他们对目标群组中的每个成员的调查的数值。这种存在于民调结果和理想结果之间的差距叫作**误差幅度**。一个诚实的民意调查明白它的误差幅度——比如，有77%的成年美国人赞成枪械管制，加上或减去4个百分点（通常表示为77% ± 4%）。这就变成了"赞成枪械管制的成年美国人的百分比在73%到81%之间"。因为误差幅度，两个民调数字间的微小差别（例如，打算为一个特定总统候选人投票的选民的百分比）意义不大。因此，如果误差幅度是 ± 3个百分点的话，那么拥有43%选票的候选人A和拥有45%选票的候选人B之间就没有什么显著差别了——尽管政治评论员可能想让我们相信候选人 B 会胜出。

民意调查会因为如何表述民调问题、由谁来问问题、问题是如何被问的，而不可靠和有误导性。问题的表述特别重要。设想一下，让一个样本中的大百分比的人对这样的问题回答"不"是多么容易："你赞成通过枪械管制法取消宪法赋予公民拥有武器的权利吗？"或者"你赞成通过给干细胞研究提供资金支持而毁灭无辜百姓的生命吗？"这些问题的目的不在于客观地测量人们对一个议题的看法——它们想要刺激受访者给出一种特殊回答。好的民意调查设法使用更中性的措辞，这样才会准确、公正地测量人们的态度。热衷于辩护的民意调查者会相应地问他们的问题。有时他们生成一些有偏向的问题是偶然的，但是更多时候，很可能这种偏向是故意的。

类比归纳

当我们表明一个事物与另一个是如何相似的时候，我们就在对二者做类比。当我们认为在一些方面有相似性的两个事物更进一步在某个方面也相似，我们就做出了一个类比归纳。举例来说，在各种火星探险任务实施之前，美国航空航天局的科学家们也许已经这样论证了：地球上有空气、水和生命。火星和地球相似，有空气和水。因此，火星上可能有生命。这种类比归纳的形式可写为：

对象 A 有属性 F、G、H 等，也有属性 Z。

对象 B 有属性 F、G、H 等。

所以，对象 B 可能有属性 Z。

像所有归纳论证那样，类比归纳只能以某种程度的可能性来建立它们的结论。两个对象的相似度越高,结论的可能性越大。相似性越小,结论的可能性越低。

地球和火星的差异性是巨大的。火星的大气层很稀薄,几乎没有氧气,火星上的水被封在两极的冰盖里。所以,在火星上找到生命的可能性很小。然而,火星更像是过去的地球。所以,在火星上找到过去生命的证据可能性更大。

> 逻辑是使我们确信某个真理的艺术。
> ——让·德·拉布吕耶尔

并非只有科学家们进行类比归纳。这种推理在其他很多领域也被采用,包括医学研究和法律。医学研究者在实验动物身上试验一种新药就是在进行类比归纳。基本上他们在进行这样的论证:如果这种药物对动物有确定效应的话,那么,很可能此药对人类有同样的作用。这些论证的力量在于,动物和人类之间的生物相似性。鼠、兔子和豚鼠经常被用在这类试验中。尽管它们都是哺乳动物,但它们的生理结构绝不会与我们人类的完全相同。所以,我们不能完全确信,任何一种影响它们的药物会同样地影响我们。

美国法律制度以判例为基础。判例是指已经判决了的案件。律师们经常试图通过引用判例使法官们确信他们的论证占上风。他们论证说,庭审案例和过去已判决的一个案例相似,既然法庭以那种方式对那个案件做出了那样的判决,那么,这个案件就应该以同样的方式来判决。对方辩护律师将试图通过突出引用案例和当前案件之间的差异来推翻这个推理。哪一方能胜诉往往取决于所提出的类比归纳的力量。

假设归纳(回溯或导致最佳解释的推理)

我们往往通过建构对世界的解释来理解这个世界。然而,并非所有的解释都一样好。因此，即使我们可能对某一事物做出了解释，但并不意味着我们有正当理由相信它。如果其他的解释更好，那么我们没必要相信它。

> 被充分消化的科学无非是良好的感知和推理。
> ——波兰的斯坦尼斯拉夫一世

导致最佳解释的推理有如下形式：

现象 P。

假说 H 解释 P。

没有其他假说能像 H 一样解释 P。

所以，很可能 H 是真的。

伟大的美国哲学家查尔斯·桑德斯·皮尔士是整理这种推理的第一人，他将其称之为外展或回溯（abduction），以和其他形式的归纳相区别。

导致最佳解释的推理也许是使用最广泛的一种推理形式。医生、汽车修理工和侦探——以及我们其他人——几乎每天都会用到它。任何试图弄明白为何有那样的事情发生的人都会使用导致最佳解释的推理。夏洛克·福尔摩斯是使用导致最佳解释推理的大师。看看福尔摩斯在《血字研究》中怎么推理：

> 我知道你是从阿富汗来的。由于长久以来的习惯，一系列的思索飞也似的掠过我的脑际，因此在我得出结论时，竟未觉察得出结论所经的步骤。但是，这中间是有着一定的步骤的。在你这件事上，我的推理过程是这样的："这位先生既有风度，又有军人气质。那么，显然他是个军医。他刚从热带回来，因为他脸色黝黑，但是，从他手腕的皮肤黑白分明看来，这并不是他原来的肤

色。他面容憔悴,这就清楚地说明他是久病初愈,而且历尽了艰辛。他左臂受过伤,现在动起来还有些僵硬不便。试问,一个英国军医在热带地方历尽艰辛,并且臂部负过伤,这能在什么地方呢?自然只有在阿富汗了。"整个思维过程不到一秒钟。然后我就得出了你来自阿富汗的判断,这让你吃惊。[1]

尽管这一段文字出现在题为《演绎的科学》的章节中,但福尔摩斯没有在使用演绎,因为前提的真并不保证结论的真。根据华生的脸色黝黑和胳膊受了伤这些事实不能必然得出他去过阿富汗这一结论。他可能去过加利福尼亚,在冲浪时伤了自己。更确切地说,福尔摩斯使用了回溯或导致最佳解释的推理,因为他通过引用一系列事实和能最好地解释它们的假说得出自己的结论。

往往使导致最佳解释的推理变得困难的原因,不是找不到解释,而是能找到的解释太多。窍门是在所有可能的解释中识别出那个最佳的解释。一个解释之优良取决于由它生成的理解的数量,理解的数量是由一个解释系统化和统一我们知识的程度决定的。当我们把某事物看作是某一模式的一部分时,我们便开始理解该事物了,该模式包含得越多,它所产生的理解就越多。一个假说系统化和统一我们知识的程度可以用各种妥适性标准来衡量,比如简单性;范围或广泛性,即一个假说所解释的不同现象的数量;保守性,即假说与我们的所知相符合的程度;丰富性,即假说成功预见新奇现象的能力。在第 6 章,我们将讨论怎样使用这些标准来区别合理解释和不合理的解释。

3.4 非形式谬误

一个谬误论证是一个赝品论证，因为它未完成它自己想要做的事——为了让别人接受某个主张而提供好理由。不幸的是，逻辑上谬误的论证却可能是心理上有说服力的。因为大多数人从未学会区别好论证和谬误论证，他们往往被劝服，没有好理由就相信了某事物。那么，为了避免非理性的信念，弄明白一个论证可能失败的种种方式就变得非常重要。

> 我们能轻易原谅害怕黑暗的孩子；当人们害怕光明的时候，生命真正的悲剧开始了。
> ——柏拉图

如果一个论证包括（1）不可接受的前提、（2）不相干的前提、（3）不充分的前提，那么这个论证就是谬误的。[2] 如果前提至少像它们要支持的主张一样令人怀疑，那么前提就是**不可接受的**。你能看出，在一个好论证中，前提为接受结论提供坚实基础。如果前提不可靠，那么论证便得不出结论。如果前提对结论之真没有影响，那么前提就是**不相干的**。在一个好论证中，结论从前提推出。如果前提与结论没有逻辑关联，那么它就没有提供让人接受结论的理由。如果前提没有排除合理怀疑地建立结论，那么前提就是**不充分的**。在一个好论证中，前提消除了怀疑的合理依据。如果论证做不到这一点，它就没有证明结论。

因此，当有人给你一个论证，你应该问自己：前提是可接受的吗？它们是相干的吗？它们是充分的吗？如果对这些问题的任一回答是否定的，那么此论证并不是逻辑上令人信服的。

不可接受的前提

乞题 当一个论证的结论被用作前提之一时，这个论证就是乞题或循环论证。例如，一些人主张，一个人应该相信上帝存在，因为《圣经》上是这样说的。然而，当问到为什么我们应该相信《圣经》所言时，他们回答说，因为《圣经》是上帝写的，所以我们应该相信它。这些人就是在乞题，因为他们假定了他们试图证明的——上帝存在。还有一个例子。"简会传心术。"苏珊说。"你怎么知道？"艾美问。"因为她能看透我的心。"苏珊说。根据定义，传心术是指能读懂别人内心的能力，苏珊所告诉我们的一切是，她相信简能读懂她的内心，因为她相信简能读懂她的内心。她的理由只不过是用不同的说法重复了她的主张。所以，她的理由没有给她的主张提供任何证明。

虚假两难 当一个论证假定只有两种选择，而事实上有两个以上选择时，该论证便提出了一个虚假两难。例如："要么科学能解释她是怎样被治愈的，要么这是一个奇迹。科学无法解释她是如何被治愈的。所以这肯定是一个奇迹。"这两种选择并没有穷尽所有的可能性。比如，很可能她是被科学家尚不理解的一些自然原因治愈的。因为这一论证没有考虑到这一可能性，所以它是个谬误论证。再比如："要么你让占星师为你绘制你的星座运势图，要么迷茫地继续过你的生活。你当然不想这样无计划地过日子。所以你应该让占星师绘制你的星座运势图。"如果有人关心他或她未来的生活方向，他或她可以做其他有用的事情而不是咨询占星师。因为有其他的选择，所以这个论证是谬误的。

不相干的前提

歧义 当一个论证所用到的某个词有两种不同意义时，歧义就出现了。例如，下面这个论证："（1）只有人（man）是理性的。（2）没有哪个女人是个男人（man）。（3）所以没有女人是理性的。"在这里，

"man"这个词在两种不同意义上被使用：在第一个前提中，它指人类，而在第二个前提中，它指男性。所以，结论不能从前提得出。还有一个例子："新闻界的职责是发表关注公众利益（interest）的新闻。公众对 UFO 很感兴趣（interest）。因此，如果新闻界不发表关于 UFO 的新闻，它就没有履行好自己的职责。"短语"the public interest"在第一个前提中指公众利益，而在第二个前提中指公众感兴趣的东西。意义间的转换使该论证无效。

组合 一个论证可能会主张，对部分真的东西对整体也真，这就是组合谬误。比如这个论证："亚原子粒子是无生命的。所以任何由它们构成的事物都是无生命的。"这一论证是谬误的，因为整体可能大于其部分的总和；也就是说，整体可能具有其部分所没有的属性。整体有而部分没有的性质叫作**突现属性**（emergent property）。例如，湿润是一个突现属性。个体水分子是不潮湿的，但把足量的水分子聚集起来后湿润就出现了。

> 对谬误论证的治疗办法是一个更好的论证，而非思想的压制。
> ——卡尔·萨根和安·德鲁彦

正如部分真并不代表整体也真一样，对一个群组成员真的可能对群组本身并不真。例如："相信超自然现象让乔很高兴。所以，全民都相信超自然现象的话，整个国家都会很高兴。"这一论证不成立是因为，每个人都相信超自然现象与一个人相信它可能有大相径庭的效果。不过，并非所有从部分到整体的论证都是谬误的，因为有些属性是部分和整体共有的。谬误在于**假定**对部分真的对整体亦真。

分解 与组合谬误相反的是分解谬误。当一个人假定对整体真的意味着对部分也真时，就出现了分解谬误。例如："我们活着，我们由亚原子粒子组成。所以亚原子粒子也肯定有生命。"这样的论证忽略了部分和整体间的非常真实的差异。看另一个例子："社会对于神秘现象的兴趣日益上升。所以，乔对神秘现象的兴趣也在上升。"因为群组可以具有其成员没有的属性，所以这样的论证是谬误的。

人身攻击 当某人试图通过批评或诋毁论证的提出者而非针对论证本身来反驳一个论证时，此人就犯了人身攻击的谬误。这种谬误被称为 ad hominem，即"针对人"。例如："这一理论是由一个神秘学的信仰者提出的。为什么我们就该认真对待？"或者"你无法相信乔博士的主张——没有来生的证据。毕竟，他是一个无神论者。"这些论证的缺点是显而易见的：一个论证因它自己的情况而成立或垮台；是谁提出来的与该论证的正确性不相干。发疯的人有可能提出完全正确的论证，而理智健全的人也会胡说八道。

起源谬误 基于一个主张的起源来论证该主张为真或为假，便犯了起源谬误。例如："胡安的想法来自一次神秘的经历，所以它必定是假的（或真的）。"或者"简从一张占卜板得到那个信息，所以它必定是假的（或真的）。"这些论证是谬误的，因为一个主张的起源与它的真或假是不相干的。我们一些最伟大的进步起源于一些不寻常的方法。例如，当化学家奥古斯特·凯库勒盯着火苗，看见好似咬着自己尾巴的蛇的影像时，发现了苯环。当英国自然学家阿尔弗雷德·拉塞尔·华莱士处于精神错乱状态时，他想出了进化论。阿基米德正在洗澡时推想出了固体排水原理，他跳起来大叫"找到了！"。一个想法的真或假并不由它从哪来决定，而是取决于支持它的证据。

诉诸权威 我们常常通过引用专家观点来支持我们的看法。这种做法完全是正当的——如果被引证的人确实是所论问题所属的那个领域的专家。如果不是，论证便是谬误的。例如，明星代言往往包含谬误的诉诸权威，因为有名并不一定能给你一些专业的意见。比如说，狄昂·华薇克是一个伟大的歌手，但这并不使她成为通灵热线电话之功效方面的专家。同样,莱纳斯·鲍林是诺贝尔奖获得者,但这并不会使他也成为维生素C之功效方面的专家。鲍林认为,大量服用维生素C有助于预防感冒,增加癌症患者的预期寿命。也许情况属实,但他说了这话这一事实并没有证明我们相信它是正当合理的。只有证实这些主张的严格的临床研究才能做得到。

诉诸大众 一个极为常见却谬误的推理形式是:"因为每个人都相信它(或做它),所以它肯定是真的(或好的)。"母亲们知道这种论证是谬误;她们反驳时经常这样问:"如果所有其他人都从悬崖上跳下,你也会这样做吗?"当然你不会做。这个回答说明,仅仅因为很多人相信或喜欢某事物,并不意味它就是真的或好的。很多人过去认为地球是扁平的,但肯定并不能使地球成为扁平的。同样,很多人过去相信女性不应该有投票权。流行并不是真实或价值的可靠指示。

> 在科学问题上,千个权威也抵不上一个人的谦逊推理。
> ——伽利略

诉诸传统 当我们论证,因为某事物是既定传统的一部分因而它是真的(或好的)时,我们就是在诉诸传统。例如:"占星术存在了很长时间,所以它一定了不起。"或者"母亲们总是用鸡汤来治疗感冒,所以它肯定对你有好处。"这些论证都是谬误的,因为传统可能是错的。当你考虑到奴隶制曾经也是一个既定传统时,这种错误就很明显了。人们总是做或相信某事这一事实,并不是认为我们应该继续做或相信该事的理由。

诉诸无知 诉诸无知有两种:第一,把对手不能否证一个结论用作该结论正确性的证明;第二,把对手不能证明一个结论用作该结论不正确性的证明。第一种情况声称,由于没有证明某事物是真的,它一定是假的。例如:"没有证据证明通灵实验是欺骗人的,所以我确信它们不是骗人的。"第二种情况声称,由于没有证明某事物是假的,所以它一定是真的。例如:"大脚怪肯定存在,因为没有人能够证明它不存在。"这些论证的问题在于,把一个事物缺乏证据当成是另一个事物的好证据。但是,缺乏证据证明不了任何事情。在逻辑学中,就像在生活中一样,你不能不劳而获。

诉诸害怕 用伤害或威胁促成一个人的立场便是犯了诉诸害怕的谬误,又名挥舞大棒。例如:"如果你不给这个罪犯定罪,那么你可能就是她的下一个受害者。"这一论证是谬误的,因为被告未来可能做什么事情与判定她是否对过去所犯的罪承担责任是不相干的。或者"你应该相信上帝,因为如果不信的话你会下地狱。"这样的论证也是谬误的,因为它没有给我们相信上帝存在的理由。威胁、敲诈不会帮我们得到真理。

稻草人 当你歪曲某人的主张使其更易于反驳或拒斥时,你就沉溺于稻草人谬误之中。不是就所提出的那个真正的主张来论述,而是捏造一个弱主张去攻击——一个假装的或稻草扎的人可以轻易击倒。假设议员布朗断言,她赞成强硬的枪械管制措施,你可以这样论证来反驳她的观点:"议员布朗说,她想要宣布枪支为非法,一个悍然不顾第二修正案赋予的保有枪支权的极端立场,而我们应该绝对反对任何损害宪法的行为。"然而,你的论证会歪曲议员的观点。她说她想让拥有枪械得到控制,而非宣布其不合法。当然,你可以同样轻易地从这个议题的另一方出发来使用稻草人谬误,即论证说,反对严格枪支管制的人想给市民一人一把枪。这是另一种歪曲。不管怎样,你的论证是谬误的——并且与真正的议题不相干。

不充分的前提

轻率概括 当你仅仅基于关于某类事物的很少几个成员的证据,

就得出该类所有事物的一个一般性结论时，你就犯了轻率概括或者跳跃到结论的错误。例如："每个被调查过的媒体最后都被证明是骗子。你不能相信它们中的任何一个。"或者"我认识一个特异功能者。他们是一群骗子。"你不能根据观察过的一个——甚至他们中的一些——就做出关于该事物整个类的有效概括。从群组的一个样本到整个群组的推断只有在样本具有代表性时——即样本足够大，群组的每一成员都有同等的机会成为样本一部分——才是正当合理的。

错误类比　根据类比进行的论证认为，在一些方面彼此相似的事物在其他进一步的方面也类似。回想我们之前的例子："地球上有空气、水和生物体。火星上有空气和水。因此，火星有生物体。"这种论证的成功依赖于两个对象之间相似性的本质和程度。它们的差别越大，论证的力量越小。比如，考虑这个论证："宇航员们戴着头盔，乘着宇宙飞船飞行。这个玛雅雕刻品中的人物似乎戴着一个头盔，乘着宇宙飞船飞行。所以，这是一个古代宇航员的雕刻像。"尽管雕刻品的形象与头盔和宇宙飞船有相似之处，但它们可能与仪式面具和篝火有更大的相似性。问题是，任何两种事物都会有一些共同点。因此，只有在所比较的事物间的相异之处不重要的时候，类比论证才会成功。

误认原因　错误原因谬误是这样构成的：假设两个并无因果联系的事物有此种联系。比如，人们经常主张，因为某事在别的东西之后发生，所以它由先发生的事引起。拉丁语学者把这种论证称为 *post hoc, ergo propter hoc* 的谬误，意为"在此之后，因此之故"。这样的推理是谬误的，因为根据两个事件时常有关联的事实，推不出它们在因果上有关系。白天之后是夜晚，但并不意味着白天导致了夜晚的出现。假设自从你脖子上戴了水晶项链后，你就没有感冒过。你不能从这一行为中得出以下结论：水晶使你保持健康。因为这里可能牵涉到很多其他因素。仅当排除合理怀疑地确定不牵涉别的因素——比如通过一个受控制的研究——你才能正当合理地主张，两个事件存在因果联系。

滑坡谬误 有时人们论证，实施一个特别行为会不可阻挡地导致另一个坏行为（或多个行为），所以你不应该实施第一个行为。一开始就错误的一个步骤会导致无法避免地滑向不合意的结果，只要不迈出那第一步，这本是可以避免的。如果有好理由相信一系列行为必然会像所声称的那样发生，那么这种论证方法是合理的。如果不是，那么就是典型的滑坡谬误。比如说："学校里教进化论导致丧失对上帝的信仰，丧失信仰导致道德价值弱化，这又引起犯罪率上升和社会混乱。因此，学校里不应教授进化论。"这一论证是谬误的，因为没有好理由相信以上提到的一系列灾难会发生。如果有好理由，那么这一论证——尽管有滑坡的模式——将不是谬误的。

3.5 统计谬误

统计谬误是用数字表达的误导性陈述或论证。统计可为我们提供好证据去证明一个主张或成为合乎情理的推理链的一部分。然而，它们频繁被用来欺骗我们，让我们接受一个我们本应拒斥或质疑的结论。下面是一些例证。

误导人的平均数

在统计中，有三种平均数——算术平均数、中位数和众数。**算术平均数**是大多数人所指的平均数。2、3、5、8 和 12 这五个数值的平均数是 6（2+3+5+8+12=30，再除以 5 等于 6）。**中位数**是一组数值中的中间值（以上 5 个数值的中位数是 5）。**众数**是一组数值中最频繁出现的数字。

当人们未详细说明他们使用的是哪种平均数或他们使用了会让他们的弱论证显得强有力的那种平均数时，麻烦就来了。假设总统承诺，整个国家将大大减少税收，总计平均税金节约额是 1 万美元。然而，极少数富豪的平均数更高，他们的税金节约额为 100 万美元或更多。95% 的纳税人（每年收入低于 2 万美元）会看到税金节约额低于 400 美元。总统吹嘘的 1 万美元的平均税金节约额在技术上是正确的——但有欺骗性。中位数 300 美元甚或众数 250 美元可以告诉纳税人更多的真相。

漏失值

当人们没有区分相对统计值和绝对统计值时，许多麻烦就产生了。假设你读到，去年你所在的城镇里的行凶抢劫案件增加了 75%。这听起来很严重。然而，对于去年的发案率来说，75% 是**相对**增加。理解这一统计数据需要知道这一百分比所依据的**绝对数**。去年有 400 例行凶抢劫案，还是只有 4 例？如果是 400，那么增加的是令人震惊的 700 例。如果是 4，那么我们现在面对的是每年仅仅 7 例抢劫案。

挑选出相对数和绝对数在疾病风险统计里是至关重要的。设想研究者的报告称，对于 25 岁至 45 岁每天喝咖啡的男性来说，胰腺炎的风险会高出一倍。那么，这一年龄段的人应该对此担心吗？他们应该停止喝咖啡吗？你无法给出答案，除非你明确知道其中的绝对风险。我们可以这样认为，对这些人来说，得胰腺炎的绝对风险是很低的——十万分之一。如果每天喝咖啡使这一风险加倍，那么便是十万分之二——得病的概率仍然很低，这是一个放弃咖啡的非常差劲的理由。

模糊对比

人们正当地运用统计来做出对比，但当对比是含混或不完整时，他们便是欺骗性的或鲁莽地使用统计。看看下面这些广告词：

1. 超级止痛片，减缓头痛快50%。
2. 速效能量蛋白质饮品可以使你的表现提高30%。
3. 用埃克森高档汽油获得2倍的英里数。

在广告1中，我们需要更多的信息。"快50%"是什么意思？比之前的药起效快50%？比其他同类止痛片起效快50%？如果是与其他药物做对比，那么具体是哪些药物？效果最弱的那个？还是最畅销的那个？如果它的本意是比原来的药起效要快50%，那么原来的药多快起效？在用药之后，头痛会在20分钟还是20个小时内消退？广告2同样描述不明确。广告语中的"表现"具体指的是什么？速度？耐力？力量？它们是怎样被测量的？"表现"这个概念很模糊，定义它可以有很多种方式，以至于广告商可以发明任何统计数值来卖商品。广告3的问题与广告1的一样；另外一个相关问题是，声称同单位耗油能行驶多1倍的里程并不可信。

好的推理需要好证据。即使你的逻辑无懈可击，但如果你的证据是弱的，你的结论也可能是错的。在下一章里，我们会研究好证据和坏证据的不同，力图区别真正的知识和虚假的知识。

小 结

一个主张（或多个主张）的组合可能会为接受另一个主张提供理由，这便是论证。论证要么是演绎论证，要么是归纳论证。演绎论证意在为结论提供终极性的支持。归纳论证意在为结论提供高概率的支持。一个能成功提供终极性支持的演绎论证是有效的；反之是无效的。一个能够成功提供很可能支持的归纳论证是强的；反之是弱的。一个有真前提的有效论证是正确的；一个有真前提的强有力论证是能使人信服的。

有很多常见的演绎论证形式。一些是有效的：肯定前件、否定后件、假言三段论、析取三段论。另外一些是无效的：否定前件和肯定后件。熟悉这些形式可以帮助你快速判断一个论证的有效性。反例法也可以帮助判断有效性。

一些常见的归纳论证形式是枚举归纳、类比归纳、假设归纳（导致最佳解释的推理）。枚举归纳是当我们观察了一组事物的一部分后得出一个概括时所用到的一种推理。一组事物——我们感兴趣的个体组成的整个类——被称作目标群组。目标群组中被观察的成员就是样本，我们所研究的特征就是相关属性。一个枚举归纳只有在样本足够大并且具有代表性时才是强的。用一个不恰当的样本量去得出关于一个目标群组的结论是一种常见错误，即轻率概括的谬误。

一个谬误论证（或谬误）没有为接受一个主张提供好理由。如果一个论证包括：（1）不可接受的前提、（2）不相干的前提，（3）不充分的前提，它就是谬误的。有不可接受的前提的谬误：乞题、虚假两难。有不相干前提的谬误：歧义、组合、分解、人身攻击、起源谬误、诉诸权威、诉诸大众、诉诸传统、诉诸无知、诉诸害怕和稻草人。有不充分前提的谬误：轻率概括、错误类比、误认原因和滑坡谬误。

学习问题

1. 什么是论证？
2. 三种常见的结论指示词是什么？三种常见的前提指示词是什么？
3. 演绎论证和归纳论证的区别是什么？
4. 什么是有效的演绎论证？什么是正确的演绎论证？
5. 什么是强的归纳论证？什么是让人信服的归纳论证？
6. 肯定前件的逻辑形式是什么？
7. 否定后件的逻辑形式是什么？
8. 什么是枚举归纳？
9. 什么是类比归纳？
10. 导致最佳解释的推理的逻辑形式是什么？
11. 以肯定前件和否定后件而知名的论证形式是怎样的？
12. 怎样运用反例法检验论证的有效性？
13. 在枚举归纳中，什么是目标群组？什么是样本？什么是相关属性？
14. 为什么说自我选择样本是偏性样本？
15. 虚假两难谬误是什么？诉诸无知、稻草人呢？

评估这些主张。它们有道理吗？

1. 房子里有东西在移动。要么是有人用意念移动它们，要么就是鬼。并非人的意念。所以肯定是鬼。

2. 一个心理治疗师欺骗了我妹妹。我永远都不会让心理治疗师为我治疗。他们都是骗子。

3. 琼斯开始食用犀牛角粉，他很快就享受到性快感。犀牛角粉肯定是一种有效的催情剂。

4. 下面的论证是强的吗？你活过的每一天都被你依然活着的另一天所跟随，因此，你未来活着的每一天都将被你活着的另一天所跟随。

5. 下面的论证是强的吗？你曾活过的每一天都是明天的前一天。所以，你将活着的每一天将会是明天的前一天。

6. 下面的论证是有效的吗？如果外星飞船着陆，这一片土地将会有一个大圆形的洼地。这有一个圆形的大洼地。所以，外星飞船肯定曾在此着陆。

7. 下面的论证是有效的吗？如果上帝创造了宇宙，那么我们应该居住在所有可能世界中最好的那个世界。然而我们没有住在所有可能世界中最好的那个世界，所以肯定不是上帝创造了宇宙。

8. 下面是一个令人信服的导致最佳解释的推理吗？全国各地发现了肢体残缺的牛，它们身体的一些部分被去除，留有光滑烧灼的切口。一定是外星人用这些奶牛做某种实验了。

9. 下面是一个令人信服的导致最佳解释的推理吗？人体自燃事件在全世界都有报道。人一下子着火了，身体的大部分和衣服都烧成灰烬，但是往往有一部分肢体或附属物没有烧掉，而且火对受害者邻近的物体没有造成影响。自然火是不可能这样烧的，所以它肯定是神惩罚的一种形式。

10. 下面是一个令人信服的类比论证吗？古希腊哲学家柏拉图在他的两个对话《蒂迈欧篇》和《克里底亚篇》中描述过消失了的亚特

兰蒂斯大陆。亚特兰蒂斯人在园艺和机械方面都很先进,当亚特兰蒂斯沉入海底时,他们的文明也随之毁灭。柏拉图一定是在谈论锡拉岛的克里特岛,因为锡拉岛的文明很先进,一次火山爆发快速毁灭了该文明。

讨论问题

1. 阅读以下段落并回答这些问题:(1)该段落包含论证吗?(2)如果包含论证,它是演绎论证还是归纳论证?(3)若是演绎论证,它包含我们熟悉的逻辑形式吗?如果包含,该形式是什么?(4)若它是一个论证,它是一个好论证吗?

[《圣经》中的]大洪水有考古学的证据吗?如果在五千年或六千年以前发生的一场世界性的大洪水中,除了登上诺亚方舟的8个人以外,其余所有人都死了,那么在考古学档案中应该有大量清楚的记录。人类历史会有一个大断裂的标记。根据被毁的大洪水前人类定居点的物理遗迹,我们应该会理解由大洪水灾难造成的毁坏……除了全世界那8个人之外的全部毁灭在人类文化演进的考古学上没有留下任何印记,这对大洪水的热衷者来说是很遗憾的。

——肯尼思·L. 费德,《骗局、神话与奥秘》

2. 在以下论证中,每个陈述都被编号。阅读该论证并指出每个陈述在其中所扮演的角色——例如,前提、结论、提问、举例或例证、背景信息、前提或结论的重述。

[1]全球变暖是一种现实威胁吗?[2]或者全球变暖是由"抱树人"、愚蠢的环境保护主义者大肆传播的?[3]乔治·W.布什总统显然认为,全球气候变化的观点是废话。[4]但是,最近他自己的行政

机构揭穿了其废话理论的谎言。[5]布什政府就全球变暖发布了一个报告——《2002年美国气候行动报告》。[6]该报告并未支持没有出现全球变暖的、我们应该高枕无忧的说法。[7]相反，它断言全球变暖显然是真实的，如果对此漠然视之的话，会有灾难性的后果。[8]例如，全球气候变化恰恰会在美国引起热浪、极端天气以及水资源短缺。[9]该报告也得到许多其他报告的支持，包括来自联合国的一个非常有影响的报告。[10]是的，乔治，全球在变暖是真实的。[11]它就像台风与冰风暴一样真实。

3. 考虑以下两个类比论证。哪一个更强？为什么？（1）宇宙就像一块表，各部分的安排都是有目的的，手段令人难以理解地适应目的。每块表都有一个设计师。所以宇宙一定也有一个设计师。（2）宇宙犹如一个生物，因为存在持续不断的物质循环，每一部分的运作都维持自身和整体。生物通过自然繁殖产生。所以，宇宙一定也是通过自然繁殖出现的。

── 实战问题 ──

从你的校报或文学杂志的"读者来信"中，选一封至少包括一个论证的信。找出结论和每个前提。接下来仔细检查这些读者来信，再找出一封根本不包括论证的信。改写这封信，使其至少包含一个论证。设法尽可能多地保留原信件的内容，保持其论及的主题不变。

── 批判性阅读与写作 ──

I. 阅读以下段落并回答下列问题：

1. 这个段落赞成的主张（结论）是什么？
2. 哪个或哪些前提被用来支持结论？
3. 该论证是演绎的还是归纳的？
4. 假定那个前提或那些前提为真，该论证是个好论证吗？
5. 你认为逆向话语存在吗？为什么？

II. 写一篇 200 字的短文回答这个问题：什么证据会说服你接受逆向话语（reverse speech）是一种真实现象，而且它能当作一种测谎手段在法庭上使用？详细解释为什么该证据将证明你接受这个命题是正当合理的。

段落 2

过去几年里，一个名叫大卫·奥茨的研究者一直在提倡他所发现的一种非常有趣的现象。奥茨主张，在所有人类言语中都无意识地隐藏着逆向信息（backward messages）。把常规言语录下来，倒着播放出来，才能理解该信息。这种现象即是逆向话语，奥茨在若干书籍、杂志、报纸、广播节目中论述过它，甚至在电视上与拉里·金和杰拉尔多·瑞弗拉讨论过。他的公司"逆向话语企业"正致力于从他的发现中渔利……

我们认为，逆向话语现象没有科学证据，奥茨所倡导的在法庭上或任何其他类似场合把逆向话语当作测谎手段使用，是完全无效的和不公正的……

对任何现象的证明责任都应该由那些主张该现象存在的人承担。据我们所知，在任何同行评审期刊上都没有发表过一篇关于逆向话语的实证研究。如果逆向话语确实存在，那么起码它将是个值得注意的科学发现。但是，没有任何事实数据支持逆向话语的存在或奥茨关于其含意的理论。尽管在"逆向话语网站"上有"研究论文"的摘要可供使用,却没有令人信服的迹象表明奥茨做过任何学术的或实证的研究。(汤姆·伯恩和马修·诺曼德,《魔鬼出没的语句:对逆向话语的怀疑性分析》,见《怀疑的探究者》,2000 年第 3、4 期合刊)

注 释

1. Arthur Conan Doyle, *A Study in Scarlet* (New York: P. F. Collier and Son, 1906), pp. 29–30.
2. Ludwig F. Schlecht, "Classifying Fallacies Logically," Teaching Philosophy 14, no. 1 (1991): 53–64.

第 4 章

知识、信念与证据

有一句话写在《圣经》里,被培根强调,被常识奉若神明,这句话就是:知识就是力量。[1]有知识的人比没知识的人更能自行其是,因为他们的观点基于现实,而不是基于幻想、错觉或主观愿望式思考。他们的计划更容易成功,因为知识给了他们预见障碍的能力和克服障碍的方法。预见和控制是生存的关键,而知识让预见和控制成为可能。

> 存在一种对理解的热情,它不亚于对音乐的激情。
> ——爱因斯坦

但是,知识的价值不仅体现在我们能用它做事,它本身就有价值。我们都愿意了解事物的原委。然而,我们的这种求知欲不仅被实用的考虑所驱动。我们经常是为了理解而理解——因为理解像美德一样,本身就是奖赏。解开谜团,发现真相,获取见识都是最让我们兴奋的体验。

因为我们需要知识帮助我们取得成功、认识世界,所以弄清楚什么是知识,以及如何获取知识就成了我们最感兴趣的话题。

4.1　古巴比伦人获取知识的技艺

  我们对知识的渴求，尤其是对未来知识的渴求，激发了许多获取知识的奇特技艺。这方面最早也最精湛的技艺是古巴比伦人发明的占星术。但是，占星术不是古巴比伦人预言未来方法的首选和最爱。这些荣誉归于祭牲剖肝占卜术——通过检视肝脏预测未来。[2] 基于肝脏是生命之本这一认识，古巴比伦人似乎得出这样的结论，即血液最丰富的器官——肝脏——是生命力之所在。他们可能相信，把这样珍贵的器官（通常是羊的肝脏）拿来奉献，神灵会奖赏他们的慷慨，给他们披露未来。为什么神灵会喜欢这种表达感谢的方式不得而知。不管怎样，古巴比伦人相信每一个所献肝脏的特点——其形状、血管、肝叶等——都透露了未来的迹象。从农业到军事，各种各样的问题通过诊断这个器官就可以解决。

  在美索不达米亚，肝卜术被认为是非常有效的获取知识的技艺，只有国王和贵族才能使用。预言家对肝脏的检验被当作一项神圣的国事。[3] 预言家对一只羊的肝脏的检视并非出于纯粹主观。肝的具体特点被认为与特种事件相一致。古巴比伦人把这些知识系统地表述在刻有图案的泥板羊肝模具上，这些模具被当成教具给以后从事这方面职业的有才华的肝卜术家传授知识。尽管 700 多片肝卜术预言流传下来，但没有一个能解释肝的特点与人的活动之间的对应关系是如何建立的。[4]

  肝卜术不再兴盛了，但另一种兴起于古巴比伦的预言形式——占星术——今天却依然火爆。仅美国就有超过 10,000 名职业占星师。占星术比肝卜术好在哪里呢？一方面，它没有那么脏乱。另一方面，出

> 我不相信占星术。我是射手座，而且我们是怀疑的。
> ——亚瑟·查理斯·克拉克

> 预言很难，尤其是对未来的预言。
> ——尼尔斯·玻尔

生的时间和地点比羊肝更容易获取。占星术与肝卜术还有一个区别。占星术主张预言的征兆（恒星和行星轨迹）与事件之间有对应的因果关系，这一点肝卜术没有。在肝卜术里，肝脏不是它所预言事件的**原因**，它只是事件的记录。而在占星术里，恒星和行星轨迹据说有助于导致所预言事件的发生。

然而，今天很多人不会接受古巴比伦人关于天体如何作用于人的观点。古巴比伦人认为，七大"行星"——太阳、月亮、水星、金星、火星、木星、土星——影响我们的生活，每一颗行星都是一个不同的神，每一个神都对我们有不同的影响。[5] 今天，占星师习惯用更为科学的术语解释天体的作用，诸如用地球引力或电磁学理论等。但是，无论是古代的占星师还是现代的占星师，都没有解释天体和人事之间的因果关系是如何建立的。难道是我们假设古巴比伦人做了人的性格特点和星球位置之间相关性的统计调查吗？如果不是——如果不是基于任何可信的证据——为什么要认真对待它？如果它只是某个古巴比伦祭司的幻想（如同充满争论的肝卜术那样），它真的能被当作一个知识源泉吗？为了回答这些问题，我们首先要弄清楚知识包含的内容。

4.2 命题知识

我们知道不同种类的事物。比如，我们知道谁养育了我们，哪双鞋是我们的最爱，疼痛感觉起来像什么，如何阅读，鸭子怎么叫。每一种不同情况下，我们的知识对象（我们的知识所相关的）都不同。在第一种情况里，我们的知识是有关人的；第二种情况里，是物体；第三种，是经验；第四种，是活动；第五种，是事实。我们关注第五种知识，因为我们对如何知道事实感兴趣。

按我们这里所使用的意思，一个事实是一个真命题。因此，事实知识时常被认为是**命题知识**。最早也是最重要的对命题知识特点的论述可以在柏拉图的著作里找到。在他的对话《美诺篇》里，苏格拉底说①："我敢肯定，说正确的意见和知识有区别并非仅是一种猜测。我可以声称自己几乎不知道什么东西，但在意见和知识的问题上，我至少可以说这一点我是知道的。"⁶ 柏拉图这里要说的是，尽管正确的意见（真信念）可能是知识的必要条件，但它不是充分条件——知识除了有真信念外还得有别的东西。

> 严格意义上所使用的"知识"一词暗含三种事情：真、证明和确信。
> ——理查德·惠特利

真信念对知识是必要的，因为我们不可能知道虚假的事物，如果我们知道某事，我们就不可能相信它是假的。例如，我们不可能知道2+2=5，因为2+2不等于5。换句话说，我们不可能知道不是如此的东西。同样，如果我们知道2+2=4，我们就不可能相信它不是如此。知道某事物为真，就是相信它是真的。⁷

真信念对知识不是充分的，因为我们可以有真信念而没有知识。为了弄清楚这一点，请考虑以下情景。假设你相信现在香港在下雨，也假设正是如此。这是指你**知道**香港现在正在下雨吗？如果你没有相信它的好理由，那就不是，因为在那种情况下，你的信念与一个侥幸的猜测没有什么区别。那么，拥有知识似乎需要有让你相信它的好理由。柏拉图同意这一点。苏格拉底告诉美诺说："正确的意见只要能够固定在原处不动，那么它是一样好东西。可以用它来做各种好事，可惜的是它们不会在一个地方待很久。它们会从人的心灵中逃走，所以

---

① 此处和以下所引苏格拉底的话均采用王晓朝译文。可见《柏拉图全集》第一卷，王晓朝译，人民出版社2002年版，第533页。

不用理性把它们捆住，它们就没有什么价值……它们一旦被捆绑住，也就变成知识。"[8] 对柏拉图来说，知识是被实在支撑的真信念。将我们的信念置于实在之根基上的东西是我们拥有的信念的理由。

然而，不是所有的理由都能为信念提供一样好的理由。例如，环境证据就不及目击者的证言。我们的理由要多好才能充分支撑我们的信念？为了回答这个问题，我们需要审视理由的证据作用。

4.3 理由与证据

理由赋予命题可能性。理由越好，它们所支持的命题就越可能真。但是，仅仅拥有使一个命题比其否定命题更加可能的理由不足以证明"我们知道它"这一主张。假设一个地质学家发现了一种岩层，这种岩层表明附近的山上多半可能有金矿。他能正当合理地断言知道山上有金矿吗？不能，因为即使那里有，他的断言与猜测也没有大的区别——这也许是一个凭知识和经验的猜测，但只是个猜测而已。不论是侥幸的还是凭知识和经验的猜测，都不构成知识。

> 怀疑一切或相信一切是两种一样简便的解决问题的方法，二者都无须反思。
> ——儒勒·亨利·庞加莱

那么，知识要求确实性吗？要知道一个命题，我们必须要有抹去怀疑阴影而确立它的理由吗？有些人这样认为。例如，假设你和另外一百万人各自买了一张彩票。在这种情况下，你中奖的概率是百万分之一，或 0.000,001%。因此，你有极好的理由相信你不会中奖。但是你**知道**你不会中奖吗？似乎不知道。

然而，如果知识要求确实性，我们知道的就微乎其微了，因为，没有几个珍贵的命题是绝对无可置疑的。你也许要反驳，因为你确凿地知道许多事物，诸如你正在读一本书。但真的是那样吗？你在这一刻难道不可能在做梦吗？在梦中，难道你现在不是一样确信你正在感知的是真的吗？如果是这样，没有多少事是你能确定的（除了如笛卡尔指出的你在思考这件事）。

由于有许多不能排除的可能性，所以我们的确实性被削弱了。例如，你有可能生活在计算机制造的梦想世界里，类似电影《黑客帝国》展示的世界。或者有可能你吃了一种药，它让你的大脑神经兴奋，就像你读书时神经兴奋的样子一样。或者你有可能被一个超人控制，他用传心术给你的大脑直接传递思想。如果这些可能性是真实的，你现在就不是真的在读书了。要求命题一定要必然、确实才被确知，将会严重限制我们的知识范围，也许知识会不复存在。

我们不可能知道不是确实之物这一观点，常被**哲学怀疑论者**信奉。这些思想家认为，我们中的大部分人对自己知识的实际范围不清楚。

> 真正聪慧的人善于质疑。
> ——尼采

在为他们的观点辩护时，哲学怀疑论者经常引用诸如彩票的例子，它们似乎暗示仅有终极性的或确实性的证明能给予我们知识。但是对每一个这样的例子来说，有许多相反的情况。地球上有人居住，奶牛产奶，0℃下水会结冰等，都是我们通常声称知道的命题，然而它们没有一个绝对确定。根据这些反例，哲学怀疑论者能合理地主张**知识**要求确实性吗？不能，因为，除非他们肯定知识要求确实性，否则他们不可能知道知识要求确实性。（记住，哲学怀疑论者声称我们只能知道确实的事。）而且他们不能肯定知识要求确实性，因为刚刚引用的反例让我们有充足的理由质疑知识要求确实性。

因此，如果知识不需要确实性，那它需要多少证据支持？它不需要排除**任何**可能的怀疑才有足够的证据提出主张，而是只要排除任何

合理的怀疑，就有足够的证据提出主张。尽管是可能的怀疑，但超过了某一点就不再是合理的怀疑。例如，我们的心灵被外星人控制是可能的，但是以此为基础拒斥我们感官获取的证据并不是合理的。错误的可能性不是怀疑的真正理由。因而，要有知识，我们必须要有充足的证据，而当讨论中的命题以排除合理怀疑的方式提出时，我们的证据就是充分的。

当一个命题对某事能提供最佳解释时，它就是排除了合理怀疑。在第6章，我们会详细阐明最佳解释的概念。现在，能认识到这一点就很重要了，即一个断言要达到排除合理怀疑的程度，不必具有任何特定等级的概率。一个断言所需要的是，它要解释证据，而且要比它的竞争者解释得更好。

> 无知不是福——它是遗忘。
> ——菲利浦·威利

即使我们不能绝对确信我们没有生活在《黑客帝国》的世界中，我们却有理由相信我们没有生活在其中，因为《黑客帝国》假说没有给我们的感觉经验提供最佳解释。我们的感觉是被直接刺激我们大脑的计算机所引起的假说，并不像感觉由有形物体引起的假说那么简单；《黑客帝国》假说引发的问题比解答的问题更多；它没有做出可验证的预测。一个假说的可接受性取决于它所生成的理解的数量，假说所生成的理解的数量取决于在多大程度上系统化和统一我们的知识。因为有形物体假说比《黑客帝国》假说更好地系统化和统一了我们的知识，我们就有理由相信我们没有生活在《黑客帝国》中。

如果我们能排除合理怀疑地确定某人的罪行，我们就有理由相信他或她犯了罪。同样，如果我们能排除合理怀疑地确定一个命题的真，我们就有理由相信该命题。但是，有正当理由相信某人犯罪并不担保他或她真的有罪，与此相似，有正当理由相信一个命题也并不保证该命题为真。我们总是有可能忽略了削弱我们证明的因素。因为我们不是全知全能的，我们永远不能肯定我们考虑了所有相关证据。然而，如果我们有理由相信一个命题，我们就有理由**主张**它是真的；事实上，我们有理由**主张**我们知道它。这个主张可能是错的，但是它不会不恰当，因为我们的证明让我们有权利做出这样一个主张。

如果我们相信一个命题并没有得到证明——如果我们有好理由怀疑它——那么，我们就没有权利主张我们知道它。当我们有支持相反命题的可靠证据时，我们就有合理怀疑的根据。例如，假设我们在看一面墙，它呈现出粉色，我们被告知房子里没有粉色墙面或有一束红光照在这面墙上。在这种情况下，如同认识论学者厄内斯特·索萨（Ernest Sosa）解释的：

> 时不时地对你认为理所当然的事物打个问号是件好事。
> ——伯特兰·罗素

> 任何人在接受了两个证言之一后仍然相信他面前有粉色墙面是缺乏正当理由的——这是因为，我们认为理性融贯性是最好的整体指南。即使证言在每一情况下为假，仅仅考虑到接受它的充分理由，一个人还是没有相信粉色墙面存在的正当理由。[9]

换句话说，如果我们有好理由相信一个命题是假的，我们就没有理由相信它是真的，即使我们所有的感觉证据指示它是真的。当两个命题彼此矛盾时，我们知道至少其中一个一定是假的。除非我们确定了哪个是假的，否则我们不能主张知道两者中的任何一个。因此：

如果一个命题与我们有好理由相信的其他命题相矛盾，那么就有好理由怀疑该命题。

与可信的命题相矛盾提供了怀疑的合理根据。哪里有怀疑的合理根据，哪里就不可能有知识。

因此，对知识的探寻涉及排除我们信念中的不一致。在对当前观察的不同报告出现冲突时，就如上述粉色墙面的例子，很容易识别出哪个是错的：更仔细地观察。当冲突发生在不能直接验证的命题之间时，找出错误的信念就会更困难。

> 怀疑与知识相长。
> ——歌德

有时，我们观察或得知的事物似乎与我们的背景知识——庞大的有充分支持的信念系统，我们用它指导我们的思想和行动，其中大部分被贴上了"常识"的标签——相冲突。当这种冲突发生时，我们需要决定新信息是否可靠得足以使我们放弃我们已有的一些旧信念。当我们不能直接验证一个可疑的断言时，评价其可信性的一种方法是确定接受它有多大危险。在其他情况相同的条件下：

一个命题越与背景知识相冲突，就越有理由怀疑它。

我们的信念系统结构可以与树的结构做对比。正如一些树枝支撑另一些树枝一样，一些信念也支持另一些信念。正如大树枝比小树枝支持更多的树枝一样，基本信念比从属的信念支持更多的信念。接受一些可疑的主张相当于削去一个细枝，因为它只需要放弃外围的信念。然而，接受另一些可疑的主张就相当于砍掉枝干，甚至部分树干，因为它需要放弃一些我们最核心的信念。

> 智慧始于怀疑；怀疑产生问题；对问题的探究引向真理。
> ——皮埃尔·阿伯拉尔

例如，假设你听了夜间天气预报后开始相信明天是个晴天。假设第二天早上你开始工作时，一个可信的朋友告诉你那天下午要下雨。

你朋友的信息与你昨天夜里听到的信息发生了冲突，但是考虑到天气的变化和朋友可能听了更新的天气预报，朋友说的就不会完全不合情理了。你甚至可能以此为基础决定改变你自己对天气的信念。这种改变对你的整个信念系统几乎没有什么影响，因为没什么信念取决于你关于天气的信念。

现在假设某人声称自己能穿墙而过。这个断言的可信度几乎为零，因为它与我们有关物理世界的信念有太多的冲突。不像天气预报的例子，你对这样的主张断然不予理会是恰当的，因为如果它是真的，你信念系统里的很大一部分信念就会是假的。

> 当我们不能决定什么为真时，我们应该跟从最可能的。
> ——笛卡尔

但是，假设提出这个主张的人主动为你提供支持证据。假设他建议用穿过由你选定的各种不同建筑物的各种墙面的方式，来证明他的能力。如果他能按计划反复完成这一壮举，那么，你除了修剪你的信念系统之树外，别无选择。但是，如果他只能在他所控制的特殊场合下表演这个技能，你就没有什么理由改变你的信念，因为在那种情况下，你不能肯定这一壮举是不是个戏法。

我们碰到的大部分的可疑主张介于天气预报和穿墙者两个极端例子之间。它们不是如此离谱，以致我们能简单地摒弃它们，而是支持它们的证据不足以强到证明应该接受它们。我们应该怎样对待这些命题呢？我们应该依照证据的保证力量来相信（即有几分证据说几分话）。换句话说：

  当有好理由怀疑一个命题时，我们应该让我们的信念与证据相称。

信念的伦理

俗话说"每个人都有权利坚持自己的观点",意思是每个人都有权利相信他想相信的。但是,真的是那样吗?在允许相信的事物上没有限制吗?或者,就如谈论行为那样,有些信念是不道德的吗?或许,令人吃惊的是许多人曾论证,正如我们有道德责任不能实施某种行动一样,我们也有道德责任不能有某种信念。著名数学家 W. K. 克利福德对此有力地表达了这一观点:"不论在何时,在哪里,对任何人,相信没有充分证据的任何东西都是错误的。"[10] 其他同样有名望的人也随声附和这个观点。例如,生物学家托马斯·亨利·赫胥黎断言:"一个人说他确信任何命题的客观真实性,除非他能提供逻辑上证明那种确实性的证据,否则就是错误的。"[11] 布兰德·布兰夏德声称:"在事关人类重大的善与恶的地方,任何可避免的原因所导致的信念歪曲都是不道德的,而且越不道德风险越大。"[12] 这些人认为信念优于证据是错误的,因为我们的行动由我们的信念指导,如果信念错了,行动会被误导。正如布兰夏德表明的,做出的决定越重要,我们把信念与证据相匹配的责任就越大,如果我们不这样做,罪过就越大。

如果信念没有多少支持,我们可以认为一个人所相信的也就没有多大的重要性。但是克利福德断言,即便在小事上,我们也有责任让我们的信念与证据相称或成比例:

> 每当我们因不相称的理由而让自己相信时,我们就削弱了自制力、怀疑能力、明智和公平权衡证据的能力。我们都从维持和支持错误信念和它们导致的严重错误的行动中遭受伤害……但

是，当轻信的品格被保持和得到支持，因不相称的理由而相信的习惯被养成并持久不息时，更大更广泛的邪恶就会产生。[13]

克利福德认为，负责任的相信是一种技能，只有通过不断地实践才能得以保持。而且，因为负责任的相信是负责任的行动的先决条件，所以我们有责任培养那种技能。

对一个命题，我们掌握的证据越多，就越应该相信它。

命题的可能性的区间从几乎为 0（如"人可以穿墙而过"）到 1（如"天在下雨或没在下雨"）。类似地，我们相信一个命题的区间从完全不信到完全相信。在理想的情况下，我们对一个命题的相信应该对应于该命题的概率。如果命题为真的可能性很大，我们应该坚定地相信它。如果不是，我们就不应该坚定地相信它。与可能性的匹配是必需的，因为如果我们相信的力度与证据的力度不匹配，我们就显著地增加了出错的机会。就像任何老道的赌徒告诉你的，你错判的机会越大，输的机会就越大。不幸的是，我们许多人都不是好赌徒，尤其是当估算一个命题为真的可能性时。结果是，我们没有好理由就最终相信了各种怪异事物。

4.4 专家意见

伯特兰·罗素清醒地看到了我们许多人在保持信念与证据相对应上的困难。为了补救这种情况，他建议我们采纳下列原则："一个没有任何根据支持的命题，最好不要相信它。"[14] 罗素认为，"如果这样的观点成为普遍的看法，这将完全改变我们的社会生活和政治体制"，因为它将不仅要求我们摒弃许多我们最珍视的信念，而且将"减少预卜家、书商、主教和其他靠抱有非理性愿望的人（什么也不做，但却在此时或将来享有好运）而谋生的人的收入"。[15] 还有，采纳这个建议会有助于减轻许多不必要的痛苦。

> 最不了解的事物我们却最坚定地相信。
> ——蒙田

罗素说，采纳他的建议我们只需接受下列命题：

（1）当专家意见一致时，相反的观点就不可能是确实的；

（2）当专家意见相左时，没有一个观点能被非专家看作是确实的；

（3）当专家全部认为一个肯定性观点缺乏充分证据时，普通人悬置判断为妥。[16]

他声称，如果我们的信念由这些原则来指导，世界将彻底改变：

> 这些原则看似温和，然而一旦接受，它们就会彻底变革人类生活。
>
> 人们乐意攻击和迫害的意见都属于怀疑主义所谴责的这三种里的某一种。当一个意见有理性根据时，人们愿意把它们提出来，并等待它们起作用。在这种情形中，人们并没有带着激情持有他们的意见；他们平心静气地持有这些意见，平和地举出他们的理由。带着激情持有的看法常常是那些缺乏好理由的观点；确实，激情是衡量意见持有者缺乏理性说服力的尺度。[17]

不幸的是，罗素好像是正确的。可信度与证据之间经常显示出负相关的关系，即支持命题的证据越少，命题越被狂热地相信。正如罗素意识到的，这种情况对和谐的人际关系没有益处。

> 只有当人们停止相信荒谬时才能停止暴行。
> ——伏尔泰

那么，为了避免固执于无正当理由的信念，培养一种健全的**常识的怀疑论**就很重要。与哲学的怀疑论不同，常识的怀疑论并不认为没有确实性的任何事物都是不可信的，而是认为没有充分证据的任何事物是不可信的。常识的怀疑论者不相信某事，除非他们有好理由相信它，他们的信念会与证据相称。

罗素论证说，培养这种常识的怀疑态度的一个方法就是给专家以恰当的地位。我们不应因为专家总是对的而一味听从他们。他们并不总是对的。但是，他们比我们更可能正确。他们通常是对的，理由之一是他们比我们掌握的信息更多。另一个理由是，他们对那些信息通常能做出比我们更好的判断。例如，他们知道哪些种类的观察是精确的，哪些种类的检验是有效的，哪种研究是可靠的。因为他们比我们更有见识，所以他们的判断比我们的更值得信赖。因而：

如果一个命题与专家的意见相左，那就有好理由怀疑它。

但是专家的意见比我们的高明，这**仅限于**专家的专业领域。超出了他们的专业范围，专家所言并不比任何其他人的话语的分量更重。不幸的是，人们有一种把专家意见当作权威意见的倾向，即使他们在谈论力所不及的事情。

例如，克里夫·巴克斯特（Clive Backster）是美国联邦调查局（FBI）最好的测谎专家。一天，他坐在办公室里，想看看如果把测谎仪放在喜林芋①上会发生什么。机器连接好后，他想知道如果烧一片叶子会发生什么。让他吃惊的是，正当他产生这个想法的时候，测谎仪有了反应。巴克斯特得出结论：这棵喜林芋在呼应他的想法！又做了几个其他实验后，他把实验结果发表在了一篇题目为《植物生命的一个基本知觉的证据》的文章中。[18] 巴克斯特的实验和其他类似实验被

> 人的麻烦不是他们不知道，而是知道了太多不对的。
> ——亨利·惠勒·萧

---

① 一种室内观赏植物。——译者注

彼得·汤普金斯（Peter Tompkins）和克里斯托弗·伯德（Christopher Bird）编在了《植物的秘密生活》一书里，此书1975年出版，很快成为全球畅销读物。由于受书里言论的影响，世界各地的人们开始给他们的植物播放音乐或与植物谈话。然而，当科学家试图重复巴克斯特的实验结果时，他们却失败了。[19] 原来他的实验没有被充分控制。巴克斯特也许是使用测谎仪的专家，但这不能使他成为科学方法或植物生理学的专家。这个例子表明：

> **仅仅因为某人是某一领域的专家，并不意味着他或她是另一领域的专家。**

我们把某一领域的专家当成其他领域专家的倾向，就如我们把非专家当成专家（尤其是当他们有了名气时）的倾向一样，这令人不安。你也许听过一则药品电视广告，它是这样开始的："我不是医生，但是在电视上我扮演一个医生，而且我推荐……"在电视上扮演一个医生不能给予某人医学专家的资质。因而，这个演员提供的任何医嘱都应该被怀疑。

把非专家当作专家加以引证是**谬误的诉诸权威**。它是谬误的，因为它没有提供所声称的那类证据。相反，它试图在所提出的证据的质量上欺骗我们。为了避免被这种花招蒙骗，我们需要知道是什么使某人成了专家。

> 专家是这样的人，他知道他的学科里可能出现的最糟糕的错误并知道如何规避它们。
> ——沃纳·海森堡

与奥兹国的巫师所说的相反，成为一个专家需要比一纸文凭更多的东西。文凭的来源也很重要。那些从纸板火柴盒盖子内里刊登广告的机构获取学位的人，其意见不像从常春藤大学获取学位者的意见那么可信。但是，即便你拥有一个名牌大学的学位，你也不一定具备专家的资格，尤其是当你缺乏你提供专家意见的那个专业领域的实践经验时。**专家**的称号是靠你可信的判断赢得的。要被当成一个专家，你必须展示出一种正确解释数据、得出用证据证明的结论的能力。换句话说，你必须证明你自己在一个特定领域里具备善于区分真与假的能力。如果你接受了良好的教育但做出错误的判断，你就不可能被当作专家。显示一个人判断质量的好标志是得到他或她的同行的认可。那些赢得了权威地位或获得了有威望奖项的人的意见比那些没有这些东西的人的意见更可信，因为这些区别通常是理智能力的标志。

跟任何其他证言一样，专家证言只有在无偏见的范围内才可信。如果有理由相信专家被其他的而不是探求真理的动机所驱动，就有好理由怀疑他或她的证言。例如，如果专家通过支持这个立场而不是那个立场而有所得或有所失，那么专家的证言就不能相信。哪里有利害冲突，哪里就有怀疑的合理根据。在考虑其他人的意见时，我们必须总是查找是否存在偏见。

根据罗素的观点，任何悍然不顾专家意见的命题都不可能是确实的。更重要的是，由于可信意见提供了怀疑对立面的合理根据，因此，任何悍然不顾专家意见的命题都不可能被确知（当然，除非我们能

> 知之为知之，不知为不知，是知也。
> ——孔子

排除合理怀疑证明专家是错误的）。这些考虑对我们关于怪异事物的信念有很重要的启示。这些信念往往与专家意见相左。当它们与专家意见相左时，我们不能主张确知它们。我们可能相信它们，但是，没有证明专家错误的充分证据时，我们就无法确知它们。如果我们断言确知它们，**我们**自己才是怪异的。

4.5 一致性与证明

通常，如果一个命题不能与我们的其他信念一致，我们就没有正当理由相信它。因此，一致性是证明（justification）的必要条件。但它也是充分条件吗？如果一个命题与我们其他的信念相一致，我们有正当理由相信它吗？值得注意的是，这个问题的答案是：不。仅仅因为一个命题与我们的信念一致，并不能证明它可能是真的。

为了弄明白这一点，思考一下大卫·考雷什（David Koresh）的例子，他是基督复临运动大卫派的前领袖，死于1993年得克萨斯州韦科附近的教派总部火烧事件。考雷什相信他是耶稣基督。他坚持说，这个信念是基于对《圣经》的连贯阐释。假设这是真的，再假设他所相信的其他信念都跟那个信念一致。那就意味他有正当理由相信他是上帝了吗？当然不能。仅仅因为某人一致地相信某事，并不意味着它就可能是真的。

但是，假设不是考雷什一个人相信他是上帝；假设（这是可能的）他所有的跟随者也都相信。那样就证明他是上帝的信念了吗？相信一个命题的人数能增大该命题的可能性吗？答案还是否定的。就知识而言，并非人多就保险。即使大量的人一致相信某事，它的可信度也可能微乎其微。

如果与某个群体的信念相一致就证明了命题，那么一个命题及其否定都能一样被证明，因为二者都被不同的群体一致地相信。难道我们想说考雷什的观点是或可能与其观点的否定（只要**否定的观点**是融贯的信念系统的一部分）一样正当合理吗？如果我们这样做的话，我们必须放弃这样的观念：证明是真理的可靠标志。因为，一个命题有什么样的证明，它的否定命题也会有什么样的证明。把一致性当作证明的充分条件，代价就太大了。

对证明而言，仅有一致性还不够，因为一套统一连贯的命题可能并不以实在为基础。一个童话故事可能是连贯一致的，但那不能证明我们相信它是正当合理的。由于证明本应是抵达真理的可靠向导，由于真理以实在为基础，所以，证明比只是连贯一致必定还需要更多的东西。

4.6 知识的来源

传统上，感知被认为是获取真理最可靠的向导。感知被认为是知识的来源，这不应该感到奇怪，因为我们关于世界的大部分信息都通过我们的感官而获得。如果我们的感官不可靠，我们就不能活到现在。但是，即使感官是可靠的，它们也并非一贯正确。错觉和幻觉的存在表明我们的感官并不是永远可信的。

> 我们所有知识的源头都在我们的感知之中。
> ——达·芬奇

然而，错觉和幻觉只在某种情况下出现。只有在我们、我们的工具或我们的环境处于一种阻碍准确的信息流动时，感官才把我们引入歧途。例如，如果我们受伤了、焦虑或被麻醉了；如果我们的眼镜坏了，我们的助听器坏了，或者我们的测量装置失灵了；或者天很黑，很吵，雾很大，那么我们的观察可能会出错。但是，如果我们有好理由相信诸如此类准确感知的障碍并不存在，那么我们就有好理由相信我们所感知的。

正如感知被认为是关于外部世界的知识来源，内省则被认为是关于内部世界，即关于我们的精神状态知识的来源。有些人认为这种知识的来源绝对可靠。他们论证说，我们可能在很多事情上出错，但是我们不可能在我们自己精神活动的内容上出错。例如，我们在是否看见了一棵树上可能出错，但我们在是否**好像**看到了一棵树上不会出错。但是在这里我们必须小心点。尽管我们会绝对无误地知道我们的体验像什么，但我们可能并非绝对无误地**知道**它是哪类东西。换句话说，我们会错误归类或错误描述我们所体验到的东西。例如，我们会把迷恋错当成爱，把嫉妒错当成羡慕，把暴怒错当成生气。因此，我们通过对当下体验的内省而形成的信念并不是绝对可靠的。

同样，我们通过对我们倾向性心理状态的内省所获取的信念也会出错。尽管我们当下并没有感觉或做特别的事，但我们会处在某种心境（如相信、想要、希望、恐惧等）中。这种状态被称为**倾向性**，因为处在这种状态中，我们就会有种在特定情况下产生特定感受或特定行为的倾向。例如，如果你害怕蛇，你看到蛇后通常会有一种畏惧和逃离的倾向。不幸的是，我们可能在倾向性心理状态上自我欺骗。例如，我们可能相信我们是在恋爱，而事实上我们没有。或者我们可能相信我们没有某种欲望，而实际上我们确实有。因为内省难免出错，所以它不是一个绝对可靠的心理状态的知识来源。

尽管内省会出错，但它还是可信的。我们关于我们心理状态的信念大致如它们原来的样子一样确凿。我们很少错误地描述我们当前的心理状态，当我们出错的时候，往往不是我们的内省能力出了错，而是我们的粗心或不专注导致的。[20] 尽管涉及倾向性心理状态方面的错误更为常见，它们往往也能追溯到我们处于一种反常状态中。通常，由内省得到的信念是正当合理的。只要我们没有理由怀疑内省所告诉我们的，我们就有正当理由相信它。

尽管我们知道的许多信息来源于内省和感知，我们却需要依赖记忆来储存和提取那些信

> 每个人都抱怨自己的记忆力，没有人抱怨自己的判断力。
> ——拉罗什富科

息。因此记忆也是知识的来源，不是在生成知识的意义上，而是在传递的意义上。通常，记忆不出差错就完成了它的功能。但是，正如我们将在第 5 章看到的，也会出现记忆错误处理信息的情况。我们可能忘记所经历事件的某些细节，或者可能会用想象渲染它们。我们甚至似乎记住了从未发生的事件。心理学家让·皮亚杰（Jean Piaget）生动地记住了两岁时，他的保姆与一个劫持者在香榭丽舍大道搏斗的情景。数年后，他的保姆在一封给他父母的信里承认，有关那个事件的故事完全是她杜撰的。尽管记忆会出错，但它并不是完全不可信。如果我们似乎清晰地记住了某事，只要我们没有好理由怀疑它，我们就有正当理由相信它。

理智也被认为是知识的来源之一，因为它也能揭示事物的状况。试着考虑这个命题："具有形状的物体都有大小。"我们知道这个命题是真的，我们不必做实验或收集数据来证明它。仅靠理智，我们就能明白这些概念一定互相协调。理智是我们辨别概念之间与命题之间逻辑关系的能力。例如，理智告诉我们，如果 A 比 B 大，B 比 C 大，那么 A 比 C 大。

有些人认为，理智就像内省一样是我们接近真理的可靠向导。然而，历史告诉我们不是这样的。许多曾经被认为是不证自明的命题，我们现在知道是错误的。每个事件都有原因，每种属性都限定了一

> 人的理智就像尘世中的上帝。
> ——托马斯·阿奎那

个类，每个为真的数学定理都有一个证明，这些命题在某个时期都被认为是不证自明的。现在我们知道并不是那样的。甚至理性清晰的光芒不只照耀在真理上。

但是大多数情况下理智不会错。看似不证自明的命题通常确实不证自明。不证自明的命题是这样一些命题，否定它们是不可思议的，

如"具有形状的物体都有大小"。理解不证自明的命题就是相信它是真的。如果某人否定一个不证自明的命题，他就有提供反例的举证责任。如果他不能，其否定就没有根据。因此，在缺乏相反情况的证据时，我们有正当理由相信理智所揭示的东西。

传统的知识来源——感知、内省、记忆和理智——不是真理的绝对可靠的向导，因为我们对它们的阐释受到各种条件的消极影响，许多条件超出了我们的控制范围。但是，如果我们没有理由相信这些条件存在，那么我们就没有理由怀疑这些知识来源告诉我们的东西。从这些考虑中浮现出来的一个原则是：

> 如果我们没有理由怀疑感知、内省、记忆或理智告诉我们的，我们就有正当理由相信它。

换句话说，传统的知识来源在它们被证明有罪之前是无辜的。只有我们有好理由相信它们没有正常运作时，我们才应该怀疑它们。

4.7 诉诸信仰

正如通常所理解的，**信仰**是"不依赖逻辑证明或物证的信念"[21]。

> 我尊重信仰，但是怀疑你受的教育。
> ——威尔逊·米茨纳

依赖信仰相信某事就是我们不顾没有掌握充分证据这一事实，甚至就是因为证据不充分而相信它。没有人比德尔图良更好地表达了对证据的这种傲慢态度，他说："因为它荒谬，所以它是可信的。"[22] 托马斯·阿奎那（Thomas Aquinas）认为信仰比意见优越，因为它免受怀

思想病毒

《自私的基因》和《盲眼钟表匠》的作者,生物学家理查德·道金斯主张,某些思想能像计算机病毒一样作用于大脑,破坏其正常的功能。他论证说,"信仰是知识之来源"的思想就属于此类:

> 就像电脑病毒,成功的思想病毒难以被他们的受害者检测到。如果你是受害者之一,很可能你不知道它,甚至竭力否认它。假设你的思想里有难以检测的病毒,那么有什么你可以留意找寻的报警信号呢?我想通过想象医学教材里对患者(假设是男性)典型症状的可能描述,来回答这个问题。
> 1. 病人发现自己明显被某种深藏的、内在的信念所驱动,这个信念就是某事是真的、对的,或者有价值的:一个似乎不需要任何证据或理由证明,但他感到完全折服和信服的信念。我们医生把这样的信念称为"信仰"……
> 2. 病人尤其坚定和不可动摇地相信信仰是美德,尽管它没有支持证据。确实,他们可能觉得证据越少,信仰就越有美德……
> 3. 一个信仰患者还会表现出来的一个相关症状是,坚信"神秘"本身是个好东西。破除神秘不是一种美德。我们应该从中获取快乐,甚至陶醉在它们的不可解决性之中……
> 4. 患者会发现他们自己不能忍受竞争信仰的"带菌者",极端的情况下甚至会杀害他们或倡导他们去死。他们对"背教者"(曾经相信该信仰后来又放弃的人)有同样疯狂的倾

向；或者对异教徒也是一样，而这些人也许常常只是持一种与此信仰有些微不同的版本的信仰。他们也会对与他们的信仰可能抵触的其他思维方式产生敌意，诸如起着颇像反病毒软件那种作用的科学理性方法。[23]

疑，但是它不如知识，因为它缺乏理性证明。在信仰中，信念和证据之间的沟壑被意志行为填平——我们选择相信某事，即使信念没有得到证据的担保。这样的信念能成为知识的来源吗？不能，因为我们不能因为相信它为真而使它为真。我们相信某事的事实不能证明我们相信它是正当合理的。在我们讨论的意义上，信仰是不用怀疑、不用证明的信念，而未经证明的信念不能构成知识。

诉诸信仰带来的问题是它不具有启发性；它也许告诉我们关于诉诸者的情况，但它丝毫没有告诉我们所争论命题的情况。假设有人强烈要求你解释为什么相信某事，你说"我的信念是基于信仰"，这个回答有助于评价你的信念之真吗？不能。说你是基于信仰相信某事并没有对信念提供任何证明；事实上，你在承认你没有证明证据。因为基于信仰相信某事并不能帮助我们决定一个命题的似真性，信仰不能成为知识的来源。

4.8 诉诸直觉

直觉有时被认为是知识的来源。我们可能会问："你怎么知道他们会结婚？"回答可能是："直觉告诉我的。"但这个直觉是种什么东西？它是第六感觉吗？那些声称通过直觉而知道的人是在说他们具有超感官知觉吗？他们可能有，但是认真思考这个断言的话，我们需要证据证明ESP（超感官知觉）的存在，那才是引向真理的可靠向导。没有这样的证据，这种意义上的直觉不能被当作知识的来源。

靠直觉而知道的断言不必解释为主张拥有ESP，反而可以解释为

> 唯一真正有价值的东西是直觉。
>
> ——爱因斯坦

拥有被称为**高灵敏度感官知觉**（hypersensory perception，简称 HSP）的断言。有些人，比如虚构人物福尔摩斯，比其他人的感知能力强得多。他能注意到其他人注意不到的事物，因而做出其他人认为没有根据而实际上有根据的推断——这些推断完全基于大多数人没有意识到的事实。例如，通过直觉知道一对恋人要结婚，你不需要解读他们的心迹，只需要注意他们表现出的一些显示真爱的微妙举止。

一个最显著的 HSP 例子来自动物王国。1904 年，一位退休的柏林教师，威廉·冯·奥斯顿（Wilhelm von Osten）断言，他的马——被称为"聪明的汉斯"——具有与人一样的智力。它似乎能正确回答算术问题、报时和从其他东西里正确识别它所见过的人的照片。"聪明的汉斯"会用踏马蹄的方式回答所问的问题。它学会了字母，当被问到单词问题时，它会用德语拼出答案，马蹄踏一下代表"A"，两下代表"B"，以此类推。由德国十三名最优秀的科学家组成的小组严格测试了"聪明的汉斯"，以确定他的主人是否给它传递了答案。因为主人在与不在它表现得都几乎一样棒，所以他们在报告里总结说，"聪明的汉斯"是真实现象，值得进行最严肃的科学考察。

然而，这个调查中的一个助手却持怀疑态度。奥斯卡·普方斯特不能相信一匹马具有如此神奇的智力。引起他怀疑的是，当在场的人不知道答案时，或当它看不见那些知道答案的人时，"聪明的汉斯"就不能正确答题。普方斯特得出结论，这匹马需要某种视觉帮助。值得注意的是，这种帮助不需要有意给出。[24]

原来，汉斯会从注意人们很细微的姿势变化中得到正确答案——其中一些变化小于五分之一毫米。例如，那些知道答案的人会无意识地绷紧肌肉，直到汉斯给出了答案。汉斯感知到了这种肌肉紧张并把它当成线索使用。普方斯特有意学着做出同样的身体动作，这些动作是汉斯的测试者无意间做的。因而,他没有问汉斯任何问题或给他任何命令就引导出了汉斯所有不同的反应。[25] 普方斯特的实验排除合理怀疑地证明了"聪明的汉斯"的聪明不在于它的智能,而在于它的敏锐感知力。

我们感知细微行为线索的能力不比"聪明的汉斯"差。心理学家罗伯特·罗森塔尔(Robert Rosenthal)深入研究了这种能力。为了确定心理实验者用非言语方式影响受试者的程度,他设计了下列实验。他要求学生试看十个人的照片,然后把他们按成功或失败来评级。量表的区间为 +10(最成功)到 -10(最失败)。使用的照片被独立确定,目的是让大多数人给出的成功评级接近于 0。实验者被告知他们的任务就是重复以前实验的结果。他们参与实验的报酬是一小时 1 美元,如果他们达到了预期结果就会变成一小时 2 美元。一组实验者被告知照片里的人在以前的试验中得到的平均分是 +5,另一组被告知这个平均分是 -5。实验者不许跟他们的被试者讲话;他们给被试者读实验指令,但其他什么也不能说。在没有告诉他们的被试者如何评价照片里的人的情况下,期望高分数的实验者得到了比期望低分数实验者高的分数。[26] 这个结果在其他相似的实验中一直重复。[27] 被试者是如何知道实验者所期望的评价等级的呢?是通过关注细微的行为线索。你会称之为直觉,但实际上它就是敏锐的感官知觉。

> 直觉与超自然感受力很接近;它似乎是对实在的超感官知觉。
> ——亚力克西·卡雷尔

调查 ESP 的研究者一定特别小心诸如此类的实验者效应。不能去除这些效应的实验不能给 ESP 提供证据,因为得出的结果可能已被实验者发出的信号所干扰。早期传心术实验不考虑这些效应,因而他们的结果不能让人信服。

> 直觉是匆忙的理智。
> ——霍布鲁克·杰克逊

西蒙·纽科姆(Simon Newcomb)是美国心灵学研究会首任会长,著名的天文学家,他描述了一个这样的早期实验:"当操作者从一副牌里一张一张抽牌时,每次抽牌,目光敏锐的人就随机叫出牌的名字,结果发现猜中的比率远远大于它本该有的概率,这个概率当然是 1∶52。"²⁸ 然而,如果目光敏锐的人能看到操作者,实验的成功就可能是由于高灵敏度感官知觉而不是超感觉知觉。因此这些实验结果没有对 ESP 提供证据。只有一个实验结果不能用平常能力加以解释时,它才可能为超感觉知觉提供证据。

4.9 诉诸神秘体验

> 如果知觉之门得到净化,万物将如其本来面目般无边无际呈现出来。
> ——威廉·布莱克

在感知以外,在智力以外,在这些获取知识的平凡方式以外,还有一个更加直接通往真理的通道:神秘体验。许多人声称神秘体验绕过了我们正常的认知模式,并且产生了对实在本质"更深"的洞察。畅销书《物理学之道》的作者物理学家弗里乔夫·卡普拉(Fritjof Capra)认为:"东方神秘主义所关注的是一种对实在的直接体验,它不仅超越了智力思考,也超越了感官知觉。"²⁹ 然而,获取这样的体验经常需要多年的准备以及精神和身体上的繁重练习。由于这些实践能引发意识改变状态,因此许多人将这种神秘体验当作错觉或幻觉加以摒弃。正如伯兰特·罗素所言:"从科学的立场来看,我们无法区别这两种人:一种人吃得少,看到了天堂;另一种人喝得多,看到了蛇。每一种都是不正常的身体状况,因而有反常的感知。"³⁰

但是,卡普拉认为神秘主义者对知识的断言不能这样轻易地被摒弃,因为他们的实在景象与现代物理学一致。他说:"现代物理学的主要理论和模式导致一种世界观,这种世界观本质上与东方神秘主义的观点相一致,而且与之水乳交融。"[31] 像科学家一样,神秘主义者是真理的探寻者。不过,科学家用自己的理智探索自然的秘密,而神秘主义者仅用他们的直觉探索。值得注意的是,卡普拉争辩说,这两种经验所揭示的实在好像是一样的。心理学家劳伦斯·莱珊(Lawrence LeShan)对此表示同意:

> 物理学家和神秘主义者沿着不同的路径行进:他们有不同的技术目标;他们使用不同的工具和方法;他们的态度不同。然而,在现实中,他们在不同的道路上却感知到了相同的基本结构,相同的实在构成的世界图景。[32]

卡普拉和莱珊认为,尽管神秘主义者和科学家行走在不同的道路上,他们却到达了相同的目的地。因而,他们主张神秘体验一定是一种特有的知识来源。[33]

但是,真的有这样一条通往真理的捷径吗?现代物理学已经证明了神秘主义的愿景是正确的吗?为了弄清楚问题,我们需要更加仔细地审视神秘主义对实在的本质究竟说了些什么。

> 神秘主义就是明日之科学在今天的发梦。
> ——马歇尔·麦克卢汉

神秘体验是狂喜、敬畏和神奇的体验,在这样的体验里,你似乎进入了一种神秘的、与某种存在的本源和情境相交融的状态。在这种境遇中,似乎宇宙最深的秘密向你显露。你之前认为真实的事物似乎只是错觉而已。你从来没有像现在这样相信,你理解了实在的真正本质。基督神秘主义者圣十字约翰(Saint John of the Cross)如此描述这种体验:

> 最终我看到了神圣的拥抱，心灵与神圣的存在相融合。在这种爱中，上帝将他自己与灵魂融合在一起的模糊知识变得突出而庄严……这种认识存在于灵魂与神性的某种沟通，这一刻是上帝被感知和体验，尽管不是一清二楚的……就像在他的荣耀里一样……这种对知识的触摸和感觉的美妙如此深奥，以至于透入灵魂的最深处。这种知识让你在某种程度上品味和享受了神圣存在和永生。[34]

对有些人来说，与神融合几乎像是一种性的融合。另一个基督神秘主义者圣特蕾莎（Saint Theresa）写道：

> 我看到一个天使走近我，在我的左边……我看到他的右手握着一根长长的金矛，矛尖上似乎有一小团火。他在我面前反复用力把它插入我的心里，刺穿我的内脏；当他把它拔出来时，他似乎也出去了，然后把火与上帝的爱留给了我。疼痛如此剧烈，我开始呻吟；极度疼痛带来的甜蜜是如此美妙，以至于我不愿意摆脱它。我的灵魂现在完全被上帝充盈。[35]

圣约翰和圣特蕾莎说的上帝是《圣经》里的上帝：一个有思想、有情感和有欲望的人。对他们来讲，神秘体验是进入一种与上帝的奇特亲密关系的结果。但是依照他们的观点，尽管你与上帝交融了，你也不能成为上帝。你会被这个体验深深地感动，甚至改变，但是你没有被它吞灭。在整个体验里，你保持了自己的身份。

然而，不是所有的神秘主义者都这样描述他们的体验。例如，印度吠檀多不二论

> 不是我，是整个世界在这样说：一切是一。
> ——赫拉克利特

（Advaita Vedanta）教派并不相信神秘融合是两个人之间的关系，因为在他们看来，世界不是两个人的世界。根据他们的观点，宇宙中只有一个事物——梵（Brahman）——神秘体验表明我们与之同一。就像这个流派的创始人商羯罗（Shankara，公元686—718年）描述的："通过超验的洞察，他（神秘主义者）了解到人与梵之间或梵与宇宙之间没有区别——因为他看到梵就是全部。"[36] 商羯罗认为，在神秘状态里，所有个性、所有差异、所有界限都消失了。实在被体验为一个无缝的不可分割的整体。自我和非自我之间没有区别，因为自我就是全部。你就是神。

商羯罗坚持梵是唯一真正的实在，是不变和永恒的。另一个东方神秘主义者和教师佛陀（Buddha，公元前563—前483年）认为，实在是不断变化和短暂的。就像他向他的一个信徒说的："世间一切都是流变不定的。"[37] 因此佛陀否定了商羯罗的梵之存在。如神学家约翰·希克（John Hick）所言："作为我们每个人最终形态的无始无终的不可变的灵魂（atman）的观念，被佛陀的无我（没有灵魂）教旨明确否定。"[38]

卡普拉不能主张现代物理学基本证明了东方神秘主义的世界观，因为东方神秘主义没有一个共同的世界观。印度教教徒和佛教教徒对实在本质持有根本不同的观念。事实上，神秘主义的世界观似乎与神秘主义传统本身一样是各式各样的。神秘主义者们，甚至东方的神秘主义者们，发出的声音不同。因而，不能前后一致地坚持说现代物理学证实了神秘主义者对事物的看法。

甚至，认为现代物理学证明了神秘主义某一特殊群体的世界观这一加以限制的主张也是成问题的，因为如果某一神秘主义群体是对的，别的一定是错的。那么我们如何解释基督神秘主义是错的这一事

神奇的马什教堂

蒂莫西·李尔利（Timothy Leary）不是唯一一个20世纪60年代初在哈佛做致幻剂实验的人。神学专业的毕业生沃特·潘克（Walter Pahnke），也在用兴奋剂探索内心世界。然而他的兴趣是探究药物引发的幻觉和神秘体验之间的关系。下面是对他的一次实验的描述：

> 沃特·潘克对有关宗教迷狂的文学和体验感兴趣。他训练家庭主妇（可能是由于家庭主妇们没有偏见）去识别文学作品中描述超验或狂喜的段落。然后，他在1962年的耶稣受难日（复活节前的星期五）给一组神学院的学生吃了一种可控剂量的裸盖菇素。① 在药效的影响下，学生很快描述了他们的体验。他将这些描述混杂在其他关于宗教狂喜和非狂喜的描述中，让家庭主妇们对这些描述进行评估。结果值得关注。家庭主妇组成的读者小组识别出了大部分学生遭遇的真诚的神秘体验描述。潘克得出结论，致幻剂能刺激来自宗教传统的超验狂喜。这一实验成为著名的"耶稣受难日实验"，学生的报告被称为"马什教堂的奇迹"，之所以这样命名是因其在哈佛校园的地址，潘克在这里收集了他的实验结果。此后，致幻剂及其在宗教狂喜中作用的科学研究时代开始了。但是，潘克的研究引起了一股批评风潮。如果上帝的体验能被一种化学药品诱导，那么这对制度化宗教的所有权威标志和仪式意味着什么？[39]

---

① 或称裸头草碱，采自墨西哥蘑菇的一种迷幻药。——译者注

实？难道答案是他们的体验不是真正神秘的吗？但是，我们如何区分真正的神秘体验和虚假的神秘体验？基督徒没有正确阐释他们的体验，这个答案对吗？但是，我们如何区别真正的神秘体验和虚假的神秘体验？一旦我们承认只有某种神秘体验是启示性的，我们就放弃了所有神秘体验都能产生知识的主张。

4.10 重温占星术

现在，我们对做出有关知识的主张所牵涉的问题有了一个更好的观念，那我们对占星术怎么看？相信你出生的时间和地点相对应的恒星和行星的位置掌控了你的命运，这有道理吗？让我们审视一下证据。

> 我会永远认为最好的推测者是最棒的预言家。
> ——西塞罗

如本章开头提到的，占星术是古巴比伦人发明的一种预言未来的方法。他们的信念是（也是当今占星家的信念），所有人的身体和情感构成不是由他们的遗传和环境造成的，而是由他们出生时恒星和行星的特殊排列造成的。按照古巴比伦人那个时候对宇宙的了解，这样的观点不是没有道理。任何人都能明白天体的位置与季节相关，天体影响季节的信念因此是非常自然的信念。而且，如果天体控制着地球的命运，那么可能它们也主宰着我们的命运。尽管从古巴比伦人的角度来看，这样的观点有道理，但从我们的角度看，它是否有道理还是个问题。

没有证据表明古巴比伦的占星家是用统计调查的方法建立了所谓个人特性与星球位置之间的相关性。他们似乎没有发出问卷让人们亲自描述和给出他们出生的时间和地点。相反，他们假定在特定星体或星座的影响下出生的人会获得该星体或星座名字中的人、神或动物的特征。[40] 比如，出生日期属白羊座的人被认为像白羊一样勇敢、冲动和精力充沛，而出生日期属金牛座的人被认为像公牛一样有耐心、执着和倔强。[41]

> 科学一定始于神话和对神话的批判。
> ——卡尔·波普尔

罗马天主教会大主教之一的圣奥古斯丁在很早以前就意识到，如果星星真的决定了我们的命运，那么星座双胞胎（同时同地出生的人）应该过同样的生活。当他得知一对星座双胞胎——一个是奴隶，一个是贵族——的生活有天壤之别时，他放弃了对占星术的信念，变成了一个直言不讳的批判者。对他来讲，双胞胎的例子是确凿的证据，它证明了我们的命运没有被写在星星上。

在我们这个世纪，许多人试图从统计上证明占星术的预言，但是无一成功。心理学家祖斯耐和琼斯描述了一些这样的研究：

> 1937年，方斯沃斯在2,000名著名画家和音乐家生日里没有找到艺术才能与上升星座或太阳星座在天秤座之间的任何对应关系。波克和马亚尔（1941年）在科学家词典《美国科学家》中列出的科学家里，没有发现黄道十二宫的任何一个对科学家有主导作用。巴斯和班尼特（1973年）对选择军事生涯的人是否比选择非军事生涯的人更多地出生在火星影响期做了一个统计学研究。他们发现，没有这种关系。麦克哲维（1977年）统计了大量的出生日期，把一年里每天出生的科学家和政治家的数量列成表格（科学家总数16,634人，政治家为6,475人），结果发现没有有利于这两种职业的星座……在另一个近期的研究中，巴斯提都（1978年）用统计方法检验了具有诸如领导力、自由主义/保守主义、智力

和 30 种其他变量的性格特征的人是否会根据支配相应性格的星座集中在某些生日,从旧金山港湾区分群随机抽样的 1,000 人代表性样本得到的结果完全是否定的。[42]

更近期的研究证实了这些结果。R. B. 卡尔佛和 P. A. 爱纳调查了数百人以确定占星者断言太阳星座(在你出生的那一刻,太阳所落入的星座便是你的太阳星座)与身体特征相关是否具有真实性。他们研究了诸如脖子的尺寸、皮肤的颜色、体格、身高和体重等特征。结果与占星者让我们相信的相反,出现在一个星座上的人的体征与另一个星座上的人的体征没有多大的差别。[43]

曼彻斯特大学人口学教授戴维·沃斯最近进行了对"爱之天兆"假说的最大规模的研究。该假说认为,在某些星座之下出生的人比那些在别的星座之下出生的人更容易和睦相处。沃斯利用英格兰和威尔士 2001 年的人口普查数据(包括 2,000 多万人的记录),来研究某些星座下出生的人是否要比别的人更有可能结婚或保持婚姻状态。他发现,"星座对任何其他星座的人结婚和保持婚姻状态的概率没有影响"。[44] 看来陈旧的套近乎的开场白——"你的星座是什么?"——并不会帮助你预见你是否会交好运。

职业占星家可能发现这些研究不足以令人信服,因为他们把重点放在了太阳星座上而不是天宫图上。他们或许会争辩说,为了得到准确的预测,出生时行星的位置也必须考虑进去。然而把这一点加

> 这个世界上预言家比说真话的人生活得更好。
> ——乔治·利希滕贝格

上,结果还是否定的。乔纳斯·诺布利特在他的北得克萨斯州立大学的博士论文中,试图确定能否通过行星之间的交角关系预测一个人的人格特质。他给 155 名自愿者发放 16 种人格调查问卷评价性格特征,

然后将问卷结果与他们的星座比较，但没有一个占星术的预言被数据证实。[45]

在《自然》杂志发表的一项研究中，物理学家萧·卡尔森将116个被试者的出生信息表发给了30个美国和欧洲的著名占星者。占星者接到了每个被试者的三份人格描述：一份来自被试者，另两份是随机选择的。[46]这些人格描述根据检测人格特质的标准测试加利福尼亚人格问卷（CPI）得出。占星者的任务是把被试者的出生表与他或她的人格描述相匹配。尽管占星者预计他们超过百分之五十的情况下会选对CPI描述，但其实他们仅在百分之三十四的情况下选对了，任何人只靠瞎猜都会得到这样的结果。因此，这又一次证明了占星者不具备超常的知识。

杰弗里·迪安和阿瑟·马瑟，在综述了700多本占星术著作和300多个占星术的科学研究工作后得出结论：

> 今天的占星术以起源不明却被奉为"传统"的概念为基础。它们的应用涉及许多系统，其中大部分在基本问题上众说纷纭，它们都由最靠不住的传闻证据加以支持。结果，占星术展示了一个由未经证明的信念支撑的炫目的、技术上健全的上层建筑；它始于幻想，然后完全逻辑地推进。投机现象很普遍，因为大量新的因素（每一个都比上一个更戏剧性地"有效"）被轻而易举地考虑，这些新因素强化了投机而忽略别的。[47]

完全没有可信的数据证明占星术的任何断言。

不仅没有可信的证据支持占星术，恒星和行星决定我们的身体和心理特质的观念也与我们所知的大量人类生理学和心理学知识相冲突。研究表明，我们的身体特点由我们基因里的编码信息决定。我们身体的所有组织都是按照这种信息形成的，我们的所有基因都在受精卵中表达，并由此发育。因此，我们的基本体格是由受孕那一刻的基因决定的，而不是像占星者让我们相信的那样，被出生那一刻的天体决定。

解释恒星和行星如何影响我们的人格和事业的困难，使得占星术的主张更加难以被接受。就我们的知识而言，宇宙只包括四种力：引力、电磁力、强核力和弱核力。发生于世界上的一切事物都是由这样的一个或多个力作用的结果。不过，强核力和弱核力的作用范围非常有限——它们只能影响原子内部及周边的事物。因此，如果恒星和行星影响我们的话，不可能以它们的方式进行影响。

只剩下引力和电磁力了。它们的范围可能是无限的。但是这些力离力源越远，其强度就变得越弱。从恒星和行星那里传递给我们的引力和电磁力极其微弱。例如，你现在手中拿的书所发出的万有引力比火星发出的要大约十亿倍，这还是火星离地球最近的时候的比较。与此相似，来自我们周围的广播和电视发射塔的电磁辐射比来自行星的辐射大几亿倍。[48] 因此，无法知道恒星和行星是如何显著地影响了我们。不是说它们没有影响，只是说还没有人给我们一个合理的理论解释它们是如何影响的。

1975 年，186 名科学家发表的一封提醒公众的信，让他们认识到占星术的主张没有证据的事实。他们声明：

> 我们，下列签名人——天文学家、天体物理学家和其他领域的科学家——希望针对盲目接受占星家私下或公开做出的预言和建议的公众发出警示。那些愿意相信占星术的人应该认识到，它

的教义并没有科学基础……恒星和行星在出生时发挥的力量能塑造我们的未来完全是错误的想象。遥远天体的位置会让某些天或某些时段对某些行动更加有利，或一个人出生时的星象决定一个人与其他人的和合与否，全都不是真的。[49]

不幸的是，这封信似乎没有产生多大效应。2005年盖洛普民意测验显示，25%的美国人相信占星术起作用。更为不祥的是，在20世纪80年代，当时的总统罗纳德·里根在做关于国事的决定时参考了占星术的预言。[50]

为什么在几乎没有证据支持的情况下人们还要继续相信占星术？一方面，大部分人很可能没有注意到，有许多发现占星术没有实证证据的研究。而这些研究没有得到媒体的大量报道，且报纸所设的占星术专栏通常没有标出"仅供娱乐"的警示。另一方面，占星家喜欢给人造成它完全有科学意义的印象。例如，琳达·古德曼写道："科学认可月球引力造成的潮汐。70%的人体由水组成，为什么人体能免受这种强大力量的牵引？"[51]它不应该不受影响。但是，正如我们了解的，考虑到这种力量微乎其微，这种效应一定可以忽略，而且没有理由相信地球以外的引力显著地影响了我们的身体和心理的发展。

那么，为什么占星术的信念持续存在？像反对普遍接受占星术的科学家一样，有些人认为它的吸引力来自它削弱了个人责任感：

在充满变数的时代里，许多人期望在决策时能得到指点以安抚他们内心的不安。他们愿意相信他们不能控制的天体力量决定了他们的命运。然而，我们必须面对世界，而且必须认识到我们的未来由我们自己决定，而不是由星星决定。[52]

另一些人相信占星术的吸引力来自它所提供的一种增强的一体感。历史学家西奥多·罗扎克写道："现代人对占星术——甚至它最粗糙的形式——的迷恋，起源于日益增长的对古老事物的怀旧感，更大程度上起源于与自然的一体感，在这种认识里，太阳、月亮和星星被体验为我们生命意识的浩瀚网络。"[53] 这两种评价可能都有一定道理。

许多人可能认为，占星术有魅力是因为它似乎准确地描述了人们。它之所以看起来是这样，是因为它提供的描述如此宽泛以致这些描述实际上适用于每个人（见第 5 章对福勒效应的讨论）。福勒效应（Forer Effect）最有戏剧性的一个例子来自米歇尔·高奎林。高奎林在一家法国报纸上登了一则广告：他会给那些向他提供名字、地址、生日和出生地点的人提供个性化的天宫图。大约 150 人响应了这则广告，高奎林给他们寄了一份 10 页的天宫图，一张问卷和一个回寄的信封。下面是部分天宫图的内容：

> 因为他是处女座，本能的热情和知性、冷静和智慧融为一体……他是那种顺从社会规范、喜爱财产、具有令人舒适的道德感的人——那种受人尊重、思维健全的中产阶层公民……这样的人完全属于金星的一边。他的情感生活是最重要的——他对他人的爱，他的家庭关系，他的家庭，他的亲密朋友圈……的情感……这些通常表现为对其他人的完全忠心耿耿，履行对爱的承诺，或者做无私的牺牲……愿意待在自己家里，爱自己的房子，喜欢有个可爱的家。[54]

百分之九十四的人返回了问卷，他们说天宫图描述得很准确，百分之九十的人说他们的朋友和亲戚同意那个评价。然而，这个天宫图却是那个臭名昭著的谋杀多人的凶手马赛尔·皮托特（Marcel Petiot）的。他引诱无戒心的纳粹逃兵到他家里，许诺帮助他们，结果抢劫并杀了他们，把他们的尸体用石灰溶解了。他被指控谋杀 27 人，但传言说他谋杀了 63 人。奇怪的是有那么多品质优秀的法国人愿意把一个屠杀案凶手的天宫图当成他们自己的。

那么，我们该怎样看待占星术呢？首先要注意的是，没有人能正当合理地主张确知占星术是真的。这样的断言与专家意见相冲突，正如我们了解的，与专家意见相左的断言不可能被确知（除非它能排除合理怀疑地证明专家是错的）。占星术还与我们的许多背景信念相冲突。接受占星术将意味着放弃物理学、天文学、生物学和心理学的大片领地。当面对这些冲突时，要做的就是让我们的信念与证据相称。然而，在占星术的情况下，没有与占星术信念相匹配的证据，因为没有一个断言得到了证实。因此，它所担保信念的程度可以忽略。

尽管感知、内省、理智、记忆是知识的来源，但它们也能成为错误的源泉。大脑不是一个白板，被动记录它接收的信息。它是一个主动的信息处理器，控制信息并试图搞清它的意思。如果信息不准确、不完整或者不一致，我们从中得出的结论就可能出错。下一章我们会检验大量愚弄我们感官的方法。

── 小　结 ──●

事实性知识是有关命题真值的知识，因此被称为命题知识。当我们拥有一个有好理由支持的真信念时，我们就拥有这种知识。理由赋予命题可能性。理由越好，它们所支持命题为真的可能性越高。有些人认为，要确知一个命题，我们必须有排除所有怀疑而确立它的理由。但是知识要求我们只要拥有排除合理怀疑的好理由就足够了。当一个命题提供了对某事的最佳解释时，它就排除了合理怀疑。

如果我们有好理由怀疑一个命题，我们不能说确知它。如果它与我们有好理由相信的其他命题相冲突，我们就有好理由怀疑它。如果它与我们的背景知识——得到良好支持的庞大信念系统，其中许多我们会当作常识对待——相冲突，我们就有理由怀疑它。一个命题与背景信息的冲突越多，就越有理由怀疑它。同样，因为专家意见通常可信，如果一个命题与这样的意见相冲突，我们就有理由怀疑它。但是我们必须小心：某人是一个领域里的专家并不意味着他或她在另一领域也是专家。

知识的传统来源是感知、内省、记忆和理智。它们不是通往真理的绝对可靠的向导，因为我们对它们的使用会被许多因素歪曲。但是，如果我们没有理由怀疑我们通过这些来源获取的东西，我们就有正当理由相信这些东西。信仰——未经证明的信念——经常被当作另一种知识来源。但是，未经证明的信念不能构成知识。被当作第六感官的直觉（如ESP）不能被看作知识的来源，因为没有证据显示它是通向真理的可靠向导。然而，直觉作为一种高灵敏的感官感知被证明是真实的。有些人把神秘体验当作通往真理更深处的可靠向导。它们也许正确，但是我们不能简单地假设它们是正确的——我们必须用通常检验知识的方法来证实这些体验。

有鉴于此，我们可以问，是否有好理由相信占星术。答案是否定的：占星术是真的这一断言没有得到任何好证据的支持，而且它与专家意见及我们巨大的背景信息相冲突。

学习问题

1. 要拥有知识，除了真信念你还需要什么？
2. 你什么时候有正当理由相信一个命题是真的？
3. 你何时有好理由怀疑一个命题是真的？
4. 知识的来源是什么？
5. 信仰是知识的来源吗？
6. 我们有正当理由相信占星术的主张吗？

评估这些主张。它们有道理吗？

1. 汤普森博士说水晶没有治疗能力。他那样说是让你不要去水晶治疗者那里。
2. 作为一个物理学家，我能向你保证：我们的水里加了氟化物后会导致严重的精神问题。
3. X 夫人说，他们会在水沟里找着尸体，他们找着了。这难道没有证明有些通灵侦探是真的吗？
3. 有些人说爱是可能的，但仅仅发生在属于同一彩色光环的人之间。我的光环是橘色的，我女朋友的光环是绿色的。橘色和绿色不协调。我猜我们该分手了。
5. 著名的通灵师莫丽·高迈兹宣布，股市在接下来的六个月里会上升百分之二十。所以，现在是投资的时候了。

讨论问题

1. 假设你是个有科学思维的人,发现自己处在相信占星术的文化中。你怎么向其他人证明他们的做法是错误的?

2. 塔罗牌是另一种形式的占卜。最近的一个系列电视广告断言:"塔罗牌从不撒谎。"这是真的吗?你有正当理由相信它吗?为什么相信或为什么不相信?讨论人们会怎样评价这个断言。

实战问题

任务:在互联网上搜索,确定下列哪些陈述与专家意见相冲突。

- 最近的科学证据表明"代"祷告能改善人们的身体状况。
- 幽灵的形象(无形的精灵)被胶片捕捉到了。
- 有些世界古代建筑奇观(如大金字塔、玛雅神庙等)只能在聪明的外星来客的帮助下完成。
- 新墨西哥的罗斯维尔真的是外星宇宙飞船坠毁的地方。

批判性阅读与写作

I. 阅读下面的段落并回答所列问题:

1. 这个段落里做出的主张是什么?
2. 提供支持这个主张的理由了吗?
3. 断言与专家意见冲突吗?在这个例子里谁是专家?
4. 天外来客访问地球的想法与我们的背景知识相冲突吗?如果是,怎么冲突的?

5. 什么证据会让你相信天外来客在访问地球？

II. 给这个段落写一篇 200 字的评论，着重讨论它的主张是如何被好理由支持的，该主张是否与我们的背景知识或其他我们有好理由相信的陈述相冲突，以及为什么你认为接受这个主张是有道理的（或没道理的）。

段落 3

天外来客正在不间断地定期访问地球，目前正在我们的天空上活动，相关证据在范围和细节上都广泛排除了所有怀疑。就其总体而言，它所包括的证据如此难以反驳，让世界各地的政府领导人和宗教领袖感到震惊并采取否认的政策。大部分主流科学界成员也会持这种态度，他们害怕与这个主题相联系的社会污名。（取自 UFO/外星人造访网页）

注　释

1. Proverbs 4:7–9; Francis Bacon, "De Haeiresibus," *Meditationes Sacrae.*
2. Richard Lewinsohn, *Science, Prophecy, and Prediction* (New York: Harper Brothers, 1961), p. 53.
3. Ibid., p. 54.
4. Ibid.
5. Ibid., p. 59.
6. Plato, "Meno," 98b, trans. W. K. C. Guthrie, in *The Collected Works of Plato,* ed. Edith Hamilton and Huntington Cairns (Princeton: Princeton University Press, 1961), p. 382.
7. 我们有时说的话似乎暗示知识并不需要信念。比如，在得了一个奖之后，我们或许这样评论："我知道我获奖了，但我依然不相信。"不过，我们的意思不是我们怀疑自己得了奖，而是我们还不习惯得奖这个事实。在理智上，我们已接受了这个现状，但在情感上还没有。

8. Plato, "Meno," 98a, p. 381.
9. Ernest Sosa, "Knowledge and Intellectual Virtue," *Monist,* March 1985.
10. W. K. Clifford, "The Ethics of Belief," in *Philosophy and Contemporary Issues,* ed. J. Burr and M. Goldinger (New York: Macmillan, 1984), p. 142.
11. T. H. Huxley, *Science and Christian Tradition* (London: Macmillan, 1894), p. 310.
12. Brand Blanshard, *Reason and Belief* (New Haven: Yale University Press, 1975), p. 410.
13. Clifford, "Ethics of Belief," p. 142.
14. Bertrand Russell, *Let the People Think* (London: William Clowes, 1941), p. 1.
15. Ibid.
16. Ibid., p. 2.
17. Ibid.
18. Clive Backster, "Evidence of a Primary Perception in Plant Life," *International Journal of Parapsychology* 10 (1968): 329–348.
19. K. A. Horowitz, D. C. Lewis, and E. L. Gasteiger, "Plant 'Primary Perception': Electrophysical Unresponsiveness to Brine Shrimp Killing," *Science* 189 (1975): 478–480.
20. Sosa, "Knowledge and Intellectual Virtue," p. 230ff.
21. *The American Heritage Dictionary of the English Language* (Boston: Houghton Mifflin, 1970), p. 471.
22. Tertullian, "On the Flesh of Christ," *Apology.*
23. Richard Dawkins, "Viruses of the Mind," *Free Inquiry* 13, no. 3 (Summer 1993): 37–39.
24. Oskar Pfungst, *Clever Hans: The Horse of Mr. von Osten,* ed. Robert Rosenthal (New York: Rinehart and Winston, 1965), p. 261.
25. Ibid., pp. 262–263.
26. Robert Rosenthal, *Experimenter Effects in Behavioral Research* (New York: Irvington, 1976), pp. 143–146.
27. Ibid., pp. 146–149.
28. Simon Newcomb, "Modern Occultism," in *A Skeptic's Handbook of Parapsychology,* ed. Paul Kurtz (Buffalo: Prometheus Books, 1985), p. 151.
29. Fritjof Capra, *The Tao of Physics* (New York: Bantam Books, 1975), p. 16.
30. Bertrand Russell, *Mysticism,* 转引自 Walter Kaufmann, *Critique of Philosophy and Religion* (Garden City, NY: Doubleday, 1961), p. 315.
31. Capra, *Tao of Physics,* p. 294.
32. Lawrence LeShan, *The Medium, the Mystic, and the Physicist* (New York: Viking Press, 1974), p. 77.
33. 还有一批作者做出了同样的断言。比如，Michael Talbot, *Mysticism and the New Physics*

(New York: Bantam Books, 1981); Amaury de Riencourt, *The Eye of Shiva* (New York: William Morrow, 1981); and Gary Zukav, *The Dancing Wu Li Masters* (New York: William Morrow, 1979).

34. 转引自 Paul Kurtz,*The Transcendental Temptation*(Buffalo:Prometheus Books,1991), p. 96.
35. 转引自 Evelyn Underhill, *Mysticism* (New York: World/Meridian,1972), p. 292.
36. Shankara, *Crest-Jewel of Discrimination* (Hollywood: Vedanta Press,1975), p. 106.
37. 转引自 Walpola Rahula, *What the Buddha Taught* (New York: Grove Press, 1974), pp. 25–26.
38. John Hick, *Death and Eternal Life* (San Francisco: Harper and Row,1976), p. 339.
39. "A Short History of Consciousness," *Omni,* October 1993, p. 64.
40. George O. Abell, "Astrology," in *Science and the Paranormal* (New York:Scribner's, 1981), pp. 83–84.
41. Ellic Howe, "Astrology," in *Man, Myth, and Magic,* ed. Richard Cavendish (New York: Marshall Cavendish, 1970), p. 155.
42. Zusne and Jones, *Anomalistic Psychology,* p. 219.
43. R. B. Culver and P. A. Ianna, *The Gemini Syndrome: A Scientific Evaluation of Astrology* (Buffalo: Prometheus Books, 1984).
44. David Voas, "Ten Million Marriages: An Astrological Detective Story," *Skeptical Inquirer*, 32:2 (March/April 2008), p. 55.
45. 转引自 I. W. Kelly, "Astrology, Cosmobiology, and Humanistic Astrology," in *Philosophy of Science and the Occult,* ed. Patrick Grim (Albany: State University of New York Press, 1982), p. 52.
46. Shawn Carlson, "A Double-Blind Test of Astrology," *Nature* 318(1985).
47. Geoffrey Dean and Arthur Mather, *Recent Advances in Natal Astrology: A Critical Review 1976–1990* (Rockport: Para Research, 1977), p. 1.
48. Abell, "Astrology," p. 87.
49. "Objections to Astrology," *Humanist* 35, no. 5 (September/October 1975): 4–6.
50. Donald T. Regan, *For the Record: From Wall Street to Washington* (San Diego: Harcourt Brace Jovanovich, 1988).
51. Linda Goodman, *Linda Goodman's Sun Signs* (New York: Bantam Books,1972), p. 477.
52. "Objections to Astrology."
53. Theodore Roszak, *Why Astrology Endures* (San Francisco: Robert Briggs Associates, 1980), p. 3.
54. 转引自 Michel Gauquelin, *Astrology and Science* (London: Peter Davies, 1969), p. 149.

第 5 章
从个人经验中寻求真相

"我亲眼看到了它。"

"我知道我所听到的和感受到的。"

"我不再怀疑自己的感觉——那些看起来完全不可能的事是……**真实的**。"

在我们亲身经历了神奇、稀奇和**怪异**的体验后,大部分人会说诸如此类的话。这些话语时常用确定无疑的口气表达出来。毕竟,我们相信自己的感官经验和我们对它们的解释。我们相信感官经验,是因为至少在大多数情况下信任它们是管用的。这样做足以证明在这个世界上我们是在走自己的路。因此,在经历了神奇的个人体验后,当有人问"我们能合理地否认从自己的感官中获取的证据吗",而答案是"不"时,也就不足为奇了。

> 如果你相信一切事物,你就根本不是任何事物的信奉者。
>
> ——苏菲派谚语

5.1 现象与存在

埃弗拉德·菲尔丁(Everard Feilding)是一个业余魔法师和通灵现

象的研究者。在20世纪的第一个十年中，他调查了世界著名的通灵者——优萨匹亚·帕拉蒂诺（Eusapia Palladino，据说他能与灵魂交流）。菲尔丁对诸如此类的事情持怀疑态度，并帮助揭穿了许多宣扬有特异功能的人的诡计。但是，在与帕拉蒂诺一同参加了若干场难忘的降神会之后，他改变了看法。下面是菲尔丁对那些见闻的描述：

> 在观察领域，机会只垂青有准备的头脑。
> ——路易斯·巴斯德

> 我自己对灵媒所做的所有实验让我发现了他们最幼稚的欺诈手段。但是，失败接踵而来……第一次与优萨匹亚参加降神会主要激发了我的好奇心；第二次时激起的是恼怒，一种发现自己遇到了愚蠢的却又显然不能解决的问题的恼怒……第六次后，往事就像雨水流下雨衣那样，而我的大脑终于能够开始吸收它们了。我终于完全坚信我们的观察都是真实的。就像一件生活中可察觉的事实一样，我曾看到从一个空箱子里伸出的手和头，在空箱子的帘子后面，我被活生生的手抓住，指甲的存在和位置能被真切地感知到。我看到了一个绝世美女坐在帘子的外面，手脚被我的同伴抓住，一动不动，除了拉紧的四肢偶尔动一下外。同时，帘子中的某种东西一次又一次地压在我的手上，而那位美女难以够到这个位置。我拒绝接受这样一种怀疑，即我们都是幻觉的受害者。[1]

诸如此类令人信服的个人经验过去和现在都不计其数，它们导致人们相信超自然现象。甚至，也许你也有一次这样的经历。在几个调查中，那些相信超自然现象的人都把个人经历当作最重要的理由。在一项研究中，信奉者们被问及他们相信ESP的主要理由。结果是，个人经历比媒体报道、亲友经历和来自实验室的证据得票数更多。甚至在这项研究中，许多持怀疑态度的人对个人经历也给予了很大的比重。他们说他们不相信超自然现象，因为他们还没有体验过 ESP。[2]因此，菲尔丁所强调的个人经历似乎具有典型性。

但是这里有一个问题。尽管菲尔丁的经验是直接而源于自身的，尽管他的体验深刻，尽管他肯定地得出所讨论的超自然现象是真实的结论，但还是有好理由相信他的结论实际上是**错误的**。（在这一章稍后我们会再讨论他的例子。）这些理由不涉及对菲尔丁的诚实、智力或头脑清醒度进行质疑。它们也不涉及超自然事件是不可能的这种未经证明的断言。更为重要的是，我们关于菲尔丁的结论所说的话也适用于许多相似的结论，这些结论都是基于其他一样令人印象深刻的奇特体验。

事实上，尽管我们的经验（和对那些经验的判断）对于大部分实用目的来说足够可靠，但它们经常会用最陌生和意想不到的方法来把我们领入歧途，特别是当经验是超常的和神秘的时候。这是因为，我们的感知能力、记忆、意识状态和信息加工能力是完全自然的，但又有令人惊讶的力量和局限性。显然，大部分人没有意识到这些力量和局限性。但是这些奇怪的心灵特性是非常有影响力的。由于这些力量和局限性，正如心理学家指出的那样，我们会**期望**有许多看起来活像超自然的或超常事件的自然经验出现。因此，即使超自然的或超常的事件不存在，**怪异事物仍然会发生在我们身上**。

问题不在于每一个奇特体验一定指示着一个自然现象，也不在于每一个怪异事件必定是超自然现象。问题在于，某些思考个人体验的方法能增加我们获取事物真相的机会。如果我们的大脑具有影响我们的体验，以及影响我们判断这种体验之方式的特性，那么我们就需要了解这些特性，并懂得如何通过它们（自始至终通过它们）进行思考来得出有意义的结论。这个技能涉及批判性思维。但是，它也要求**创造性**思维——一个能通过头脑开放来逾越平淡无奇答案的重大飞跃，这种飞跃超越相信或不相信的意愿，朝向最终在各种可能性中获取最佳解决方案的新视角。接下来的几章将告诉你如何完成这样的飞跃。

第一步是理解并应用一个简单却有说服力的原则：

仅仅因为某事看起来（感到、显得）是真实的，并不意味着它就是真实的。

我们不能仅仅因为一个事件或现象看来具有客观实在性——不是想象的、不是"完全在我们头脑里"的——就确切地知道它具有客观实在性。这只不过是一个逻辑事实。我们不能从看起来是什么，推断出是什么。这样做就犯了一个低级的推论谬误。"这个事件或现象看似真实，因而它就是真实的。"显然，这样说是错误的。而且，我们独特的思维特点促使看起来是什么常常并**不**与实际是什么相当。

> 天堂和地狱都在人的大脑里。
> ——约翰·泰勒

如今，在我们的日常生活中，我们通常假定我们所看到的东西就是实在——表象即存在。而且我们通常不会失望。但是这些假设会将我们置于大错特错的巨大风险中，因为：（1）我们的经验是未经证实的（没有别人共享我们的经验）；（2）我们的结论与已知的经验相冲突；（3）我们心灵的独特性会起作用。

下面是这些独特性的运作方式以及它们强大的功能。

5.2 感知：为什么你不能总是眼见为实

我们正常的知觉与外部实在具有直接的对应关系——它们就像外在世界的照片——这一观念是错误的。如今，许多研究表明，知觉是**建构性的**，也就是说，知觉在某种程度上是头脑制造出来的。因此，我们所感知到的事物不仅由眼睛、耳朵和其他感官的察觉决定，还被我们的所知、所愿、所信和心理状态决定。这种建构倾向具有生存价值——它帮助我们理解世界的意义，让我们成功地应付世界。但是，这也意味着，眼见的**不一定就是真实的**，相反，它意味着相信即可见。

> 相信就会看见。
> ——约翰·斯莱德

知觉恒常性

想一想心理学家所谓的知觉恒常性——不管来自我们感官的相关输入如何，我们都倾向于拥有特定的知觉体验。研究一次又一次证明这些恒定现象，它们是基础心理学课本的核心内容。心理学家特伦斯·海恩斯（Terence Hines）相信，它们是我们建构性知觉起作用的一些最好说明，他引证了三个例子。[3]

第一个是色彩恒常性的例子。人们通常用颜色来感知物体，因为他们知道这种物体会被认定为特定的颜色，即使这个物体根本不是那种颜色。在一个早期实验中，当给出一些树和猴子的图案时，人们就想当然地认为它们是绿色和灰色的——即使所有的图案都是由绿色材料做成的，且打在上面的红光使它们看起来都是灰色的。[4]这些发现有助于解释有时我们回忆色彩时是如何出错的。

第二个是物体大小恒常性的例子。假如有一辆隆隆开动的卡车经过你并驶向远方，你会感知到卡车变小了吗？当然不会，你感到熟悉的物体基本上是大小恒定不变的，不论它们离你有多远。映射在你视网膜里的图像随着物体的远离而收缩，但是你感到物体的大小却恒定不变。原因是你**知道**距离对物体的实际大小不会有影响。基于这样的知识，你的大脑让你对大小有一个恒定的知觉，尽管你的网膜视像在收缩。

令人惊奇的是，我们关于物体大小不变的知识是后天学习的，而不是与生俱来的。而且有报道说，世界上有些人还没有学会它。人类学家科林·特恩布尔（Colin Turnbull）所讲的姆布蒂人（Mbutti）就没有机会学会大小恒常性的知识，因为他们住在一个茂密的丛林里，在那里只能看到几米以内的物体。当特恩布尔带着他们中的一个人来到开阔的平原时，他们看到了几千米以外的水牛在吃草。姆布蒂人问那是什么昆虫。特恩布尔告诉他说，那是比他的族人在体格上大两倍的水牛。姆布蒂人不相信。于是，他们驶向水牛所在之处。他们离牛越近，水牛就显得越大。姆布蒂人吓坏了，说这是魔法。特恩布尔写道："最后，当姆布蒂人意识到它们真的是水牛时，他就不再那么害怕了。但让他一直费解的是，为什么从远处看水牛那么小，是否它们一开始**真**的很小，又突然间长得那么大，或者是否它们真的会什么魔法。"[5]

期望的作用

我们通常完全没有意识到我们的许多知觉恒常性，正如我们通常忽略大脑进入建构工作的所有其他方式一样。这些其他方式之一就是基于期望的力量：我们有时会不管真实情况而恰好感知到我们**期望**感知的东西。

研究表明，当人们期望感知某种刺激物（如看见一束光、听到一种声音)时,他们常常就真的感知到了它,即使刺激物没有出现。在一次实验中,被试者被要求沿着走廊走,直到他们看到闪烁的灯光为止。果然,一些被试者停了下来,说他们看到了闪烁的灯光,但实际上灯根本没有亮。在其他研究中,被试者期望体验电击、感知温暖或闻到某种气味等,许多被试者确实体验到了他们所期望的感受,尽管相应的刺激根本没有出现。被试者只是被暗示那些刺激会出现。被试者幻想出了(感知到,或似乎感知到了)那些不存在的事物或事件。因此,如果我们在正常状态下,期待或暗示就能引诱我们感知到根本不存在的事物。研究表明,当刺激含糊不清、意义不明确,或者当进行清晰的观察很困难时,这种知觉尤其真实。

> 一个人相信为真的东西,或者是真的,或者在其心中变成真的。
> ——约翰·C.利利

我们都有过这样的幻觉。心理学家安德鲁·内赫尔(Andrew Neher)引用看钟表的普通经验:先是"看到"了秒针在走动,然后才意识到表不走了。⁶你是否曾经在漆黑的夜晚独自走回家,看到阴影中站着一个人之后才认识到那是一棵灌木?你是否曾经在淋浴时听见电话铃声,而后才意识到这铃声只是出现在你的大脑中?

在含混中寻求清晰

每当我们面对含混的、无形的刺激物却能清晰地感知到它们的时候,另一种感知建构就会发生。以月亮为例。在美国,人们看到月亮中有一个男人的图案,东方的印度人看到的是一只兔子,萨摩亚人看到的是一个织女,而中国人看到的是一个捣药的兔子。我们在看云彩、墙纸、烟雾、火焰、不清晰的照片、朦胧的图画、墙上的污迹时经常能看到大象、城堡、面孔、魔鬼、裸体等,凡是你能想得到的东西都

> 事物不总是它们看起来的模样。
> ——《斐德罗篇》

会出现。这种假象在专业上指一种幻觉或错误知觉，被称为**幻想性视错觉**（pareidolia）。我们完全把一个模糊的刺激物当成了另一个东西（其实不是）。我们把意义印刻在了无意义的事物上。心理学家指出，一旦我们在云彩或烟雾里看到了一个独特的形象，我们就很难看到其他任何形象了，即使我们想要看到。当人们得出一些结论却不能解释时，这种倾向就更为重要了。

在火星的表面，有一个1英里①宽的人面图案——这个令人惊叹的景象在美国航空航天局（NASA）拍摄的照片中有清晰显示。一些人在书、杂志和电视上做出了令人震惊的断言，他们暗示说，那张脸是外星文明的作品。

美国航空航天局的照片是真实的（见下图）。它和其他许多照片都是由"海盗1号"宇宙飞船在1976年拍摄的。但它是一个模糊不清的光影混合体，给人以人脸的联想，引起了各种各样的解释。行星科学家强调，照片显示的是一种自然构造。事实上，看过照片的火星专家们并不认为它显示了任何不寻常的东西。一个参加"海盗"任务的重要空间科学家说："（照片上的）物体甚至看起来不像是人脸，但是人的大脑的关联感觉填充了缺失的细节，使得人们联想到了一张脸。"[7]

外星文明在火星上雕刻出一张巨大的人脸是可能的。但是，考虑到我们把自己的认知模式强加给含混刺激物的倾向，观看火星照片这样模糊的事物就得出它真的是雕刻的人面的结论，是错误的。这样做至少忽略了另一种非常大的可能性：我们自己的建构性知觉使然。

---

① 1英里 ≈ 1.61千米。——编者注

第 5 章　从个人经验中寻求真相　143

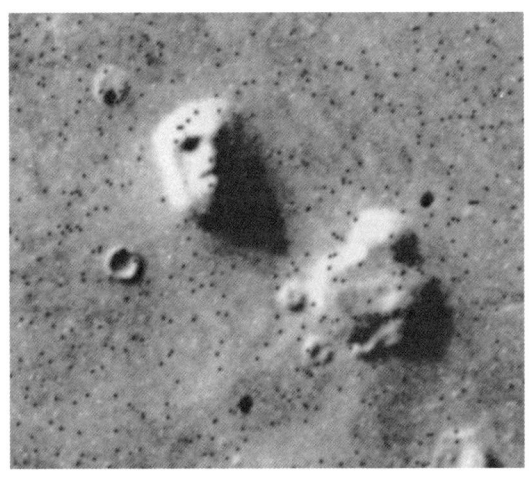

1976年"海盗1号"轨道飞行器拍摄的著名的火星人脸，面部1英里宽，鼻子和嘴被阴影凸显

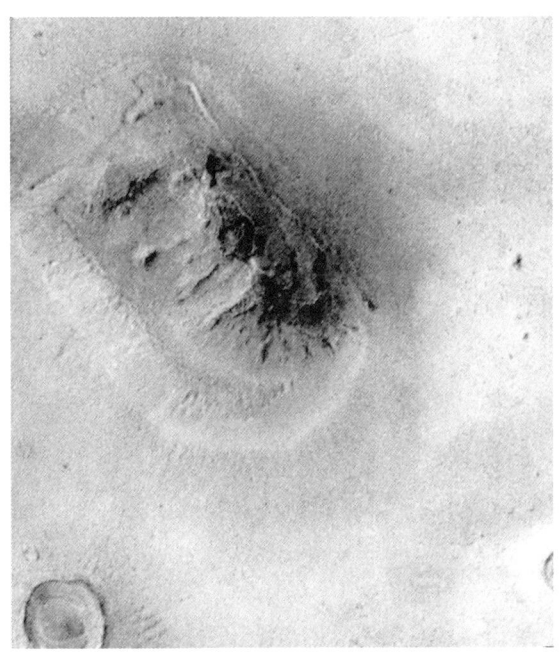

这张照片显示的是火星上著名的人脸。照片由1998年"火星全球勘探者号"拍摄。行星地质学家们说，该容貌归因于自然过程

忽视或拒绝这种可能在无数幻想性视错觉的奇异案例中起了某种作用——如新墨西哥州家庭主妇玛利亚·卢比奥（Maria Rubio）在1977年烙玉米饼时，注意到她的平底锅上出现了古怪形状的玉米饼，她认为那个玉米饼看起来像戴着荆棘王冠的耶稣头像，因此她坚信这是基督再临的迹象。之后，数千名朝圣者前来观看这个被装入玻璃箱的玉米饼。另一个案例是关于一个妇女的。2004年，她说她的一块咬了一口后放了十年的奶酪三明治上有圣母玛利亚的头像，那个三明治在eBay（易趣网）上卖到了28,000美元。

类似地，1991年乔治亚唱诗班成员乔伊斯·辛普森（Joyce Simpson）在一家必胜客广告牌上看到耶稣的头像显现在满满一叉意大利面条里。她当时正在纠结是否要退出唱诗班，抬头时就看到了耶稣的面容。这一幕被当地报纸曝光后，数十名汽车司机也声称自己在广告牌上看到了基督的头像。然而，耶稣不是唯一被看到的人物，其他人还看到了威利·纳尔逊（Willie Nelson）、吉姆·莫里森（Jim Morrison）、约翰·列侬（John Lennon）。[8]

另一个幻想性视错觉的例子是"倒放掩盖"，即相信某些信息被倒录以掩盖它们的真实意义。这个观点是指大脑会无意识地破译信息并受其影响。1989年，自杀者詹姆斯·万斯的父母控告重金属摇滚组合"犹太祭司"乐团以及哥伦比亚广播唱片公司，根据是唱片专辑《有色阶级》里的一系列倒放掩盖的信息（以及前置潜意识信息）导致了詹姆斯·万斯的自杀。然而，他们没有打赢官司，因为没有证据证明"犹太祭司"乐团故意在他们的唱片里放入潜意识信息。但是，即便他们放入了潜意识信息，也没有证据证明倒放掩盖或潜意识信息对人的行为有任何影响[9]——如果你考虑投资潜意识自助录音带，最好记住这一点。

至少有一个乐团曾故意把倒放信息置于他们的专辑中。在"平克·弗洛伊德"的唱片专辑《墙》里,歌曲《再见了,蓝色天空》的结尾有一段模糊低沉的语音。当倒着放的时候,有人在清晰地说:"恭喜你发现了这个秘密信息,请把你的答案发给老平克,由滑稽农场转交……"[10] 不是多么邪恶的信息,但确实是隐藏的信息。

布朗德洛特案例

感知建构的所有形式解释了科学史上一些最奇怪的事件。它解释了为什么纳粹德国的科学家们认为他们能够看到犹太人和雅利安人之间并不存在的血统方面的身体差异。它解释了 100 年以前意大利天文学家乔万尼·夏帕雷利(Giovanni Schiaparelli)和之后的美国天文学家帕西瓦尔·罗威尔(Percival Lowell)所声称的看到了火星上的运河(罗威尔甚至出版了一本详细的火星运河地图)。不过,"水手 9 号"人造卫星拍到的照片表明,火星上没有任何与夏帕雷利和罗威尔声称看到的东西相符的地方。[11] 感知建构也解释了热内·布朗德洛特教授臭名昭著的案例。

> 除了学会看的艺术外,还有一种艺术需要学习——不要看到不存在的东西。
> ——玛利亚·米歇尔

布朗德洛特是法国科学院通讯院士,并且是法国南锡大学非常受人尊敬的物理学家。1903 年,在科学家们发现了 X 射线和其他形式的辐射后不久,布朗德洛特宣布说他发现了另一种辐射。他取了南锡大学的首字母,把它命名为 N 射线。他的研究表明,N 射线的存在能被肉眼检测,并且它们会被某些金属(而非木材)释放出来。N 射线可以增加火花的亮度。当它们对准涂抹了发光漆的物体时,物体会变得更明亮。而当 N 射线出现时,它们可以帮助人们在昏暗的灯光下看得更加清楚。不久,许多研究结果证实了布朗德洛特的发现。许多科学家也报告了 N 射线的其他惊人的属性。[12]

但是一切并不那么顺利。法国以外的科学家不能复制布朗德洛特的实验结果。许多物理学家对 N 射线的存在持怀疑态度，因为所有的测试都是基于主观判断。研究者不是用仪器来收集客观数据，而是依靠人们的观察来决定结果。例如，他们让人们去判断物体亮度的增强（一个用来检验 N 射线存在的标准测试）。许多科学家那时就知道，如同他们今天知道的，诸如此类的主观判断会受信念或期望的影响。

在那些持怀疑态度的科学家中，有一位美国物理学家罗伯特·W.伍德（Robert W. Wood）。1904 年他参观了布朗德洛特实验室，在布朗德洛特不知情的情况下，伍德在实验室对布朗德洛特和其他人进行了测试，目的是想弄清楚 N 射线是真实存在，还是仅是主观愿望式的想法。在一个 N 射线的实验中，伍德辅助布朗德洛特在 N 射线源和一张涂了发光漆的卡片中间放了一张铅片。N 射线本来会增加漆的亮度，除非铅片挡住了射线。（布朗德洛特早已发现铅片会完全阻隔 N 射线。）布朗德洛特的目的是观察在铅片插入或移出时油漆亮度的变化。但是，在布朗德洛特不知情的情况下，伍德略施小计便揭穿了 N 射线的真相。伍德反复告诉布朗德洛特，铅片在那里，而实际上已经偷偷拿走了，或者告诉他铅片拿走了，而实际上仍然在那里。布朗德洛特的观察接下来遵循一个令人吃惊的模式。如果他相信铅片不在，因此没有挡住 N 射线，他就报告说漆变亮了。如果他相信铅片在，且挡住了 N 射线，他就报告说漆变暗了。他的观察取决于他自己的信念，**与铅片实际上是否在适当的位置上毫无关系**。

"我不能相信那个，"爱丽丝说。"你不能吗?"皇后用遗憾的口气问。"再试一下：做个深呼吸，闭上眼睛。"

——刘易斯·卡罗尔

菲尼克斯之光

1997年3月13日，亚利桑那州菲尼克斯城外的夜空透明如水晶，这里出现了壮观的、莫名其妙的怪异现象，有许多目击者都看到了。甚至全国广播公司的《日界线》栏目称之为"最好的UFO事件被录了下来"。其实，当晚有两个事件：（1）大约下午8：30，一个神秘的飞行器或V形物体（许多人说是"航天运载飞船"）经过空中；（2）晚10：00左右，一连串发出炽热白光的球状物突然出现在地平线上，然后消失无踪。斯科特·皮特里这样描述这些球状物："我永远忘不了，有三个同形同色的光球。那些球从内部点燃，就像是看卡通片一样。它们是橙色的，就像燃烧着红色和黄色的火。当所有七个球体燃成一个时（从北到南），它们恰好悬在机场和河底东南部上方约500英尺① 处。"13 位于亚利桑那州图森的戴维斯–豪森空军基地的官员最初报告说，当晚没有举行军事演习。他们后来改变了说辞，声称他们看的是错误的值班日记。UFO迷们闻到了掩盖的气息。"他们怎会看错值班日记？"他们问道。不过，很容易发现，原来就是如此。

戴维斯–豪森空军基地保留两个飞行记录簿：一个是驻扎该基地飞机的飞行记录，另一个是外来飞机的记录。当问到3月13日晚的飞行情况时，主管官员艾琳·比安上校只是查阅了驻扎地飞机的飞行记录。如果她查阅过外来飞机记录的话，她本该会发现，马里兰空中国民警卫队104架战斗机编队正在战术空军司令部的北方军事区执行任务。14 马里兰空中国民警卫队定期来亚利桑那练习空投照明弹，因为他们不能在马里兰上空空投照明弹。而且，所投的恰恰不是普通的照

---

① 1英尺等于0.304,8米。——编者注

明弹，而是降落伞照明弹，能盘旋，其火焰产生的高温甚至会让照明弹升高。该编队里一位"雷电"A-10攻击机的领航员琼斯说，当他们返回时，他记得他的飞行员把剩余的降落伞照明弹喷射出去了。[15] 所以，没有必要去天外来客那里解释菲尼克斯之光。无论它们看上去像展现了什么类似于智能操控的东西，都很可能只是照明弹上上下下移动的结果。

那么，V形航天运载飞船又是怎么回事呢？肯定不可能是照明弹。但是，似乎也有相当平淡无奇的解释。托尼·奥尔加特报告："一个年轻人米奇·斯坦利在他家后院用10英寸①多布森望远镜发现了V形物，看出那是飞机编队。用60倍放大率——让他比只用眼看的人们要靠近V形物60倍——能看见空中的每道光其实是两道；一道光在近似方形机翼下面。在他的视野中，飞机还是看上去很小——表示它们在高海拔飞行——他并不知道这些飞机的机型。但毫无疑问，他告诉我，它们是飞机。"[16] 也许在该区域有一艘航天运载飞船，但倘若如此，你会想到，那晚空中的许多飞机中的某一架应该会发现它。

---

① 1英寸等于2.54厘米。——编者注

在布朗德洛特的实验室里，伍德秘密地操纵了其他实验，得出了相似结果。如果布朗德洛特或者其他观测者相信 N 射线是存在的，他们就能看见 N 射线存在，即使是在伍德秘密地改变了实验使 N 射线不会被检测出来的情况下。

1904 年，伍德在英国科学期刊《自然》上发表了自己的发现。显然，布朗德洛特和其他法国科学家都是知觉建构的牺牲者。对于他们的观察，他们并没有说谎，而且他们也没有想象他们的经验。他们对 N 射线的强烈信念改变了他们的感知方式。科学家也不能免于这种影响我们所有人的知觉扭曲之害。

"建构"不明飞行物

神志正常、清醒、诚实、受过教育且明智的人也会完全错误地感知一种特定的现象，这个令人不安的事实在不明飞行物的报道中更加明显。下面就是一个恰如其分的例子。1968 年 3 月 3 日，在好几个州的许多目击者都看到了一个不明飞行物。在田纳西州，三个聪明且受过教育的人（包括一个大城市的市长）都看到在夜晚的天空里，一束光朝他们快速地移动过来。他们报告说，他们看到不明飞行物在他们头顶上空约 1,000 英尺的地方滑了过来；他们所看到的是一个巨大的、无声运行的金属船。他们看到船的尾部射出橙色的火焰，船身带有许多方形窗户，并且光从窗户里射出来。在给美国空军的一份报告中，其中一个目击者说，飞船的形状"像一根粗粗的雪茄⋯⋯大小类似于地球上最大的飞机，或许还更大些"。

> 把不明飞行物描述成地球上已知的不合理现象，比将其描述成天外来客的未知杰作更容易。
> ——理查德·费曼

与此同时，在印第安纳州有六个人也发现了同一个不明飞行物。

他们递给空军的报告说，他们看见的物体状似雪茄，飞行高度与树一样高，尾部像火箭一样排出废气，并且有许多发亮的窗户。同时，在俄亥俄州有两个人也看见了此景象。其中一人还用双筒望远镜仔细地观察了不明飞行物。她向空军提交了一份详细报告，报告里说这些物体状似"倒置的浅碟"，排列成对，在低空无声地飞行而过。[17]

幸运的是，我们恰好知道这些目击者（还有许多其他人）在那个夜晚的天空中看到的是什么。北美防空司令部（NORAD）的记录和其他证据显示，在不明飞行物出现的时候，用于发射苏联"探测器4号"（Zond 4）宇宙飞船的火箭正好落回到大气层。因摩擦而发光的碎片快速地划过天空，并在由西南到东北跨越几个州的近轨上飞行。目击者们看到的不过是火箭解体产生的光。[18]

巨大的飞船、倒置的浅碟、方形的窗子、雪茄状的金属物，这些有趣的细节从何而来？它们是被建构的。正如海恩斯（Hines）所说：

> 这些添加和渲染纯粹是来自目击者头脑的创造：并不是因为他们疯了、醉了或者昏了头，而是因为人类大脑工作的方式。可以说，这些目击者确实感知到了他们所感知到的。然而，这并不意味着他们所感知到的与真实存在的一样。另外一点也值得注意：物体高度的估计极其不准确……（目击者）估计飞船在大约1,000英尺高的地方，而实际上降落的火箭碎片在数英里的高空，几十英里以外。这种很不准确的判断频繁出现在一个人在没有背景的空中看到一束光时，如在夜空下。在这种情况下，大脑用于判断距离的许多线索不存在，因此没有准确判断的基础。[19]

即使被认为在精确观察空中物体方面是专家的飞行员,也会被不明飞行物这种知觉建构所愚弄。例如,1969年6月5日,据两架客机和一架空中国民警卫队战斗机的飞行员所说,他们在圣路易斯附近都近距离遭遇了一队不明飞行物。那时正值午后,其中一架客机的副驾驶员首先看到了不明飞行物。一个联邦航空管理局的交通调度员碰巧坐在座舱观察。他之后报告说,大批不明飞行物好像就要与飞机相撞了。他说不明飞行物看起来近得令人恐惧——离班机只有几百英尺!它们的颜色是"亮铅"色,形状像一艘"水上划艇"。片刻之后,另外一架班机(在第一架班机西边8英里处)的机务人员用无线电向航空塔报告说不明飞行物越过了他们。之后,飞行在第二架班机后面41,000英尺远处的战斗机飞行员也报告说,他几乎与不明飞行物相撞。"该死!它们差点要了我的命。"他说。不明飞行物最后一刻似乎突然改变了方向,越出了他的飞行轨道,这表明它们"受到智能操控"。

那里接下来又发生了什么?不明飞行物调查员菲利普·克拉斯(Philip Klass)做了说明:

> 这个"不明飞行物编队"的身份现在不仅确认无疑,而且它们被一个机警的报纸摄影师拍了下来。这个摄影师在伊力诺斯州的皮奥里亚,名叫小阿兰·哈克雷德(Alan Harkrader, Jr.)。他的照片显示,一个流星火球拖着一条长长的、明亮的尾巴,尾巴周围的空气好像通了电一样。紧跟其后飞行的是一个更小的燃烧的碎片,也拖着一条长长的尾巴。哈克雷德告诉我,他还看到另一个碎片落下来,但没能拍到它。[20]

寻踪大脚怪

据说北美不仅居住着普通的人类和常见的动物，还居住着一种罕见的神秘物种——两条腿的个头高大的猿人，它们被称作大脚怪或萨斯科奇人（Sasquatch）。它们被认为是多毛且有异味的灵长类动物，有7英尺到10英尺高，500磅到1,000磅重。它们喜欢独居，易受惊吓，常常单独或与家人出没或栖居在北美洲的森林里，尤其是美国和加拿大西部。它们非常出名，是电影、书、网络和新闻报道的主角，并且不断被大脚迷和调查者研究和追捕。

大脚怪对于科学来说是个未知之物，而它们的追随者却收集到了它们存在的大量证据。有数千目击者讲述了关于大脚怪的故事，他们声称自己的资料是第一手的。也有许多超大的脚印（或者脚印的石膏模型）被认为是这种怪物留下的。（正是巨大的脚印激发了将其称为大脚怪的灵感。）据说证据还包括照片、电影胶卷和大脚怪叫声的录音资料。在这些众多的证据中，最令人印象深刻的要数所谓的帕特森影片了。它是罗杰·帕特森（Roger Patterson）和鲍勃·吉姆林（Bob Gimlin）1967年用16毫米胶片拍摄的用来表明他们观点的短片：大脚怪行走在加利福尼亚州北部的旷野中。

尽管极个别科学家相信大脚怪是真实的，并致力于大脚怪的调查，但大部分科学家（如人类学家）没有受到大脚怪存在断言的影响。怀疑的部分原因是证据的质量，这些证据总体上被认为是弱证据。

例如，大部分关于大脚怪的证据由目击者的描述构成。但正如本章讨论的，目击者的描述通常不可靠。它们不可信是因为受期望、信念、压力、选择性注意、记忆建构、较差观察环境（如昏暗、模糊的刺激物等）和其他因素的影响。众所周知，在许多声称的目击观察中，人们错把大型动物如麋鹿、熊等当成大脚怪。一些大脚怪研究者说，百分之七十到八十的目击观察都是恶作剧或误会。为了证明一种以前不知道的动物的存在，科学家坚持要求有比目击者报告更好的证据。

大脚怪的足迹看似众多，但要作为证据，还是不足的。无数大脚印是由恶作剧的人伪造出来的，他们在脚上绑上大脚绕着森林行走。大脚怪调查者有时对大脚印的真实性有争议，甚至大脚调查者中的老手也会被假脚印蒙蔽。所有这些因素引起了对大脚印证据的质疑。

此外，没有高质量的大脚怪照片。现有的照片大都模糊或者像素低，不能提供关于大脚怪的可靠证据。帕特森的短片从出现的那一天起实际上就一直有争议，大脚迷们断言该短片不可能是伪造的。但是批评者不同意。一些科学家论证说，因为影片的质量较差，它不可能提供证明或反驳大脚怪存在的证据。所有这些表明，作为证据，该短片是可疑的。

科学家不接受大脚怪主张的主要理由是，它与我们早已知道的东西相冲突。人类学、生物学和其他科学没有给我们提供理由，让我们期望在北美存在一种像大脚怪的动物。我们完全没有能确定有这样一种动物存在的经验。也许有一天，我们会发现大脚怪真的存在。但是，基于我们目前所知，我们必须给这种可能性一个很低的概率。

哈克雷德的照片与伊利诺伊州和爱荷华州的许多地面目击者的报告都说明，火球和它的碎片离飞机**不止**几百英尺远。实际距离至少有125**英里**。

不明飞行物目击被另一种叫作自动效应（autokinetic effect）的知觉建构复杂化了。这种效应指的是，对大部分人来说，黑暗中的一束细小静止的光会被感知成移动的。即使人的头保持完全不动，这一知觉也会发生。心理学家从理论上解释说，导致这种假象运动的原因是眼球细微而不自主的运动。因此，一颗恒星或亮行星能够看起来在动，造成不明飞行物的错觉。研究表明，自动效应可能受他人看法的影响。如果某人说一束光以某种方式在黑暗中移动，其他人更可能会报告相似的观察。[21] 克拉斯说，没有一个物体能比金星——清晨空中一个非常明亮的物体——更可能被错认为是飞碟，自动效应有助于解释其原因。[22]

不明飞行物目击中的知觉建构被多次记录，这足以证明没有一个人不受它的影响——包括飞行员、天文学家、各种诚实的目击者、社区关键人士等。当然，这个事实并不能解释所有的不明飞行物目击。（要解释更多的目击，还需要加上其他因素。）但它确实有助于说明个人观察本身不能证明不明飞行物——外星宇宙飞船——是真实的。实际上，当清晰观察较困难的时候（通常如此，就像上面的案例一样），个人经验永远不能告诉我们不明飞行物是否真实。**看似真实的也许不是真实的**。

罗伯特·威尔逊于 1934 年拍摄的尼斯湖水怪的照片

5.3 记忆:为什么你不能总是相信自己记起的事情

你的记忆如同一台精神录音机——它日夜不停转动,拣选你的体验,逐字记录所发生的事情,让你回放你想回顾的片段。这些描述听起来正确吗?不,它是错误的。

许多研究如今表明,我们的记忆**不是**逐字记录或复制的。我们的记忆如同我们的感知能力,是建构的,甚至可以说,是创造性的。当我们记住一次体验时,我们的大脑会形成它的一个表征;然后在这个片段的基础上,一点一点地**重建**一个记忆。这种重构过程天生就不精确,也很容易受到使我们的记忆频繁出错的各种各样影响因素的侵害。

尼斯湖水怪

几个世纪以来，传说和目击者的报告都断言，在苏格兰高地的一个叫尼斯湖的深湖中，栖居着一个庞大而神秘的水怪。这个被称为尼斯湖水怪的动物据说是恐龙时代遗留下来的蛇颈龙巨兽。没有多少人对早期"尼斯"（巨兽昵称）的描述真正关注过，但是自从20世纪30年代以来，许多人支持所谓的目击和积累的其他证据。

现在著名的"尼斯"照片据说是在1934年被罗伯特·威尔逊（Robert Wilson）拍摄到的，他是一名伦敦的医生。照片显示了一个长脖子、小脑袋，看似蛇颈龙的浮游在水面上的巨兽的轮廓。目击者的描述也表明这个动物有着长脖子和小脑袋。

大约从1960年开始，许多声呐探测仪被安置在尼斯湖中，这种仪器是由剑桥大学、伯明翰大学和应用科学院的最著名研究者研制的。大部分探测仪没有发现尼斯湖中有什么异常物体。有些探测到了大型水下游动物体，但研究者辨认出它们是大鱼、船只的航迹、气泡及湖中的动物残骸或某些不能辨别的东西。最近，一个BBC的研究小组希望发现这个捉摸不定的动物，他们动用了600种单独的声呐照射和卫星导航技术，从湖的一边到另一边，从水面到水底，彻底搜索整个尼斯湖。小组成员希望遇到尼斯湖水怪，但结果令他们大失所望。

证明尼斯湖水怪存在最重要的证据是1972年利用声呐拍到的水下照片。公布的照片表明，一个钻石形的鳍状肢附着在一个巨大形体上。

然而，所有证明尼斯湖水怪存在的证据都存在争议。著名的威尔逊照片被报道说是伪造的，它是一条海蛇缠绕玩具潜水艇的舞台造型照片。1993年，当初的骗子之一在临死前坦言，这整个把戏是他的继父和威尔逊合谋策划的。最近，有些人质疑，这个伪造照片的故事本身就是伪造的！许多其他尼斯湖水怪的照片因太模糊而不能当作可信的证据。研究者声称，原始的鳍状肢动物的照片因太模糊而不能展现任何东西，所以照片在公布前做了修复，使它的形象更像鳍状肢动物。至于目击者的报告，评论家指出了一般目击者描述的不可信处，以及这样的事实，即尼斯湖中有许多东西，一个诚实和冷静的人也能把它们错当成水怪：漂浮的木头、船只的航迹、鸟、水獭和恶作剧怪物等。另外，科学家还提出了这些可能性：波罗的海鲟鱼（一种巨型鱼）；火山活动引起的水下波浪；湖底腐朽的充满气体的木头浮了上来，猛然打破湖面又沉入湖底。

科学家普遍对尼斯湖水怪是蛇颈龙的观点持怀疑态度。他们指出，除了其他原因以外，如果巨兽是恐龙时代的遗物，那就不只有一个而是好几个尼斯湖水怪——而这个湖泊栖居地无法承受如此多的巨大生物。

当然，对有些人来说最关键的一点是，在捕捉巨兽的几百年里，至今没有一个人发现水怪留下的物证，没有骨头，没有外皮，也没有鳞屑。

虚妄记忆综合征

对记忆如何发挥作用、如何被影响的误解有时可能导致悲剧发生。最近几年,最有名的误解例子就是众所周知的虚妄记忆综合征(False Memory Syndrome)现象。约翰·霍克曼(John Hochman)这样解释:

在美国有数千患者(大部分为女性)接受过或者正在尝试接受让心理治疗师来治愈不存在的记忆紊乱。结果,这些相同的治疗师却无意间促成了真正的记忆紊乱:虚妄记忆综合征。为了说清楚这一不幸现象,我需要提供几个定义。

有些心理治疗师相信,儿童性虐待是长大后许多身体和精神疾病发生的具体原因。有些人把这叫作乱伦幸存者综合征(ISS)。没有可靠的证据证明这是真的,因为即使有儿童时期性虐待的记录,还有许多其他因素能够解释多年后一个成年人在身体和精神方面的异常。

这些治疗师相信,当性虐待发生之后不久,儿童立刻就压抑了所有关于性虐待的记忆,让它在记忆里消失得无影无踪。据说压抑记忆的代价是最终 ISS 的病发。

治疗师们试图给患者实施恢复记忆疗法(RMT)来"治愈"ISS,这是一种大杂烩技术,每个治疗师用的具体方法都不一样。RMT 的目的是使病人恢复一些意识,不仅包括遥远的性创伤完全精确的回忆,还包括在创伤时期受压抑的身体记忆(如身体疼痛)。

事实上,RMT 治疗引发了不安的幻想,这些幻想被患者错误感知并被治疗师曲解为记忆。被治疗师和病人贴上"复原的记忆"之标签的东西，实际上是虚妄记忆……

对这种专业滥用的强烈反抗正在如火如荼地进行，指控治疗师把虚妄记忆植入病人大脑的诉讼和法律行动在不断增加。心理学家伊丽莎白·洛夫特斯（Elizabeth Loftus）是一位对导致虚妄记忆综合征的错误治疗技术大加批判的著名专家，她说这个现象已经付出了巨大的代价：

> 仍然有数百，或许数千个家庭由于受压抑的记忆控告而破碎了。年迈父母的生活中只剩下了一个心愿：与孩子团聚。才华横溢的精神健康职业工作者发现，他们的职业被这场争议玷污了。而真正受虐的患者觉得他们的经历被最近潮水般的未经证实、不切实际而且离奇古怪的控告贬低了。[23]

要了解记忆重构功能,你可以试着这样做:记住你今天坐着时发生的一个事件。回忆你的周遭环境、你的穿戴、你的腿和胳膊的位置。从别人的视角来看,很可能你看到的场景就好像是在观看电视上的自己。但这个记忆不可能完全准确,因为在这一经验中你从没有从这个角度感知自己。你现在记住了经验的一些片段,而你的大脑构建了别的东西,如电视视角等。

半个多世纪以来的研究表明,证人的记忆可能并不可靠,记忆的建构性本质有助于解释其原因。研究表明,目击者的回忆有时是错误的,因为他们根据记忆碎片重建事件,然后从这种重建中得出结论。那些记忆碎片跟实际发生的事件会有很大出入。而且,如果目击者观察时受到压力,他们也许就不能够记得关键的细节,或者他们的回忆可能遭到扭曲。压力甚至能扭曲专家证人的记忆,这就是为什么有关 UFO、通灵和鬼神的报告必须仔细加以审视的原因之一:这些经验都是压力之下的经验。因为记忆是建构而成的,并且易受扭曲,人们可能真诚地相信自己的回忆是准确无误的,这是完全错误的。他们可以尽可能真诚地报告他们的记忆,唉,可是记忆已经被加工过了。

正如感知一样,记忆也可能受到期望和信念的极大影响。几项研究都证明了这一点,但有一个经典实验最能说明问题。研究者让学生们描述他们在一张画里看到了什么。画上画的是一个白人和一个黑人在地铁里聊天的情景。白人手里拿着打开的剃须刀。当学生们回忆画面时,有一半人说剃须刀是**在黑人手里**。记忆重建受到了期望和信念的干扰。[24]

> 我们的信念不是被最好的可用证据自动更新的。它们常常有自己的积极生活,并为它们自己的生存不懈战斗。
>
> ——D. 马克斯和 R. 卡曼

前世的记忆还是潜隐记忆？

如果在催眠状态下，你回忆起200年前的生活并能形象地记住你在当下生活中从未做过或看过的事情，难道这不是你有过一种"前世"的证据吗？难道这不是你转世的证据吗？有些人会这样认为。然而，有另一种可能性，泰德·舒尔茨（Ted Schultz）解释说：

> "披头士"乐队成员乔治·哈里逊（George Harrison）被指控把"薄绸"乐队的歌《他如此美好》改写成了《亲爱的主》。他是潜隐记忆心理现象的无辜受害者。著名的聋哑女性海伦·凯勒也是如此。当她写出一个叫《冰霜之王》的故事并在1892年发表后，她被指控抄袭了玛格丽特·坎比（Margaret Canby）的《冰霜仙子》，尽管海伦没有读过那本书的清晰记忆。但调查显示，在1888年海伦读过（以触摸的方式）坎比的故事。海伦被压垮了……
>
> 潜隐记忆或"隐藏记忆"指的是看似新奇和原创的想法和观点，其实是你对事物的记忆，只不过你记不起自己曾知道它。潜隐记忆的想法可能是原始记忆的变种，一些细节转换和改变了，但仍可识别。
>
> 对艺术家来说，潜隐记忆是一个职业问题；它也在往世回归疗法中扮演重要角色。在喧闹的布莱迪·墨菲（Bridey Murphy）转世案例中，《丹佛邮报》决定派记者威廉·J. 巴克（William J. Barker）去爱尔兰设法找到布莱迪真实存在的证据（布莱迪据说是弗吉尼亚·泰格的前世）。不幸的是，仔细调查没能找出任何有说服力的证据。巴克找不到布莱迪所说的居住过的街道，也没

找到布莱迪的丈夫1843年到1864年期间（据布莱迪说，在此期间她的丈夫是一名投稿人）在《贝尔法斯特时事通讯》上发表的任何文章。巴克也没能找到一个听说过布莱迪跳过的"清晨快步舞"的人。

《芝加哥美国人》记者的研究以及之后作家梅尔文·哈里斯（Melvin Harris）的研究最终揭露了家庭主妇弗吉尼亚·泰格前世记忆的惊人来源。十几岁时在芝加哥，她与一名叫安东尼·科克尔（Anthony Corkell）的爱尔兰太太对街而住，她向弗吉尼亚讲述了关于古老国家的故事，而她婚前的名字就叫布莱迪·墨菲！另外，弗吉尼亚中学时热衷戏剧表演。她曾被安排背诵好几段爱尔兰独白，因此学会了用浓重的爱尔兰土腔讲话。最后，1893年哥伦布纪念博览会①在芝加哥举行，把爱尔兰真实生活中的村庄设为主要特色节目，里面有15个农舍，一个城堡塔和一群真正的爱尔兰妇女。妇女们跳快步舞，织布，做黄油。毫无疑问，弗吉尼亚在20世纪20年代的芝加哥成长时，听过许多邻居和朋友讲述这个博览会的故事。

几乎每一个经过客观调查的"前世记忆"案例都遵从同一模式：通常看似与转世主体的生活经历完全不同的记忆根本不能被历史调查证实；另一方面，它们屡次被证明是潜隐记忆的结果。[25]

---

① 亦称芝加哥世界博览会。这是在哥伦布发现美洲大陆400周年前夕举办的首届芝加哥世界博览会。会期为1893年5月1日到10月30日，参观者达2,750万人。专设妇女馆。——译者注

相同的事情也会发生在我们成功的"预见"上。一些事情发生之后，我们会说："我知道会发生什么，我预料到了。"而且，我们可能会真的相信自己能预知未来。但研究显示，相信我们能准确预见未来的愿望有时会改变我们对预言的记忆。即使我们实际上并没有做出某一预见，我们也可能记得自己曾做过这样的预见。显然，尽管我们知道我们的记忆可以和记录下来的进行核对，这样的事还是会发生。[26]

研究也显示，如果我们后来碰到了一个事件的新信息的话，我们对事件的记忆会发生巨大变化——即使这些信息是简短的、微妙的或大错特错的。这里有个经典案例：在一个实验中，研究者让被试者看一部描述车祸的电影。之后，他们被要求回忆所看到的内容。一些被试者被问到这样的问题：两车相撞时，车速有多快？其他人也被问到同样的问题，但问题做了细微的改动。把"撞碎"（smashed）改成"撞上"（hit）。奇怪的是，那些被问到"撞碎"问题的人估计的车速要比那些被问到"撞上"问题的人估计的车速更快。一周之后，所有被试者被要求回忆他们在电影里是否看到了破碎的玻璃。回答"撞碎"问题并说看到了破碎玻璃的人数，是回答"撞上"问题看见破碎玻璃的人的两倍多。但是，电影里**根本没有破碎的玻璃**。[27]在另一个相似的实验中，被试者回忆说，他们在另一场车祸影片中看到过的一个停车标志，尽管影片中并没有出现停车标志。被试者完全是因为被问到一个预设有停车标志的问题，因此才在大脑中创造了关于停车标志的记忆。[28]

这些研究使那些受到诱导性提问的影响，或者被许多新的、看似有关的信息披露所激发的长时记忆受到怀疑。心理学家詹姆斯·阿尔科克（James Alcock）引用了濒死体验报告的例子，这些例子被雷蒙德·穆迪（Raymond Moody）收集在他的书《死后的世界》（1975年）

和《对死后的世界的反思》(1977年)中。这些书包括人们濒死时的各种故事(如临床上死了但后来起死回生)以及后来他们报告的在那种体验中自己的感受。他们说他们漂浮在自己的肉体之上,穿行在一个漆黑的隧道中,看见了已故的亲人们,还有其他超常的体验。研究者总体来说都同意,人们确实经历了诸如此类的事情。但是,他们的体验是否表明他们真的留下了自己的肉体而进入另一个世界,就另当别论了。穆迪的案例基于人们的记忆,这些人带着他们的故事来到他身边讲述,有时已经是数年以前的事了,更多的是他们听了穆迪的演讲或从报纸上了解了穆迪的研究后去向他讲述的。阿尔科克解释说:

> 因为在报告中有如此巨大的相似性,穆迪争辩说,这些报告一定反映了实在。(对这些相似性的期望有生理方面的理由……)考虑到记忆如何可能在事后被重塑,一个人的濒死体验记忆很可能会顺应讲座里或读物里描述的刚刚经历过濒死体验者的模式。另外,穆迪对他的调查对象所问的问题一定会影响他们的描述。[29]

我们的记忆不只具有建构性,它们还具有选择性。我们选择性地记住了某些事情而忽略了另一些事情,从而形成了记忆偏好,它能给人一种印象,即某种神秘的甚至是超自然的现象正在发生。我们的选择性记忆甚至可以导致我们相信我们具有特异功能。正如海恩斯所说的:

> 一个典型的例子是想着某人,几分钟之后,就接到了对方的电话。这种例子不是心灵感应的惊人证据吗?不,这只是个巧合。它看似惊人,因为我们通常不会考虑每天打着的数百万个电话,我们也不记得我们想了某人数千次而他们**没有**给我们打电话。[30]

选择性记忆在许多似乎有预见的梦里也发挥着作用。研究表明，我们在睡眠中都会做梦。大部分的梦出现在每天晚上会经历的四五个快速眼动（Rapid Eye Movement，REM）睡眠期间。然而，这些梦并不能形成一个连续的故事。相反，它们由好几个不同的梦主题组成。事实上，如果我们处于正常状态下，一晚上我们可以体验到约250个梦主题。大部分的梦我们都记不清了。但是，如海恩斯指出的，我们可能记住了那些"成真"的梦：

> 如果一个梦没有"成真"，我们记住它的可能性就很小。我们都有这样的体验：醒来时却记不起任何梦了。然而，在之后白天的某个时间，某种事情发生了，或者我们看到或听到了某事，这把我们做过的梦从长时记忆中提取了出来。但是，除非我们遇到了所谓的**提取线索**，否则我们不能自动回忆起这个梦。当然，如果我们没有遇到提取线索，我们将永远不会意识到我们做过那样的梦。因此，关于梦的记忆的本质带来了一种强烈的偏好，它使梦所具有的预言性看起来比它本身更加可信——我们选择性地记住了那些"成真"的梦。[31]

当被问到诸如"你如何解释我梦到我哥哥摔断了腿，而第二天他在夏令营真的摔断了腿？"这类问题时，已故默兰伯格学院生理心理学教授西拉斯·怀特博士习惯于这样回答："你如何解释我几十次地梦到自己走在艾伦镇上，当意识到自己是赤身裸体时一下惊慌起来，但是它从来没有真正发生过？"某事在梦里向我们显现，这个事实并不是相信它很可能发生的理由。

5.4 构想：为什么有时你看到了你所相信的

我们的成功很大程度上是因为我们具有归类事物和识别事物行为模式的能力。通过形成和验证假说，我们学会了预见和控制我们的环境。然而一旦我们碰到一个有效的假说，就很难放弃它。弗朗西斯·培根非常清楚我们思维中的这种偏见：

> 没有什么比自欺更容易了，因为我们乐于相信我们期待的。
> ——德摩斯梯尼

人的理解一旦采纳了一种意见……便会吸引所有其他事物来支持或赞同它。尽管另一方面可以找到更多和更有分量的反面例子，然而这些或者被忽略或者被鄙视，或者借一点什么区分把它们抛开或排除，通过这种强大而有害的预先决定，以让原有结论的权威得以保证不受触犯。[32]

尽管这种智力惯性能阻止我们仓促得出结论，但它也能阻止我们发现真理。

否认证据

心理学家约翰·C. 莱特（John C. Wright）很好地证明了，我们不愿意放弃看起来被很好证实了的假说。[33] 莱特制作了一个带有镶板的装置，在这个镶板上镶有十六个没有标识的按钮，按钮排成一个圆圈。圆圈的中间是第十七个按钮，与其他按钮相同。圆圈的上方有一个三位数的计数器。被试者被告知他们在参加一个问题解决的实验。他们的目标是依正确的次序按下圆圈里的按钮以得到高分。为了确定

> 没有谁能比自己骗自己更多了。
> ——格雷维尔勋爵

是否是按照正确的顺序按到按钮，被试者得到了指导：在每次按了圆圈的按钮后再去按中间的按钮。如果顺序正确，警报器就会响起，计分器就会增加一分。被试者不知道的是，根本没有正确的顺序。

一个完整的回合需要连续按下按钮 325 次，它们被分为 13 个区，每个区是 25 下。在按前十个区（按 250 下按钮）时，报警器随机响起表示被试者在部分时间里按到了正确的按钮。在第十一和十二个区，报警器一次也没有响。在第十三个区，报警器每次都响。结果，被试者开始相信他们那时进行操作所根据的假说就是正确的。

当他们被告知没有正确的顺序时，许多人都不能相信这个事实。他们是如此强烈地相信他们的假说为真，以至其中的一些人直到实验者打开了装置，并向他们展示了电路，才相信没有正确的顺序！马克斯·普朗克（Max Plank）清楚地意识到，我们对一个花了时间和精力的假说会有多么顽固。他曾经评论说："一个新的科学真理不是通过说服它的对手，使他们恍然大悟，而是因为它的对手最终死了，通晓它的新一代成长起来了。"[34]

然而，拒绝接受相反证据不仅在科学家中不乏其例，预言世界末日的宗教团体也有忽视证明假说不成立之证据的非凡能力。也许这些团体中最著名的要数米勒派（Millerites）了。1818 年，在给《但以理书》的一个段落设计了数学解释之后，威廉·米勒（William Miller）得出结论说，耶稣将降临人间，世界将会在 1843 年 3 月 21 日到 1844 年 3 月 21 日之间毁灭。预言的消息传开后，他随即拥有了一个支持他的小团体。1839 年，约书亚·V. 海恩斯（Joshua V. Hines）进入这个教会团体并且通过在波士顿印刷报纸《时代的天兆》来宣传这一消息。之后，纽约出版的《午夜哭泣》和《费城警报》也促进了该运动的流行。

失败的世界末日预言

当然,米勒派并不是首次确立了世界末日具体日期的组织。很多形形色色的人提出了许多不同的日期,但迄今为止,没有一个是正确的。以下是一些失败了的末日时间预言的例子。

- 1000 年 1 月 1 日。预言者:教皇西尔维斯特二世。
- 1033 年。预言者:各种各样的基督徒。一些基督徒相信,这是耶稣死亡并复活的第 1,000 周年纪念日,耶稣再临是可预期的。
- 1284 年。预言者:教皇英诺森三世。他预言世界将在伊斯兰教出现之后的 666 年终结。
- 1346—1351 年。预言者:五花八门的欧洲人。许多人把席卷欧洲的黑死病解释为世界末日的征兆。
- 1600 年。预言者:马丁·路德。宗教改革的标志性人物预言世界末日不迟于 1600 年就会到来。
- 1658 年。预言者:哥伦布。哥伦布认为,世界在公元前 5343 年创造,而且会持续 7,000 年,假设没有 0 年,这就意味着世界末日于 1658 年来临。
- 1967 年。预言者:吉姆·琼斯。这个人民圣殿教的创建者认为,一场核毁灭会在 1967 年发生。
- 1969 年。预言者:查尔斯·曼森。他预言一场天启的种族战争将在 1969 年发生,并命令信徒犯下"泰特-拉比安卡"谋杀案,以图使其发生。
- 1999 年 7 月。预言者:诺斯特拉德马斯。以下预言被认为是诺斯特拉德马斯所为的：于"1999年7月"来自天空的"恐怖之王"引起末日的恐惧。

·2000年1月1日。预言者：各种人。人们预言千年虫计算机漏洞将引起计算机死机、大灾难，这就是我们所知道的世界末日。

·2007年4月29日。预言者：帕特·罗伯逊。在其1990年的《新千年》一书中，罗伯逊提出这个日期是地球毁灭之日。

·2011年10月21日。预言者：哈罗德·坎姆平。他预言2011年5月21日将发生被提（rapture）和毁灭性地震，上帝将世界近百分之三的人口带到天堂，5个月之后的10月21日，世界末日出现。当他先前的（第五个）预言要失败时，坎姆平修改了它，并且说，在5月21日，一场"心灵裁判"要发生，身体被提和世界末日同时发生于2011年10月21日。

·2012年12月21日。预言者：各种人。玛雅历法的末日给出了许多不同的脚本，包括银河成直线、地球两极的地磁反转、地球与称作尼比鲁的未知行星相撞、外星人入侵、地球被一颗巨大的超新星毁掉、月亮爆炸……还可列举下去。[35]

米勒派中开始传起了耶稣在 1843 年 4 月 23 日这一天到来的流言。即便过了那一天预言没有实现，追随者的信念也没有动摇。他们把注意力又集中在了 1844 年 1 月 1 日这一天。当那一天来了又去了的时候，追随者们又开始急切地等待 3 月 21 日的到来，那一天是米勒最初预言的最后一个日期。耶稣没有到来的事实给那些信奉者重重一击，但是，令人吃惊的是，这个运动并没有结束。

米勒的一个门徒再次算出另一个耶稣到来的日期：1844 年 10 月 22 日。虽然米勒最初对这个日期表示怀疑，他还是慢慢接受了它。信奉者对这一天的信念比以往其他的日子要强烈得多。这第四次的失败最终导致了该运动的结束。但是它的后代们今天仍然存在。一些醒悟的"米勒派们"继续建立基督复临运动团体。另一些人成立了耶和华见证人教派。尽管这些团体不再给出具体日期，但他们都相信世界末日就要来临。

在相反证据面前不愿改变观念的人在不同行业里都存在，从拒绝改变诊断的医生到拒绝放弃其理论的科学家。在一个学生精神疗法治疗师的研究中，发现了这样一个结果：一旦学生得出了一种诊断结论，他们能仔细查看反证的所有文件夹却不改变他们的想法。相反，他们会通过解释证据来迎合他们的诊断。[36]

主观验证

我们让数据去适应理论的能力解释了许多种预测方法的表面成功，如手相术、塔罗牌和占星术等。考虑以下人物特写：

> 你的一些抱负往往很不现实。有些时候你是外向的、友善的、合群的，而有些时候你是内向的、慎重的和矜持的。你发现太直率

会把自己暴露给别人，这是不明智的。你以自己是一个独立思考者并在没有满意证据的情况下不接受别人的观点而骄傲。你喜欢一些改变或变化，在受到限制或约束时会变得不满。有时，你十分怀疑自己是否做了正确的决定或正确的事情。外表上你自律和自控，而你的内在往往忧虑和不安。

你的个性功能调适给你带来一些问题。尽管你有一些个性弱点，但总体上你能够弥补这些弱点。你有许多还没有发挥出来的能力。你倾向于自我批评。你对别人有强烈的需求，你期望他们喜欢你或钦佩你。[37]

现在如实回答这个问题：这个特写与你的个性有多匹配？大部分人都说，如果是专门为自己做的，这个特写就是自己最好的写照，甚至与自己的个性完全一致。尽管这个特写几乎能用于任何人，**人们还是相信它独特而准确地描述了他们自己**。相信一种一般性描述是专属于自己的现象已经彻底被研究证实，这就是著名的**福勒效应**（根据第一个研究它的人命名）。要让福勒效应起作用，人们必须被告知包罗万象的描述确实特别准确地描述了他们。

> 我们一旦想要相信某事物，就会突然看见所有支持它的论据，就会变得看不见反对它的论据。
> ——乔治·伯纳德·萧

如果人们怀疑实际上进行的事情，他们就不太可能陷入这一现象中。

但是为什么我们**会**轻易相信？心理学家大卫·马克斯（David Marks）和理查德·卡曼（Richard Kammann）这样解释：

> 从我们的观点来看，福勒效应是主观验证的特例，在其中，我们寻找自己与已知描述相匹配的方法。我们的个性特征并不像我们常常想象的那样固定不变。每个人都会在一种情境里显得腼

腆，在另一种情境里却显得果敢，在一种任务上灵敏，但在另一种任务上笨拙，今天慷慨大度，明天自私吝啬，在一个群体中独立自主，在另一个群体中顺从依赖。因此，我们时常能发现自己的许多方面与模糊的描述相匹配，尽管自我的具体情形因人而异。[38]

占星术、生物节律、笔迹学（用笔迹断定个性特点）、算命、手相术（看手相）、塔罗牌测读、读心术——所有这些活动通常都涉及福勒效应。因此，在任何例子中，如果福勒效应可能在这些系统里起了作用，我们就不能得出这一系统具有识透我们性格特征的任何特殊能力的结论。我们真诚地感到各种解读是真实的，但这种真实感并没有——也不可能——验证该系统。

古时的手相解读师和心理学家雷·海曼（Ray Hyman）艰难地学到了这一点。海曼学习手相术来帮助他完成大学学业。他擅长看手相并确信它了不起。然而他的一个朋友对此表示怀疑。他跟海曼打赌：海曼可以告知他的顾客与手相完全相反的事实，但他们仍会相信他。海曼接受了这一赌局，令他吃惊的是，他发现他的朋友是对的。一些顾客甚至认为海曼的"错误"解读比他的"正确"解读更有深意。

我们理解事物的能力是我们最重要的能力之一。但是我们太擅长使用它了，以至于我们有时欺骗自己去想一些根本不存在的事物。只有通过批判地审视我们的观点，我们才能避免这样的自欺欺人。

也许，再没有比米歇尔·诺查丹玛斯（Michel Nostradamus，1503—1566）更有名的预言家了。诺查丹玛斯写了一千首诗，有些人认为这些诗预言了许多历史事件。他因为预言了两次世界大战、原子弹、希特勒的兴衰等而享有美名。显然，如果一个预言家一直对不能被合理期望的事件给出毫不含糊、精确的预言，那么，我们一定会严肃关注那个预言家。诺查丹玛斯怎么样呢？

事实上，他的预言既非毫不含糊也不准确，这一事实所造成的主观验证使某些人信服他的预言成真了。诺查丹玛斯本人说，他有意把他的诗写得晦涩难懂、模糊不清，其结果是允许对它们进行多种多样的解释。比如：

> **世纪 I，第 22 首**
> 将要活着的死无踪迹，
> 毁灭或死亡在诡计中来临，
> 奥顿，沙隆，朗格勒，从两个方面，
> 带来战争与冰雹将会造成巨大的破坏。[39]

> **世纪 I，第 27 首**
> 绳子下面是空中坠落的基恩，
> 他跌落在藏有宝藏之地的附近，
> 那是多年的沉积，
> 被发现时，他即将死去，弹簧刺穿了他的眼睛。[40]

你认为诺查丹玛斯的这些诗是什么意思？安德鲁·内赫尔（Andrew Neher）让人们把自己的阐释与亨利·罗伯茨（Henry Roberts）的阐释相比较。亨利·罗伯茨是著书研究诺查丹玛斯预言的作者之一。罗伯茨认为，第 22 首是"一个使用超音速武器的预言，这种武器穿行在接近零度的平流层之上"。罗伯茨说，第 27 首诗的意思是"降落伞兵降在了纳粹掠夺的赃物附近，他们被抓获并被处死"。[41] 你得出了不同的结论吗？你看到得出看似合理的不同解释是多么容易了吧。[42]

内赫尔也建议比较诺查丹玛斯研究专家对同一首诗的不同解释。对于同一首诗，罗伯茨和另一个研究诺查丹玛斯的作者埃里卡·奇塔姆（Erika Cheetham）分别这样说：

  罗伯茨："一个非凡的预言，描述了'二战'中海尔·塞拉西皇帝的角色。"[43]

  奇塔姆："第1～2行……指的亨利四世。给他带来麻烦的人是来自东方的帕尔马公爵……第3～4行可能指的是1565年的马耳他围困事件。"[44]

对另一首诗，他们两个的阐释是这样的：

  罗伯茨："希特勒占领捷克斯洛伐克，总统本尼斯辞职，英法因此问题不和，以及对背叛后果的不祥警告，这些事件在这个预言中都被明确提及。"[45]

  奇塔姆："前三行可能指的是关于肯尼迪两兄弟的刺杀事件。"[46]

正如内赫尔指出的，"比较这些对四行诗进行的冲突阐释，显然罗伯茨和奇塔姆把他们的思想投射进了对诗句的理解中。这导致他们认为诺查丹玛斯有强大的预知能力"。[47]

这些例子是主观验证作用的结果。而一旦一种阐释覆盖在一种模糊预言上，就很难看到任何其他可能性。

尽管指称模糊、解释冲突，诺查丹玛斯的诗文仍被许多人认为是预言式的。他被如此推崇以致被认为是"9·11"事件的预言者。"9·11"事件之后不久，全国各地的电子信箱开始收到包括如下预言的信件：

> 在上帝之城将听到巨大的雷声，
> 两兄弟被混乱撕开，堡垒在忍耐，
> 头领将屈服，
> 城市燃烧之时，第三次世界大战就爆发了。
>
> ——诺查丹玛斯写于 1654 年

任何一个熟知诺查丹玛斯的人都会怀疑有些事情出错了，因为诺查丹玛斯在 1566 年就已经去世了。可笑的是，上面提到的预言原来是尼尔·马歇尔（Neil Marshall）几年以前写的。他是加拿大的一个大学生。他想证明"愚弄轻信者是多么容易的事"。[48] 这个证明确实令人难忘。

当然，事后诸葛亮式的预言更容易些。诺查丹玛斯的阐释者所真正做的是一种追溯的形式；他们拿到一首四行诗，并试图使它适合已经发生的事件。只有一首四行诗包含了对一个具体日期的明确指称，四行诗第 10 章的第 72 首：

> 在 1999 年的第七个月，
> 恐怖大帝会从天而降，
> 他将让蒙古大帝复活，
> 战争前后快乐地布满天下。

一些人认为这预言了世界末日；另一些人认为它预言了世界革命。两个阵营都错了，因为 1999 年 7 月没有发生这样的灾难。诺查丹玛斯的一个具体预言结果是错的。当一个理论预见不能被事实证明时，它就应该被拒斥。诺查丹玛斯是伟大预言家这个理论也不例外。

麦田怪圈

麦田怪圈是在大片田地里神秘出现的由小麦、玉米或大豆等植物弯倒形成的旋涡形状。首先它在英格兰南部被发现，之后，麦田怪圈开始出现于世界各地。它们形状各异，从简单的圆形到精致复杂的图形符号。起初，一些人认为，这些圆圈是外星人或其他超自然现象造成的。另一些人认为，它们是由"等离子体涡流现象"（plasma vortex phenomena）形成的，这种现象由包含带电物质的旋转气团构成。还有一些人认为它们是由聪明的人制造的。

1991年，两个60岁的酒友——道格·鲍尔（Doug Bower）和戴维·乔利（Dave Chorley）——声称那些英国麦田怪圈是他们的杰作。他们在又长又细的木板的两头系上绳子，放在作物和他们之间，并且踩在木板上把作物压弯。为了证实他们所说的，他们为一家小报做了一个圈，这后来被一个信奉外星人假设的人断言是外星人的作品。从那以后，被认为不可能是恶作剧的其他麦田怪圈结果都证明是人为的。显然，人们没有可靠的方法来辨别麦田怪圈现象是地球人所为还是外星人所为。不过人们仍相信麦田怪圈是来自外太空的信息。

证实偏见

我们不仅倾向于忽视和曲解那些与我们观点冲突的证据,也倾向于寻找和识别那些仅仅证实我们观点的证据。一些心理学研究已经证明了这种**证实偏见**。

> 智者知其无知。愚者无所不知。
> ——查尔斯·西蒙斯

考虑下面简化表示的四张卡片,每张的一面是字母,另一面是数字:[49]

A　D　4　7

被试者被告知,他们的任务是找出判断下面假设是否为真的最有效手段:如果一张卡片的一面有个元音字母,另一面就是一个偶数。具体来说,就是要求被试者指出,要证明这个假设为真需要翻开哪些卡片。

你会翻哪些卡片呢?大多数被试者认为,只需翻开写有 A 和 4 的卡片。但他们都错了。写着 7 的卡片也需要翻过来,因为它也能证明该假设。

翻开写有 A 的卡片是一个好选择,因为如果背面写着偶数,它就会支持假设。而如果是奇数,它就会反驳假设。翻开写有 4 的卡片,如果另一面是一个元音字母,也能支持假设。然而,如果另一面是辅音字母,它将不会反驳假设,因为假设说"如果一面是个元音字母,那另一面就是个偶数",而没有说"一面是偶数,另一面就必定是元音字母"。

人们不理睬写 D 的卡片是正确的,因为另一面无论是什么都与假设不相关。然而,写有 7 的卡片是关键的,因为像写有 A 的卡片一样,它也能反驳该假设。如果在写 7 的卡片的另一面是个元音字母,那么该假设为假。

迷信的鸽子

不是只有人类才倾向于注意和寻找证实事例。相同的倾向在其他生物身上也能找到。结果是它们也显得很迷信。

在用鸽子做的一个实验中，心理学家斯金纳（B. F. Skinner）以随机间隔喂鸽子。[50] 在喂食的间隔期，鸽子会有多种行为表现：在地上啄食、头来回转动、扇动翅膀等。如果食物出现了而一只鸽子正在做其中的一个动作时，鸽子就把食物和这一动作进行联系，因而更频繁地做这个动作。因为此动作做得越频繁，它得到喂食的次数就越多。结果，鸽子似乎得出一个迷信的信念，即那个行为导致喂食。相同过程也是我们迷信信念的原因。比如说，如果好运来了，而当时我们穿着某一款衣服时，我们就会把好运与该款衣服联系起来。结果，我们可能就会经常穿它。如果好事的出现是基于统计意义上的随机事件，我们就会相信是这款衣服带来了好运。

此实验表明，我们趋向于寻找证实的证据，而不是证伪的证据，即使后者比前者揭示更多的东西。当证实证据不起决定作用时，证伪证据就可能是决定性的。

考虑这个假设：所有天鹅都是白色的。我们看到的每一只白天鹅都证实了这一假设。但是即使我们看到了一百万只白天鹅，我们也不能绝对肯定所有天鹅都是白色的，因为有可能我们还没有找到黑天鹅存在的地方。实际上，在澳大利亚发现黑天鹅之前，人们普遍相信所有天鹅都是白色的。因此，

当评估一个主张时，寻找证实的证据，也要寻找证伪的证据。

我们倾向证实而不是证伪的信念反映在我们生活的各个领域。政党成员倾向于阅读支持他们立场的文章。汽车制造商倾向于关注兜售他们汽车的广告。我们所有人都倾向于跟认同我们观点的人交往。

> 事实不因它们被忽略而不复存在。
> ——阿道司·赫胥黎

减少证实偏见的一个方法就是，当评估一个主张时头脑中保持一些不同的假设。在一个试验中，实验者给被试者看了一系列数字——2、4、6——并告知他们这些数字遵循某种规律。他们的任务就是通过举出其他三个数字来识别这个规律。如果提出的一组数字符合这个规律——或者不符合——被试者都会被告知。直到他们完全有把握时才允许说出这个规律。[51]

通灵侦探

通灵侦探是人们认为在破案时会表现出奇异能力——发现失踪者或受害人的尸体，或者辨认罪犯——的侦探。他们在帮助执法人员破获案件方面所起的成功作用在媒体里有广泛的报道，尤其是电视节目，如法制频道的《通灵侦探》《拉里·金直播》和电视连续剧《灵媒缉凶》。在《通灵侦探》节目里，戏剧化的再创作把通灵侦探塑造成能神秘地识别杀人者的指纹，发现失踪者的行踪。一些警察部门利用通灵侦探来调查案件，偶尔执法刑警会说是通灵者提供了有用的信息。一些目睹了通灵侦探之能力的人说，通灵者的表现让他们不再怀疑，他们开始相信这些人的能力。通灵者自己也在炫耀他们解决的有名案子。

那么我们应该得出通灵侦探是真实的结论吗？如果我们这样做，我们的判断就过于仓促了。关键问题是，支持通灵侦探的证据太弱了，而且有许多会愚弄我们相信这方面证据的强有力的方法。只有仔细控制的科学检验才能证实通灵者的断言，而目前还没有这方面的证明。（地方电视娱乐节目和未受控制的观察不算数）。没有科学证据显示任何案件或任何失踪者的发现是通过通灵手段破获的。事实上，尽管考察 ESP 和其他通灵现象的科学实验已有数十年，但没有好证据表明它们存在。（参见第 6 章对通灵学的讨论）

另一方面，有无数种在通灵侦探的真实性上能够误导人们的方法。下面仅列举几种：

· 通灵侦探和媒体常常夸大了通灵破案的业绩。例如，几年前通灵侦探卡拉·巴伦（Carla Baron）说她破获了50起案件，曾经和布朗家族合作破了O.J.辛普森案件。但是调查显示，她说的这两种情况都是假的。电视连续剧《灵媒缉凶》的主要人物以著名通灵者艾莉森·杜伯依斯（Allison DuBois）的经历为基础。"灵媒缉凶"网站声称，她是格兰岱尔警局（亚利桑那州）和得克萨斯巡警的破案顾问。但那两个部门都否认他们与杜波伊斯有过合作。媒体报道描述了一个名叫南希·迈耶的通灵者，她与警察合作找到了一具失踪多年、上了年纪的男尸。据说她精确地画出了尸体所在位置的地图。（迈耶的故事之后出现在《通灵侦探》节目里。）但是，参与了那次破案的警员之后说，通灵者的信息没有给人什么印象——太含糊笼统，没起多大作用。例如，她告诉他们尸体在离水边不远（水边可以指几个不同的地方，包括游泳池、湖或者小溪）和铁轨附近（铁轨到处都有）的地方。

• 媒体很少报道通灵者失败或频频出错的例子。在著名的绑架谋杀案中，警察经常收到来自通灵者的成百甚至成千的小建议，然而案子从未告破（或被与罪犯相关的人破获）。有时由于通灵者提供的错误信息，警方反而浪费了大量办案时间。这些致命的结果通常未被报道。

• 通灵者（有时是他们的雇主或警察）在破案后，使用事后匹配（retrofitting）把事实与先前的模糊建议相匹配。例如，假设通灵者说她在幻觉中看到了受害者尸体、数字18、一座桥和一片水。尸体找到后，人们（包括警察在内）把这些信息与案件事实牵强匹配就容易多了。在案例现场附近有一个标识街道地址的数字18，在受害者家附近的广告牌上有个18，甚至18出现在这样的事实中，即尸体距一些地标有1.8英里。或者在离尸体一二英里远的地方看到了一座桥，或者附近商店的标牌、路的名字有桥的字样。或者是在任意方向看到了一个湖、一条小溪或一个水池。事后匹配通常把通灵者的错误陈述当成正确陈述来解读的倾向加以强化。如果预测是失踪者被发现时已经死了，之后却发现活着时，调查者或家人会声称说此人的确在某种意义上是死了，也许是心理上或者是精神上。相信的意愿是强烈的。

- 通灵者常用他们**普通的**能力——他们天生的智力、才能和感知能力——来收集信息。他们可能查报纸、网络、地图和咨询目击者以获取线索。他们会使用任何优秀警探都会使用的各种技能和资源——仔细观察、直觉、推论以及访谈任何涉案人。他们甚至也会依赖冷读术（cold reading），一种古老的秘密获取信息的"读心术"方法，它通过提问、陈述以及观察对方的表情变化和其他身体线索来获取实情。

也许通灵侦探真有超自然力量，但是，不论是可利用的证据、《灵媒缉凶》连续剧，还是法制频道的《通灵侦探》，都没有提供让我们相信它的好理由。

大部分被试者都选择给出偶数序列，如 8、10、12，或者 102、104、106。当被告知说这些符合规律时，被试者通常宣布他们找到了规律：任意连续的三个偶数。但那个规律是错误的。这个事实会让被试者尝试其他的三个数字，如 7、9、11，或者 93、95、97。当被告知这三个数也符合规律时，一些人就说规律是任意三个公差为 2 的数字。但这个规律也是错误的。正确的规律是什么呢？真正的规律是任意三个从小到大排列的数字。

为什么发现这一规律如此困难？原因就在于证实偏见：被试者仅仅试图去证实他们的假设，而没有试图去否定这些假设。

如果要求被试者在头脑中记住两个假设——比如，任意三个按升序排列的数字和任意三个不是以升序排列的数字——他们就会做得更好些。他们在很大范围里挑选三个数，每一个都会证实或证伪一个规律。因而，在头脑中保持几个不同的假设能帮助你避免证实偏见。

可得性偏差

证实偏见能被可得性偏差恶化。当人们的判断是基于那些生动、难忘的记忆而不是可靠或可信的证据时，可得性偏差就会出现。例如，那些依据朋友的推荐购买商品的人，即使注意到他们选择的商品并无好评时，他们还是选择购买，这就出现了可得性偏差。那些基于个人推荐而选课的大学生，即使清楚其与精确调查的结果相悖，还是选择了该课程，这时也出现了可得性偏差。尽管传闻证据在心理上常常具有说服力，但在逻辑上常常缺乏说服力。

基于心理上可用信息做判断的人常常会犯轻率概括的谬误。做出轻率概括，就是基于有关群体中几个成员的证据就对整个群体做出判

> 总体来说，人类是一种分裂的怪物，喜欢被欺骗却很少感到失望。
>
> ——哈里·迈肯齐

断。例如，这样的论证是错误的："我认识一个保险推销员。你不能信任他们中的任何一个人。"统计学家指出这些错误是没有考虑样本大小的问题。仅当这个样本足够大且群体的每一成员都有同等机会进入该样本时，才可能基于该样本对一个群体做出准确判断。

可得性偏差也会导致我们对各种事物的可能性做出误判。例如，你可能认为游乐场是危险的地方。毕竟，飞车满载着尖叫的人们高速转圈。但是统计显示，在游乐场坐飞车比在干道上骑自行车的危险性要小。[52] 我们倾向于认为娱乐场所是危险地方，是因为游乐场的灾难事件是心理上可用的——它们是扣人心弦的、感情上亢奋的而且容易可视化。因为它们在我们的大脑中根深蒂固，所以我们误判了它们的频率。

当证实证据比证伪证据在心理上更引人注目时，我们就可能表现出证实偏见。例如，在占卜、预言或算命的案例中，证实的例子趋于突显，而证伪的例子很容易被忽略。一项涉及预言式梦的实验说明了这一现象。[53]

让被试者读一个对预言式梦感兴趣的学生的日记。那本日记里面据说记录了该学生的梦境和她生命里的重大事件。一半的梦被应验了梦的事件所跟随，另一半梦则没有。

当被试者被要求尽可能多地记住那些梦时，他们记住的应验了的梦要比没应验的梦多得多。那些证实梦的事件比没有证实梦的事件更为难忘（因此更为可得）。因而，预言式梦境出现的频率让人觉得要比它们本身出现的实际频率高。为了避免可得性偏差，认识到可用数据并不总是仅有的相关数据是很重要的。

当评估一个主张时，要考虑所有相关证据，而不只是心理上可得的证据。

证实证据并不总是比证伪证据更可得。例如，打赌赌输了构成一个证伪证据的例子，它能成为一个记忆深刻的经历。[54]赌博损失在感情上有重大意义，因此是心理上可得的。因为我们通常对其他预言的投资不像赌博那么多，所以其他的失败经验就不会像赌输了一样印象深刻。

> 对一个人无知的无知是无知的痼疾。
> ——阿莫斯·布朗森·奥尔科特

我们对可得证据的偏好有助于解释对许多迷信信念的执着。正如弗朗西斯·培根认识到的："所有的迷信，无论占星术、圆梦、预兆、因果报应判断，还是其他类似的形式，都几乎一样，（因为）被蒙骗的信奉者只注意到实现了的事件，而忽略或回避他们的失败，尽管失败更常见。"[55]迷信是一种信念，这种信念指的是一个行动或情景对某种事物有一定影响，即使二者之间没有逻辑关系。当我们相信事物之间存在因果关系时，我们倾向于注意和寻找那些仅能证实这种关系的事件。

以月球效应为例。人们普遍相信月亮会影响我们的行为。它被认为能驱使人发疯（因此有了lunatic即"疯子"的标签）。但研究还没有证实这一点。在综述了月亮对人的行为影响的三十七个研究后，心理学家I. W. 凯利（I. W. Kelly）、詹姆斯·罗顿（James Rotton）和罗杰·卡尔弗（Roger Culver）总结说："月球现象和人类行为之间没有因果关系。"[56]为什么相信月亮效应的观点如此普遍？三位科学家表明，这归咎于具有倾向性的媒体报道，对物理规律的无知以及我们一直在讨论的那几种认知偏差。满月时人的古怪行为比正常的行为更令人记忆深刻——因此更加可得。因此，我们更易于对它的出现频率做出错误判断。另外，因为我们倾向于仅查找证实证据，所以我们对可以纠正判断的证据就不注意了。

可得性偏差不仅使我们忽略相关证据，也使我们忽略相关假说。原则上，对于任何一组数据，建构任何数量的不同假说来解释数据都是可能的。然而，在实践中，提出许多不同的假说是很困难的。因此，我们经常以只选择出那些浮现在脑海中的假说——可得的假说——而告终。

在反常现象的例子里，脑海中浮现的唯一解释通常是超自然或超常现象。许多人把找不到自然和正常的解释当作超自然和超常现象存在的证据。他们时常问："你还能怎么解释它？"

这种推理是谬误的。这是一个诉诸无知的例子。仅仅因为你不能证明那些超自然的或超常的解释是错误的，并不意味它就是真实的。不幸的是，尽管这种推理在逻辑上是谬误的，在心理上却具有说服力。

下面的实验证明了备择假说的可得性可能影响我们对概率的判断。[57]给被试者一个列出了可能导致汽车启动失败的原因的清单。他们的任务是评估所列的每个原因的可能性。在每一个列举上都包括一个标为"所有其他问题（解释）"的笼统的假说。研究者发现，被试者指派给一个假说的概率是由它是否在列出的原因中决定的。也就是说，是由它是否具有可得性决定的。如果更多的可能性被加上，被试者会降低现有可能原因的概率，而不是改变那个笼统假说的概率（如果他们进行理性操作，这是他们本该做的）。

尽管自然或正常解释的不可得性并不增加超自然或超常解释的概率，许多人却认为它能。为了避免这一错误，重要的是记住，仅仅因为你找不到对一个现象的自然解释，并不意味这一现象就是超自然的。我们无力解释某现象，或许完全归咎于我们对相关规律或情况的无知。

尽管超自然或超常的主张能通过提供一种对所讨论现象的自然或正常的解释来削弱,但也有其他方法可以质疑这些主张。一个假说仅当它符合事实数据时,是可接受的。如果数据不是你所期望的使假说为真的数据,那就有理由相信假说是假的。

以臭名昭著的以色列通灵师尤里·盖勒为例。盖勒宣称自己有意念致动的能力:一种用意念直接操纵物体的能力。但是,心理学家尼古拉斯·汉弗莱(Nicholas Humphrey)说,事实数据并不支持这一假说:

> 如果盖勒能够仅仅用意念使勺子弯曲而不用任何正常的机械力量,那就有正当理由立刻提出这样的问题:为什么盖勒的能力只对某种形状和尺寸的金属物起作用?为什么只能是任何人有机会都能用力折弯的物体(如勺子或钥匙而不是铅笔、拨火棍或圆形硬币)?为什么他需要用手而不是用脚或者鼻子去接触物体?……如果盖勒真的**有用心灵控制物质**的力量而不是用肌肉控制金属的力量,那么这些问题没有一个会是适当的。[58]

汉弗莱把这种怀疑论证称为根据"多余的设计"或"不必要的限制"得出的论证,因为被观察的现象比人们期望为真的假说受到太多的限制或限定。如果假说要成为可接受的,它就必须符合事实数据:这不仅指假说必须解释事实数据,也指被解释的事实数据必须要与假说的预见相符。如果假说做出的预测没有得到事实数据的支持,那么就有理由怀疑这一假说。

代表性启发

我们试图理解世界的努力被一些经验法则即众所周知的**启发法**所引导。这些启发法加速了决策过程,并允许我们在很短的时间里处理大量的信息。但是,欲速则不达,有时我们赢得了速度却失掉了准确性。当我们需要的信息不准确、不完整或不相关时,我们依据这些信息得出的结论就会是错误的。

> 意识不到自己无知的人将只能被他的知识所误导。
> ——理查德·惠特利

统领分类和模式识别的启发法之一是物以类聚原则。这条规则以代表性启发而著称,它包括这样的原则:同一类成员应与其原型相似,并且结果也应与其原因相似。尽管这些原则通常导致正确的判断,但它们也会使我们误入歧途。一场棒球比赛和一场象棋比赛都是比赛,但是它们的不同之处要多于相同之处。一个微小的细菌能够生成一场巨大的传染病。因此,如果我们盲目地遵从代表性启发,我们可能会陷入麻烦之中。

为了弄清楚代表性启发可能会如何影响我们的思维,请考虑下面的问题:[59]

> 琳达,31岁,单身,心直口快,非常聪明。她的专业是哲学。学生时代,她深切关注歧视与社会公正问题,也参与了反核武器示威游行。
>
> 现在,基于以上描述,将下面关于琳达的描述按可能性大小的顺序进行排列:
>
> A. 琳达是一个保险销售员。
>
> B. 琳达是一个银行出纳员。

C. 琳达是一个银行出纳员并积极参与女权运动。

大部分人把 C 排在了第一,因为它似乎提供了一个比 A 和 B 更能体现琳达特征的信息。但 C 不可能是最可能的陈述,因为银行出纳比参加女权运动的银行出纳的范围大得多。参与女权运动的银行出纳是银行出纳的子集,因此,它不可能比银行出纳集合的成员多。这个错误就是著名的**合取谬误**(conjunction fallacy),因为两个事件同时发生的概率永远不可能比其中一个事件单独发生的概率大。选择一个非代表性的描述(银行出纳),并增加一个更具代表性的描述(女权主义者),对琳达的描述更具代表性了,但可能性也降低了。

代表性启发的影响在医学领域最明显。在中国,研磨成粉末的蝙蝠常常用来治疗人的眼病,因为人们错误地认为蝙蝠的视力好。在欧洲,狐狸的肺常被用来治疗哮喘,因为人们错误地认为狐狸有更强的耐力。在美国,一些替代医学从业者给精神病人开的药方是吃生脑。在所有这些例子中,潜在的假设是吃什么补什么。你吃了什么就变成了什么。

> 人的大脑是这样构成的:它易受错误而不是真理的影响。
> ——伊拉斯谟

同类相生的观念是人类学家詹姆斯·弗雷泽爵士(Sir James Frazer)所称的"顺势(或者模仿)魔法"背后的基本原则。世界各地的人们通过模仿或者刺激一种期待的结果,认为他们能够得到他们想要的。例如,墨西哥的科拉印第安人(Cora Indian)试图通过在山上的洞里放置他们渴望的动物的蜡制模型或黏土模型来提高畜群的产量。不孕的因纽特女人在自己的枕头下放一些小玩偶期望能怀孕。北美印第安人认为,在沙子上、灰烬上或黏土上画上人形,并用尖棍戳它,身上相应的病痛就转嫁给臆想的受害者了。[60]

许多文化里的禁忌也建立在这种同类相生的原则之上。为了避免倒霉或坏运气，人们被禁止进行一定的活动。例如，因纽特人的孩子不允许玩翻绳游戏，因为担心孩子的手指会像成人一样被他们的鱼叉线缠住。爱诺斯孕妇被建议在分娩前至少两个月不能纺线和捻绳，以防脐带缠住未出生胎儿的脖子。加力瑞斯渔民捕到一条鱼后不剪断鱼线，以免下次钓到的鱼咬断鱼线而逃之夭夭。[61]

> 在各民族中广泛传播的迷信是利用人的弱点，用它的魔咒迷惑几乎每个人的心灵。
> ——西塞罗

这些做法我们今天看来似乎愚蠢，但许多现代的做法也是基于同类相生的原则。例如，同类相生的观念也包含在两种伪科学的行为中：占星术和笔迹学。正如我们了解的，占星术断言出生于某种星象的人会有一定的心理和生理特点。这个断言不是建立在实证调查基础上的，因为人出生时的星象和他或她的特点没有显著相关。那么，人的出生与星象之间的关系是如何建立起来的呢？显然是通过代表性启发的方法建立的。例如，假设出生在金牛座的人应该意志坚强是自然的。同样，假设出生在处女座的人应该害羞并且孤僻也是自然的。这些假设的自然性有助于解释占星术持久受欢迎的原因。

笔迹学也用到了代表性启发。笔迹学家断言能通过审视一个人的笔迹识别人的性格特征。同样，笔迹特点与性格特征之间的联系并没有在经验上确立。相反，它们似乎也是基于代表性启发。例如，一个笔迹学家断言，甘地的字体细小又整齐，这表明他是一个热爱和平的人，而拿破仑的字参差不齐、笔锋锐利，这表明他是个好战之人。[62]然而，实验表明，笔迹学家对职业成功的预测不比碰运气强多少。[63]

甚至受过训练的科学家也会被代表性启发所蒙蔽。澳大利亚内科医生巴里·马歇尔（Barry Marshall）断言，溃疡是由一种简单的细菌引起的，范德堡大学传染科主任马丁·布莱瑟（Martin Blaser）这样回应马歇尔的说法:"这是我听说过的最荒谬的事情。"⁶⁴ 当时普遍接受的说法是:溃疡是由压力引起的。这种观点似乎也是基于代表性启发原则。人们之所以认为溃疡是由压力引起的,是因为患溃疡的感觉就像承受了压力一样。现在我们知道那个假说不是真的。避免被代表性启发误导的唯一方法是要确信,任何因与果的断言都是基于除了相似性以外的更多因素。

> 人愿意相信他希望是真的事物。
> ——弗朗西斯·培根

拟人化偏差

我们不仅倾向于假设同类相生,也倾向于假设事物像我们一样——哪怕是非人类的事物。正如苏格兰哲学家大卫·休谟(David Hume)很久以前就认识到的:

> 人类有一个普遍的倾向,即像设想他们自己一样设想一切存在物,并把他们熟知和真切意识到的那些品质移植到每一个对象上。所以我们会发现月亮上有一张人脸,云层里有千军万马;并且凭着自然的习性根据一种自然倾向(如果没有被经验和反思所纠正的话),将恶意或善意归诸每一个伤害或满足我们的事物。因此……树木、高山和溪流被拟人化了,自然界无生命的部分也获得了感情和激情。⁶⁵

休谟这里描述的不仅是物体拟人体化(pareidolia)现象——即把人的身体特征投射到非人的物体上,还有拟人现象——即把人的思想、情感和欲望投射到非人的物体上。

我们都时常拟人化。你不是常常对你的电脑、汽车、电话说话

（或者大喊），好像它们是有思想的吗？希罗多德叙述了国王薛西斯一世的故事。薛西斯一世后来被横扫达达尼尔海峡（连接爱琴海和马尔马拉海的海峡）的暴风所阻挡。他下令对达达尼尔海峡鞭打300下并施以诅咒作为惩罚。人类学家斯图尔特·格思里（Stewart Guthrie）记录了从飞机到雨伞的各种拟人的例子。[66]

对我们拟人倾向的最令人信服的证明之一来自心理学家弗里茨·海德（Fritz Heider）和齐美尔（Simmel）1944年做的一项实验。[67]他们给被试者看了一个有圆形、方形和三角形的几何图形影片，这些图形在屏幕中来回移动。当被问到片子中描述的是什么时，被试者说那些图形代表不同类型的人——地痞、受害者和英雄——他们的行动被具体的欲望和目标所引导。他们看到的不只是移动的图形，还是有意图、有目的行为。其他研究者用移动的圆点、成群的昆虫或者小方块也观察到了同样的现象。

这些实验都表明，人类时刻都在用极少的证据检测智能体行为——即有意识、有目的的行为。因为这种倾向是普遍的，也因为它连小孩子都具备，所以心理学家们相信，它是天生的——它在我们的基因里。从进化论的观点看，这非常好理解。早期人类生存最大的威胁很可能来自其他种族。那些具有觉察敌人存在之能力的人会更可能存活下来并繁衍后代（因而将他们的智能体检测基因传承下去）。感知其他智能体的能力因而分布于全部人类种群。

觉察智能体的能力越灵敏，我们存活的可能性就越高。我们因过度灵敏的智能体检测器所付出的代价是大量的误报（假阳性）。我们会草率地得出这样一个结论：一种实际上不存在的智能体是存在的。然而这只是一个小小的代价，因为安全总比遗憾好得多。错误地检测出一种不存在的智能体总比不去检测存在的智能体要好得多。未能察觉一种智能体可能导致你失去生命。

然而，许多心理学家主张，我们要为过分灵敏的智能体检测系统付出的另一代价是：超自然存在的信念。例如，贾斯汀·巴雷特（Justin Barrett）宣称："人们相信上帝、鬼神和精灵存在的部分理由来自我们的思维方式，特别是我们的智能体检测装置（ADD）的功能。我们受到ADD过度活跃的侵害，使得它倾向于不需要太多的证据就找到我们周围的智能体，包括超自然智能体。"[68] 心理学家斯科特·阿特兰（Scott Atran）和阿拉·诺来扎彦（Ara Norezayan）也同意这一观点。他们写道："超自然智能体很容易出现在人的脑海中，因为在面对不确定性时，自然选择有为智能体行为探测天然设计的认知图式。"[69] 当我们听到一个可疑的声响或者看到一个神秘的人影时，我们不总是假定它会是另外一个人。有时我们假定它是像鬼或恶魔一样的事物，特别是我们处在这些事物被期望出没的地方时。

当我们认为我们在与人类智能体打交道时，很容易证实（或证伪）我们的假设：仅需要寻找物质线索。但是，在那些我们认为是在跟超自然的事物打交道的情形中，证实或证伪几乎不可能，因为那些事物并不是物质的。这可能是超自然存在的信念具有持久力的原因之一——它们的存在不可能被否证。因此，下一次当你认为某个超自然的东西出现在你面前时，要有这样的认识：这可能恰恰是你的智能体检测系统跟你开的一个玩笑。

上帝只不过是云层中的一张脸吗?

我们对超自然现象的信念是我们拟人化倾向的副产品,这个观点由人类学家斯图尔特·格思里首次提出。在他的《云中面孔:一种宗教的新理论》一书中,他论证说,当面对一些散乱的证据时,我们倾向于推断一种智能体的存在,这使我们假定超自然事物的存在。他写道:"宗教祖先的形象是我们感知不确定和想看清任何存在的人的需求导致的。宗教是一个大家庭,所有家庭成员都源于对人的形式和行为的搜寻。"[70] 但是,人们会好奇:凭什么推断超自然智能体即没有物质形态的智能体的存在?我们所熟知的所有人都有物质形体;为什么要假设像人一样却没有物质形体的物种呢?发展心理学的近期研究回答了这个问题。答案原来是孩子天然地假定人的心灵与身体是分离的。他们认识到,大脑对一些精神活动,但并不是对所有精神活动,是至关重要的。这种对二元论(心灵和身体是两个不同事物的观点)的偏爱被 J. M. 贝林(J. M. Being)和 D. F. 比约克兰(D. F. Bjorkland)的实验生动地展现。[71] 他们给不同年龄的孩子讲了一个关于鳄鱼吃老鼠的故事。当被问到老鼠怎样了时,孩子们承认它再也不能吃东西或表现其他的生理功能了。但他们坚持认为老鼠会感到饥饿、有欲望、会坚持信念。心理学家保罗·布鲁姆(Paul Bloom)得出结论:"意识与肉体分离的概念根本不是学习得到的,它是天然获取的。"[72]

这种先天的二元认识论可以用进化论来解释。不仅探测其他人的存在是我们生物的最大利益,预测他们的下一步行动也是。然而,要进行这样的探测,我们就需要了解他们在想什么,这需要一种关于思维的理论——心理学家和哲学家称之为"大众心理学"。这个理论告诉我们，信念和欲望如何联手生成了行动。我们用大众心理学来解释人的行为，而用我们掌握的自然规律，如引力和运动规律，来解释其他事物的行为。结果，"我们就设想物质世界与心灵世界基本上是分离的，使得我们想象无灵魂的肉体和无肉体的灵魂成为可能"。[73] 我们有理解世界的两个分离的系统，这鼓励我们假定超自然的存在。

前面提到的关于宗教信念的描述引发了这样的问题："如果宗教是一般化的和系统化的拟人论，它能被简单地说成只是个错误吗？"[74] 格思里的回答是"是的"，因为他相信这种拟人化没有充分证据支持。巴雷特的回答是"不是"，因为他相信，上帝想让我们相信他。正如他提出的这个问题："为什么上帝不把我们设计成自然相信神灵的人呢？"[75] 谁是正确的呢？你怎么看？

完全不可能

考虑这样一个例子：一个妇人感到自己想起了一个多年不想，甚至有 20 年都没见过的老朋友。她拿起报纸，惊愕地看到了有关那个老朋友的讣告。或者另外一个例子：一个男人读了每日天宫图，上面预言说他会遇到一个改变他命运的人。第二天他被介绍给一个女人，最终他与这个女人结婚了。或者再一个例子：一个妇女梦到她邻居的房子着火了，火势蔓延到了地上，梦里细节真切。她醒来时吓出了一身冷汗，并把梦写了下来。三天后，她邻居的房子被闪电所击，结果被火烧毁了。所有这些故事仅仅是巧合吗？这些事件的怪异联系是偶然发生的吗？

许多人会说绝对不是——不利于纯粹巧合的概率大的像天文数字。但是研究表明，人们——甚至受过训练的科学家——都易于对可能性做出错误判断。当我们宣称一个事件不可能是偶然发生的时候，我们对可能性的估计往往错得离谱。测试一下你自己：假设你在参加一个聚会，包括你在内有 23 人在场。23 个人之中两个人的生日是一样的可能性有多大？是（a）365 天中的一天即 1/365；（b）1/1,000；（c）1/2；（d）1/40；还是（e）1/2,020？与大部分人对可能性的直觉感知相反，答案是（c）1/2，即一半的可能性，或者 50 对 50 的可能性。[76] 另外一个测试：你连续抛掷 5 次硬币。在第一次抛掷时出现正面的概率为 1/2，或者说，第一次抛掷为正面的概率为 1/2。令人惊讶的是，其他四次正面出现的概率也分别为 1/2，也就是五次分别投掷正面的概率都是 1/2，那么第六次投掷正面的概率是多少？答案仍为一半对一半，与第一次的概率一样。投币正面和反面出现的概率都各为一半。前一次抛掷对后一次抛掷没有影响，因为硬币没有记忆。

可能性是什么？你不会相信它

当我们试图判断事件发生的概率时，我们常常会出错。有时，我们**真的**错了，因为真正的概率与我们直觉"感受"的可能性完全相反。数学家约翰·爱伦·保罗斯（John Allen Paulos）提供了这样一个惊人的反直觉概率的例子：

> 首先，深呼吸。假设莎士比亚的记录是准确的，尤利乌斯·恺撒临死前喘着气说"你也一样，布鲁特斯"。那么你吸入恺撒在他临死前呼出的分子的概率是多大？答案令人吃惊：你吸入该分子的概率超过百分之九十九。
>
> 那些不相信的人听我解释：假设两千多年之后的今天，那些呼出的分子在全世界均匀传播，而且绝大部分还在空气中自由飘荡。基于这些合理的有效假设，决定相关概率的问题就易于操作了。如果全世界的空气中有 N 个分子，而恺撒呼出的是其中的 A 个分子，那你吸入恺撒的分子的概率就是 A/N。你呼吸不到恺撒的分子概率是 1—A/N。根据乘法规则，如果你吸入了 3 个分子，那么这 3 个分子都不是恺撒呼出的分子的概率是 $[1—A/N]^3$。同样，如果你吸入了 B 个分子，那么每个 B 都不是恺撒呼出的分子的概率约是 $[1—A/N]^B$。因此，你至少吸入一个恺撒呼出的分子的互补事件的概率约是 $1—[1—A/N]^B$。这样的 A，B（恺撒呼出的和你吸入的每口空气约是一公升的 1/30，或者 2.2×10^{22} 个分子）和 N（约 10^{44} 个分子）使得概率超过了 0.99。让我们感兴趣的是，至少在这个微小意义上，我们最终都是彼此的一部分。[77]

前一事件能影响后一次出现的可能性的观念被称为**赌徒谬误**。大部分人的行为表现出似乎这个观念是有效的。

问题是，我们中的大部分人没有认识到，由于普通统计规律，**难以置信的巧合很常见而且一定出现**。一个看来非常不可能的事件可能实际上是非常可能的——甚至几乎是必然的——考虑到它出现的充足机会。在一副扑克牌里抽了个同花顺，抛掷硬币连续五次出现正面，彩票中奖——所有这些事件在任何情况下看似都非常不可能。但是，它们实际上肯定在**某个时间发生在某个人身上**。某事有足够的机会发生时，它就会发生。

考虑一下前面提到的预言式梦境。如果一个正常人一夜做大约250个梦，而美国有超过二亿五千万人口，那么每个夜晚就会有几百多亿个梦，一年就会有几万亿个梦。有如此多的梦与如此多的与梦相符的生活事件，如果有些梦似乎不是预言式梦境的话就太让人吃惊了。真正令人吃惊的也许不是有预言式梦境，而是这种梦太少了。

> 不太可能的事儿将发生，这是可能的。
> ——亚里士多德

假设你在读一本小说。恰好在你读到描述帝王蝶的独特美的章节时，你抬头看见了窗子上有一只蝴蝶。假设你坐在机场，默想一个老同学的名字。那时坐在你旁边的人在与另一个人聊天，他大声说出了这个名字。这些确实是神秘的匹配事件。奇特的结对事件让人惊奇，或者让人认为是超物质的心灵力在起作用。但是，这种匹配事件发生的可能性有多大？答案是**很大**。心理学家大卫·马克斯和理查德·卡曼对这一事实的解释是这样的：比方说，在普通的一天里，一个人通常能回忆起100个不同事件。与一个人一天所发生的这些事件所匹配的事件总数为4,950（=99+98+97……+3+2+1）。[78]那么十年之中（或者大约3,650天）1,000个人有望生成超过180亿匹配的事件（即 4,950×3,650×1,000=18,067,500,000）。在这么多匹配的事件中，那 1,000 个人中的某些人将经历那些奇异、不可思议的匹配事件是**很可能的**。[79] 因而，那些看似不可能发生的事就成了寻常事了。

把那些奇异的匹配事件收纳在书里，并把它们当成是超自然的或天机泄露之物的证据，是多么容易的事。

一个人想起了他知道（或听说过）的三十年以前的人，并恰好在五分钟之内得知他的死讯，这怎么可能？这比你想象得更可能。事实上，估算这种奇特事件的近似概率是可能的。这种计算假定，一个人会在过去三十年里认识 3,000 个人的名字，而且他也将会在过去三十年得到这 3,000 个人的死讯。借助这些假定和某种统计数学，就能够确定奇异事件发生的概率是 0.000,03。正如你所预料的，这是一个很低的概率。但是在 100,000 个人的总体里，即使这样低的概率也意味着每天约有 10 个这样的事发生。[80]

> 稀有事件的数学概率尤其经常地与我们的直觉相悖，然而，不是我们的直觉而是数学是正确的。
> ——巴里·辛格

到此为止，上述讨论没有表明真正的预言式梦境或事件之间的超自然连接不可能发生。但是，讨论确实表明我们对不可能事件的个人体验不能证明它们是神奇或超自然的。我们的个人体验本身完全不能向我们揭示一个印象深刻的单个事件的真正概率，尽管事件的奇异联系给我们带来了强烈的感受。当人们认为太巧合的事件发生时，我们可能是敬畏的，感到神秘或害怕。我们可能获得一种奇异感，这种感觉诱使我们相信某种非同寻常的事正在发生。但是这种感觉不是某种有意义的事正在发生的证据，并不比眩晕感意味着世界在左右摇摆更明显。

自圆其说的智人

人们不仅草率得出结论,还常常为他们草率得出的各种结论进行合理化辩护。心理学家巴里·辛格(Barry Singer)综述的研究结果表明,我们使用合理化的技能是多么精湛:

> 无数关于问题解决和概念形成的心理学实验表明:当让人们完成选择正确答案的任务并告知他们某种猜测是正确的或错误的时候,他们倾向于这样做:
>
> 1. 他们会立即形成一种假说,并寻求证实它的例子。他们不去寻求推翻假说的例子,尽管这一策略一样有效。相反,他们实际上尽可能忽略不利证据。
>
> 2. 如果答案在猜想的过程中被悄悄改变了,他们会非常慢地改变曾经正确但突然变成错误的假说。
>
> 3. 如果假说与事实数据完全相符,他们会坚信这个假说而不去寻求其他可能更符合事实数据的假说。
>
> 4. 如果提供的信息太复杂,人们会采用过于简单的假说或策略来处理它,忽略任何与假说和策略相悖的证据。
>
> 5. 如果没有解决办法,问题本身是一个陷阱,而且人们被告知他们任意的选项都是"对的"和"错的"时候,他们还是会形成认为事实数据里有因果关系的各种假说,不管是什么情况,他们都会相信自己的假说,而且他们最终会说服自己,他们的理论绝对正确。即使因果关系不存在,它也一定会被承认。
>
> 老鼠、鸽子和小孩子比成年人更擅长解决这种问题,这一点

也不令人惊讶。鸽子和小孩子不会考虑那么多,也不那么在乎自己是否总是对的,而且他们也不具备这种高级能力:说服自己相信自己是对的,无论证据是什么。[81]

5.5　传闻证据：为什么证言不可信

既然你了解了大脑影响个人经验的一些独特功能，那么我们就能更加清楚地判断个人经验在多大程度上可以告诉你什么是真的，什么不是真的：

>　　只有在没有理由怀疑个人经验的可靠性时，把个人经验当作可靠证据加以接受才是合理的。

当有理由怀疑以上所讨论的局限性在影响我们的思想时——就像我们经历某种看似不可能的事情的时候——我们就应该保留判断，直到获得更多的证据。

> 我们的信念会预先使我们偏向于去错误地解读事实，而理想的情况是，事实应该作为我们的信念所基于的证据。
> ——阿兰·M.麦克罗伯特和泰德·舒尔茨

当有理由认为任何这种限制或情况可能存在时，那么我们的个人经验就不能证明某事是真的。事实上，当我们处在主观限制可能产生影响的情景中时，受那些限制影响的经验不仅不能给我们提供证明事物真实或存在的证据，它们甚至不能给我们提供低级的证据。理由是，就在那时，我们不能说清楚我们的经验从哪里开始，我们的限制在哪里结束。夜空中的外星飞船或金星是我们自己的高度期望幻化出来的吗？事件奇怪的同时发生是宇宙共时性的实例，还是我们无能力评价真实概率而觉得奇怪？如果主观局限性可能扭曲我们的经验，我们的个人经验就会变质，它不可能告诉我们任何真相。这就是为什么传闻证据即基于个人证言的证据，在科学探究中分量如此之轻的原因。当我们不能排除合理怀疑地证明一个人没有受这些局限性的影响时，我们就没有理由相信他们所报告的是真实的。

现在，你可能猜到了为什么埃弗拉德·菲尔丁在帕拉蒂诺降神会上的个人经验，不足以成为他断定自己目睹真正超自然现象的充分证据。当目击者处在黑暗的房间里，身陷不寻常的环境并感到压力的情况下，他的感知和判断很可能受到了扭曲。在相似的情况下，任何目击者的证词——或若干目击者的证词——都值得怀疑。（在帕拉蒂诺案例中，有别的理由怀疑她有超凡力量。她骗人。如同与她同时代的无数其他通灵者一样，她用诡计欺骗她的观众。一些人说她只是偶尔用到诡计；另一些人说她一直都在用。不论是哪一种情况，她都被抓了好几次现行。例如有一次，当她熟练地把脚伸到身后经常出现各种物体的幽灵箱子里时，她被抓住了。）

然而，我们不必看超自然现象年鉴就能明白为什么传闻证据是如此靠不住。我们能随手拈来说明这一问题的恰当例子，它们涌现在无数使用非常规或替代疗法的个人试验中——针刺治疗、顺势疗法、磁性疗法、治疗性触摸、草药、维生素等诸如此类的疗法。大部分关于非常规疗法的说法只是基于单独的个人经验，而那些相信被治愈的病人的证词很普通，却有极强的说服力。一个典型的故事是："我患有多发性硬化症（MS），医生对我的病一筹莫展。所以我尝试吃了大剂量的维生素 E，之后我所有的症状都消失了。维生素 E 真的起了作用。"但现象常常具有欺骗性。有更好的理由可以证明为什么个人经验通常不会告诉你治疗是否真的有效。事实上，有充足的理由采纳这条规则：

仅靠个人经验通常不能排除合理怀疑地证明一种疗法的有效性。

有三个理由说明这个原则是真的：许多疾病完全可以自愈；人们有时被给予明知无效的治疗时病情也会改善；其他因素可以改善一个人的健康状况。

疾病的多变性

人体生理非常复杂。对是什么引起身体内部的变化下结论不像什么引起汽车发动机熄火，或什么引起台球掉在桌边的袋子里那么容易。其中一个常常让我们难以发现一种治疗是否起作用的复杂情况是疾病的自我局限性。事实是，大部分人的疾病可以自我改善，不论是否实施治疗。疾病经常会不借助任何人的任何帮助完全消失。另外，疾病，甚至是严重或晚期疾病的症状，也能急剧地以时好时坏的周期一天天变化。一些慢性疾病像风湿性关节炎和多发性硬化症能够自动缓解，经过一段时间症状可以消失——MS症状会在多年以后消失。

> 远程康复治疗：在远方你自己家里就能舒适体验治疗的正能量。每次治疗费35美元。电话预约。
> ——分类广告

甚至癌症的进程也是易变的。一个癌症患者可能只能活几个月；另一个患有同样癌症的患者可能活几年。估算某些癌症的平均存活期是可能的，但是，预测接受或不接受相应治疗的具体患者会出现什么情况很困难。这种变化是为什么医生预言一个患者可以活多久时常常出错的原因之一。当患者的生命超过了医生的预言时，人们有时把这归功于病人在那个时候接受的任何非常规治疗。癌症，甚至致命的癌症的自动缓解也是有文献记载的。它们很少见，发生的频率随肿瘤的类型而变化。但是，因为确实发生过自愈，它们削弱了合理断言一例病愈是由于任何特殊治疗的企图。

通常患者的病情恶化时才实施治疗。由于疾病的自然变异，病情恶化之后常常跟随的是病情大有好转，因此，治疗可能得到不应得的赞誉。

安慰剂效应

关于人的一个奇怪事实是，有时尽管接受了无效的或虚假的治疗，他们也会反映说自己感觉有所改善，这种反应叫作**安慰剂效应**（placebo effect），它并不全在思想里，也可能包括心理和生理上的改变。是什么引起了这一效应还不清楚，但许多专家说它依赖暗示感受性、操作性条件作用（对先前治疗行为的体验）、预期和其他因素。

对于许多疾病，三分之一或者更多的患者被给予安慰剂时都会有所好转。（如同药品一样，安慰剂也能引起负面效应。）服用安慰剂的人会体验到头疼、花粉症、紧张、关节炎、反胃、感冒、高血压、经前紧张、情绪变化、癌症等其他症状的缓解。有些缓解只是暂时的。安慰剂效应能通过以下方式诱发：糖片、无用的注射和设备、欺骗、医生的安慰和咒语——甚至去医生的办公室走一趟等。[82]

> 暗示能改变身体功能，这被催眠研究很好地证实了。通过暗示，水疱没有了，肿瘤消失了。
> ——威廉·T. 贾维斯

有些人比另一些人更可能从安慰剂中得到病症的缓解；在很多情况下，人们对安慰剂根本没有反应。但是很难说谁有反应或谁没有反应。相信医生或相信治疗会提高安慰剂效应发生的机会。然而，即使那些不相信治疗的人也可能有安慰剂反应。

安慰剂效应对缓解疼痛尤其起作用。心理学家莱昂纳德·祖斯耐（Leonard Zusne）和沃伦·H. 琼斯（Warren H. Jones）解释说：

众所周知，预期对个体在病痛时体验的煎熬程度具有很大的

走火

花点钱,你就能有一次惊人的个人体验,学会表演一门非凡的技艺——你能赤脚走过一个烧得炽热的火床,而不会被烧伤!是的,短期强化课程正在教授这门走火的技艺。他们在宣传这种观点:走火训练需要秘籍,掌握它们能提升自信,治愈阳痿、慢性抑郁症、弱视,有助于戒烟并且能增强交际和说服能力。安东尼·罗宾斯(Anthony Robbins)一直是走火的主要倡导者,他办了好多期学习班,并宣称成功的走火需要通灵的或精神的能量,这样走火者才不会被烧伤。然而,科学和健康作家库尔特·巴特勒(Kurt Butler)质疑罗宾斯的观点,指出——正如好几个专家指出的——走火实际上是简单的物理学问题,而不是特异功能问题:

为了揭穿(罗宾斯的)欺诈行为,我和几个朋友组织了走火活动,并且邀请公众免费来参加。我们上了报纸和地方电视新闻的头版。在那次和之后的活动中,我们的火床温度与罗宾斯的一样高,火烧的时间至少与它的一样长。我们承办的这些活动得到了回馈,人们感谢说这些活动帮助他们阻止亲人不再浪费金钱和精力参加付费学习班了。一位母亲说她女儿已经花了 35,000 美元跟她的走火导师参加全国各地的学习班和走火集会……

在活动现场,我们没有用讲座、正向思考或祈祷的方式来激发特异功能或唤醒沉睡的大脑。我们的活动是这样的:用两分钟讲解安全须知,然后参与者阔步走过火床,有节奏地重复喊出"热碳"。在一百多人的走火中,只有一人被烧伤,脚上起了个水泡而已。其他怀疑者群体，大部分是著名的南加利福尼亚州的怀疑者，也做了类似的走火表演。（不过我们强烈反对在没有经验丰富的人的建议和适宜的直接监督之下试图进行走火活动。安全和法律预防措施绝对必要。）

走火是一种身体技能，而不是精神技能。它之所以可能，是因为碳，特别是覆盖了灰烬的碳不会立即把热量传递给别的物体。它的热传递特征与空气传递特征相似。你能把手插入一个非常热的烤炉中却没被烧伤，但是，如果你摸到烤炉中的金属，就会被严重烧伤。金属并不比空气的温度高，但它传递热的速度非常快……

灼热的碳当然与热气不同。走火者行走在碳上（通常快速行走）——他们不会逗留。如果逗留了，就会被烧伤。每只脚与热源接触的时间只有约一秒钟。而且整个过程持续的时间通常不到七秒。走的时间越长，烧伤的危险越大。

在热碳上行走而不被烧伤，这不是一种神奇的技艺。[83]

缓解效果。客观测试表明，对疼痛的预期能加重疼痛本身……安慰剂，生理意义上的惰性物质，如果对它有会起作用的预期，其就可能有药物一样的作用。在信仰治疗中，安慰剂效应对疼痛有明显影响。临床研究显示，严重的术后疼痛在某些人身上可以通过一种安慰剂而不是止疼药来缓解。35%的案例研究显示体验到了缓解。另一方面，只有75%的患者报告通过吗啡减轻了疼痛。[84]

安慰剂效应有误导的风险，这是为什么科学家在医学研究中设置一个安慰剂对照组的缘故。他们对治疗组的变化与安慰剂组的变化进行比较。要被认为治疗是有效的，所研究的那种治疗必须要比吃糖片或假治疗的效果更好。安慰剂在现代医学实践中有一席之地，但是它们也能使无价值的治疗看似有效。

玫瑰的奇迹——圣地的玫瑰花在治疗癌症、关节炎，甚至艾滋病！
——通俗小报

被忽略的原因

你闹肚子两天了。一个朋友在你的肚子上用水晶护身符按压了一会儿，几小时后，你的肚子好了。是水晶治好了你吗？

有可能。但是，除了安慰剂效应和病情的自然波动外，还有其他可能的原因缓解了你的病情。会不会是前一天饮食的变化最终缓解了你的消化问题？会不会是锻炼、停止锻炼、肠道习惯的改变、作息时间的改变或瑜伽课上的倒立治愈了你呢？会不会是你吃的药或停止吃药导致的？会不会是听到你的车不会被收回的消息之后得到了巨大安慰而导致的？不幸的是，在个人经历中，排除这些可能引起病情改善（或恶化）的原因是很困难的事。然而，人们通常会忽略其他可能性而选择适合他们的解释。这种习惯是得出错误结论所依赖的惯用方法。

然而，这个惯用方法广泛流行。例如，它有时会出现在接受癌症治疗的人身上。他们也许接受了常规或非常规治疗，却把疗效归功于非常规治疗。[85]

心理学家雷·海曼（Ray Hyman）说："如果检测医学治疗能像检测布丁那样容易的话，生活一定会更加简单。"

但是治疗远比做饭复杂得多。如果一位妇女说，自从听从建议换了睡觉的方位之后，她的睡眠得到了改善，我们能把这作为钟摆可以决定"极性"的证据吗？如果两名患者都经历了与F女士（她用"复归疗法"，即相信大部分疾病和情感问题是以往的生活问题导致的）的强烈情绪体验后，病情得以改善，这是"先前存在"的真实性论证吗？如果患者向通灵师咨询后伤疤组织或异常子宫细胞消失了，这是不是可以证明超物质的心灵力量发挥了作用呢？[86]

正是因为这些眼花缭乱的可能原因，科学家试图规范地控制所进行的研究。通过控制这些混乱因素，科学家希望缩小真实原因或一个状态的原因的可能性。完成这样的任务需要有一个系统、客观的方法——当然，个人经验不属于这种方法。

因此，众多关于治疗效果的断言，尽管被许多证言证实，却被受控制的科学试验证明是错误的，就不足为奇了。例如：维生素C能预防普通感冒；苦杏仁苷即维生素B_{17}（化学苦杏仁甙的合成药商品名，从杏核和其他植物中提取）可以抗癌；法因戈尔德饮食（Feingold diet）能预防或治疗儿童注意力缺陷障碍症（多动症）。[87]

> 使用《圣经》里的草药，享受更长久、更健康的生命。
> ——通俗小报

免疫接种和自闭症

十几年前，发表在医学期刊《柳叶刀》上的一篇科学论文提出，自闭症与儿童预防麻疹、流行性腮腺炎和风疹（MMR）的疫苗可能有联系。该研究并没有因果关系的证明，仅提示了一种可能性。可是，这种所谓的关联性引起了全世界的狂热追捧，许多父母拒绝给自己的孩子打疫苗，许多人把孩子的自闭症归咎于打疫苗。西方国家打疫苗的人数骤然下跌，麻疹病例随之增长（麻疹可能是危重的；每年数以万计的人，主要是发展中国家的儿童，死于麻疹）。最终，《柳叶刀》撤回了该论文；独立的研究分析表明，该研究是欺骗性的，之后的研究发现，MMR 疫苗与自闭症的关联性没有证据。最近，美国医学研究院对所有可用证据进行了一次彻底评论，结论是在 MMR 疫苗与自闭症之间不存在因果关系。

这里最为显然的教益是：从薄弱的、初步的研究跳跃到坚实结论的风险。然而，这个故事的同样重要的寓意关涉以先后为因果谬误的危险。有些父母开始相信，MMR 疫苗引起他们孩子的自闭症，这是因为自闭症症状好像是**在他们的孩子接种疫苗之后**。这种巧合可能发生，因为儿童通常是在自闭症迹象出现的年龄段接种疫苗。以先后为因果的推理导致了对 MMR 疫苗（甚至对一般疫苗）的强烈抵制，造成不知有多少未接种儿童处于麻疹的风险之中，导致了整个西方世界麻疹病例急剧飙升。

5.6 科学证据：为什么受控制的研究是可信的

科学试图系统地规避个人经验的局限性。它是一套设计好的程序，以防我们自己愚弄自己。通过进行控制好的实验，科学家们确信他们所观察的事物没有受这些局限性的影响，或者尽可能少受影响。因此，科学工作的主要任务是不去轻信任何个人的观点。科学家们明白，他们独立经验的偏颇、歪曲的力量在无孔不入地发挥影响，而且声望、权威或良好愿望都不是保护伞。因此，他们试图从科学研究过程中去除非系统的个人经验因素。科学需要尽可能运用客观尺度而非主观判断。一个发现必须得到其他科学家的证实，必须有允许公开审查的证据，而不是受制于个人证实的私人数据。事实不依赖于权威人士的个人意见，而依赖于客观证据。科学家出错的时候（就像布朗德洛特教授所犯的），通常是主体的局限性在作怪。当科学取得进步时，很大程度上是因为这些局限性被克服了。

因而，控制研究总体上比传闻证据更能引领人们发现真理。即使是传闻证据有很高质量的时候，比如采取医学病例报告形式的传闻证据，也是如此。

病例报告是医生对单个患者观察的描述（也叫个案系列、病历或描述性研究）。它们可能对其他医生和医学科学家极其有价值。"它们……是无价文献，一旦归档，可以导致激动人心的发现。"流行病学专家斯蒂芬·H.盖尔巴赫（Stephen H. Gehlbach）这样说。他接着写道：

> 一个对不寻常中毒事件的描述或者接受新药物治疗后非典型皮疹的发展的描述，是最简单的描述性研究例子。这些报告使临

床医生警觉药物副作用、不寻常的并发症或者意想不到的疾病表现的可能性。[88]

但是正如盖尔巴赫指出的那样，这些描述"不能提供对病因的详细解释或者我们所需要的评价一种新治疗的功效的那类证据"。[89]

也许你已猜到了一些关于这种病例报告之局限性的一些原因了。疾病的多变性、安慰剂效应以及被忽略了的原因，都能够扰乱医生对疗效做出确定的结论，正如这些因素扰乱医生准确地在我们的个人经验中找到症状缓解的原因一样。尽管医生监控病人并保持记录，但是，个案研究在没有像科学研究一样得到严格控制的情况下进行汇集，因此混合因素常常不能被排除。医生实施了一种治疗，病人的病情好转了。但是，是不是病人已经有所好转了？是不是安慰剂效应呢？是其他因素导致的吗？在病人接受医生的治疗时，病人改变了饮食习惯、日常起居、睡眠模式、体育活动、压力水平了吗？是不是他在接受医生治疗的同时，也采取了其他治疗（可能是自我治疗）呢？病例报告通常不能帮助我们回答所有这些问题。

病例报告也易受几种严重偏见的危害，而控制研究能更好地对付它们。其中一个偏见是**社会期许偏见**（social desirability bias）。它指的是，病人倾向于以他们认为正确的方式对治疗做出反应的强烈愿望。人们有时报告说治疗后病情好转了，仅仅因为他们认为那是恰当的反应或他们想取悦医生。

> 医生揭示了水的神奇治疗功能。
> ——通俗小报

另外一种偏见来自医生本身，被称为**调查者偏见**（investigator bias）。它指的是一个显而易见的事实，即调查者或者临床医生在患者身上看到了效果，因为他们想或期望看到它。

一个人对被试者可能如何回应的结果或预期的投入，会很容易成为一个自我实现的预言。这并不是责难调查者的人品。客观性很难掌握。不让外科医生用他们钟爱的手术方式减轻痔疮的疼痛从而从中获利，或者让社会工作者寻找虐待儿童的证据，却不去揭发一个高危群体里儿童虐待的真相，这些都很难做到。[90]

科学家在医学研究中运用各种技术，试图将这些偏见的影响降到最小。在个案研究中，偏见更难控制，它常常产生影响。

因此，对于医生的证据，我们得出一个不可避免的结论：

个案研究本身一般不能排除合理怀疑地确立一种治疗的效果。

尤其是在思考所推荐的治疗时，这个原则和之前的一个原则（关于个人经验的）就是简便工具，因为这些治疗提供的有利于自己的唯一证据通常是个案研究或个人经验。

我们的感觉能欺骗我们，我们的大脑能给我们玩花招。不幸的是，我们通常意识不到我们的知觉错误和认知错误，因为它们出现得如此自然。它们通常是推论规则（启发法）无意中的副产品，这些推论规则在生存竞争中使我们获益良多。为了避免这些错误，我们需要一个帮助我们辨识它们的方法。科学提供了这一方法。下一章我们将考察科学方法，力图理解它如何改善我们获取知识的方式。

> 那里有金山！抢购正在进行。拉客的出版商、制造商、药店、"保健食品"店、制药公司和书店都在从误导信息和神话中获利。
> ——库尔特·巴特勒

小　结

评价怪异现象用到的一个重要原则是，某事看似真实并不意味着它就是真实的。这条告诫部分是因为我们知觉的建构本性。我们常常恰恰感知到我们期望感知的，不管它是否真实，而且有时我们会经历在含混和无形刺激物中看到确定形式的错误知觉。这些建构性过程在UFO目击里尤其活跃。在那种能见度差的环境下，普通人会在头脑中把灰暗天空中的灯光转化为外星人航天器。

我们的记忆也有建构性，而且易受各种因素的影响：压力、期望、信念和新信息的引入。另外，记忆也有选择性——我们选择性地记住了某些事情而忽略了另一些事情，结果是形成了回忆偏差。难怪目击者的回忆常常是这么不可靠。

我们如何构想碰到的事实数据也是有问题的。我们常常拒绝接受相反的证据，这种不情愿发生在每一个人身上，包括科学家和受过训练的调查者。我们倾向于相信，一个非常概括的人格描述唯一地适用于我们自己，这一现象叫作福勒效应。这一效应在解读占星术、生物节律、算命、塔罗牌、手相术（看手相）和特异功能表演时起作用。我们经常受证实偏见，即一种倾向于寻找和识别仅仅证实我们观点的证据的影响。我们陷入可得性偏差中，并把我们的判断建立在那些生动或难忘的证据上，而不是可靠或可信的证据上。我们有时被代表性启发，即同类相生的基本规则所误导。我们总体上是概率和随机性的误判者，这导致我们错误地相信，一个只不过是巧合的事件是不可能的。

所有这些指向一个事实，即传闻证据不是通往真理的可靠向导。我们的原则应该是，仅当没有理由怀疑个人经验的可靠性时，才将其作为可靠证据予以接受，这才是合理的。传闻证据存在的问题充分体现在人们试图亲自判断治疗和健康养生的效果上。其实，个人经验本身总体上不能排除合理怀疑地确立一种治疗效果，受控制的科学研究却是可以的。

学习问题

1. 当你夜间走过一片据说常有死者的灵魂出没的坟地时，知觉的建构性本质会在你的体验中起什么作用？

2. 能够影响你关于三年前发生的事件之记忆的准确性的因素是什么？

3. 假设在你的生活中出现一次不可置信的巧合，而你的朋友论证说，不利于该巧合事件发生的概率是个天文数字，因而唯一能解释它的一定是超自然解释。这个论证有什么问题？

4. 诺查丹玛斯的预言为什么能显得极其准确而实际上不是这样？

5. 我们在多大程度上应该相信个人经验是可靠的证据？阐明它的原则是什么？

6. 什么是证实偏见？它是如何影响我们的思维的？

7. 什么是可得性偏差？它是如何影响我们的思维的？

8. 证实偏见和可得性偏差如何导致迷信的信念？

9. 什么是根据不必要限制的论证？怎样用它削弱超自然或超常主张？

10. 什么是代表性启发？它如何影响我们的思维？

11. 为什么个人经验本身不能独自证明一种治疗的有效性？

12. 什么是安慰剂效应？

评估这些主张。它们有道理吗？

1. 昨天夜里在床上，我被运上了宇宙飞船，随后被搁在一张检查台上，被各种仪器检查。你不要对我说 UFO 不是真实的。

2. 有时中国的幸运饼是非常准的。1 月份我打开了一个，上面说我很快会开始一段漫长而艰难的旅程，果然，5 月份我进了医学院。

3. 我看了三次我的运程，每次都获取了新信息。运程一定是真实的。

讨论问题

1. 判断某事是否真实的唯一方法是看它是否对你起作用。这是一个合理的原则吗？

2. 1977 年，新墨西哥州莱克阿瑟的玛利亚·卢比奥在厨房做玉米饼。其中一个饼烙出了一个像人脸的图案。她得出结论，图案是耶稣的头像。这个消息传出后，每天有 600 到 1,000 人来观看这张挂在她家里的神圣玉米饼。《圣经》没有具体描述耶稣的体貌特征。卢比奥夫人相信她看到的玉米饼上的面孔是耶稣的面孔有道理吗？为什么有或者为什么没有？

3. 在一个随机调查中，如果人们被问到一个人更可能死于哮喘还是龙卷风，你认为大多数人会怎么回答？为什么？

4. 简想买一辆新车，正在马自达和丰田之间选择。她决定的最重要因素是可靠性。消费者调查显示，丰田更可靠。但是，她叔叔乔有一辆丰田车，这辆车净给他惹麻烦。因此她买了马自达。简的决定合理吗？为什么合理或为什么不合理？

实战问题

有些人可能坚定地相信某些陈述，以至于没有证据能说服他们改变主意。你是这种人吗？你的朋友是这种人吗？

任务：审查下列陈述。选出你强烈相信的一个（或者自己给出一个）并且问自己：什么证据会说服我改变我对陈述的看法？如果面对证据，我确实会改变想法吗？我会试图找一个借口否定或忽略证据吗？然后，给你的朋友做同样的测试。

- 天堂——一个超验的或者天国所在的地方——不存在。
- 与罗纳德·里根相比，比尔·克林顿是个更出色的总统。
- 与比尔·克林顿相比，罗纳德·里根是个更出色的总统。
- 外星人宇宙飞船访问过地球。
- 一个全能、全知、全善的上帝存在。
- 我体验过一次真正的ESP。
- 有些人能预见未来。

批判性阅读与写作

I. 阅读下列段落并回答下列问题：

1. 段落里的讲话者说她看到了尼斯湖水怪。支持其主张的证据是什么？
2. 她的主张有道理吗？为什么有或为什么没有？
3. 有怀疑她的个人经验证据的理由吗？如果有，理由是什么？
4. 你觉得她的论证有说服力吗？为什么有或为什么没有？
5. 给她的观察加上什么样的证据会增强她的论证？

II. 写一篇 200 字的短文，评价以下段落里的论证，说明你认为它是强论证还是弱论证，并给出理由。

段落 4

那么，我看到尼斯湖水怪的那天是 1990 年 9 月的最后一天。当时我正在从因弗内斯开车返回。我开到了山边，在那里我们看到了海湾，环视四周，看到了这个大块头，这是描述它的最好方式。从近处看，它像一只翻了的船。实际上很像在那儿停着的一只同样大小的船。如果你把船放在我看到水怪的海湾口，它的大小就跟水怪差不多了。水怪身体约有 30 英尺长，伸出水面的高度几乎 10 英尺高。那天天气晴朗，阳光灿烂，湖水湛蓝，它确实浮出了水面。它的颜色混合了棕色、绿色和土色。我不时地看它几秒因为我在开车。一定看到了三四次，最后一次看它时，它就消失了！（瓦尔·莫法特，NOVA 在线"尼斯湖水怪"引证的目击者，2003 年 12 月 2 日访问。）

注　释

1. E. Feilding, W. W. Baggally, and H. Carrington, *Proceedings of the SPR 23* (1909): 461–62, reprinted in E. Feilding, *Sittings with Eusapia Palladino and Other Studies* (New Hyde Park, NY: University Books, 1963).
2. James Alcock, *Parapsychology: Science or Magic?* (Oxford: Pergamon Press, 1981), pp. 35–37, 64.
3. 以下讨论参考了 Terence Hines, *Pseudoscience and the Paranormal* (Buffalo: Prometheus Books, 1988), pp. 168–170.
4. K. Duncker, "The Influence of Past Experience upon Perceptual Properties," *American Journal of Psychology* 52 (1939): 255–265.

5. C. M. Turnbull, "Some Observations Regarding the Experiences and Behavior of the Ba-Mbuti Pygmies," *American Journal of Psychology* 74(1961): 304–308.
6. Andrew Neher, *The Psychology of Transcendence* (Englewood Cliffs, NJ:Prentice-Hall, 1980), p. 64.
7. Conway W. Snyder, correspondence reproduced in *Skeptical Inquirer* (Summer 1988): 340–343.
8. L. Guevara-Castro and L. Viele, "Dozens Say They Have Seen Christ on a Pizza Chain Billboard," *Atlanta Journal Constitution,* May 21, 1991,p. D1.
9. John R. Vokey, "Subliminal Messages," in *Psychological Sketches,* 6th ed.,ed. John R. Vokey and Scott W. Allen (Lethbridge, Alberta: Psyence Ink, 2002), pp. 223–246.
10. Ibid., p. 249.
11. Carl Sagan and P. Fox, "The Canals of Mars: An Assessment after Mariner 9," *Icarus* 25 (1975): 602–612.
12. 以下解释参考了 I. Klotz, "The N-Ray Affair," *Scientific American* 242, no. 5 (1980): 168–175.
13. Scott Petrie, "The Phoenix Lights 15th Anniversary," *The UFO Chronicles,* http://www.theufochronicles.com/2012/03/phoenix-lights-15th-anniversary_16.html
14. Scott Craven, "Intrigue Persists over Lights in Sky," *Arizona Republic,*February 25, 2007, A1.
15. Scott Craven, "Intrigue Persists over Lights in Sky."
16. Tony Ortega, "The Phoenix Lights Explained (again)," *eSkeptic,*Wednesday, May 21st, 2008, http://www.skeptic.com/eskeptic/08-05-21/
17. Philip J. Klass, *UFOs Explained* (New York: Random House, 1974),pp. 9–14.
18. Philip J. Klass, "UFOs," in *Science and the Paranormal* (New York: Scribner's, 1981), pp. 313–315.
19. Hines, *Pseudoscience and the Paranormal,* p. 175.
20. Klass, "UFOs," pp. 315–316.
21. Zusne and Jones, *Anomalistic Psychology,* p. 336.
22. Klass, *UFOs Explained,* p. 77.
23. Elizabeth Loftus, "The Prince of Bad Memories," *Skeptical Inquirer* 21(March/April 1998): 24.
24. G. W. Allport and L. J. Postman, "The Basic Psychology of Rumor," Transactions of the New York Academy of Science, 2d ser., 8 (1945):61–81.
25. Ted Schultz, "Voices from Beyond: The Age-Old Mystery of Channeling," in The Fringes of Reason: A Whole Earth Catalog, ed. Ted Schultz (New York: Harmony Books, 1989), pp. 60, 62.

26. B. Fischhoff and R. Beyth, "'I Knew It Would Happen': Remembered Probabilities of Once-Future Things," Organizational Behavior and Human Performance 120 (1972): 159–172.
27. E. F. Loftus and J. C. Palmer, "Reconstruction of Automobile Destruction: An Example of the Interaction between Language and Memory," Journal of Verbal Learning and Verbal Behavior 13, no. 5 (1974): 585–589.
28. E. Loftus, D. Miller, and H. Burns, "Semantic Integration of Verbal Information into a Visual Memory," Journal of Experimental Psychology: Human Learning and Memory 4 (1978): 19–31.
29. Alcock, Parapsychology, p. 76.
30. Hines, Pseudoscience and the Paranormal, p. 52.
31. Ibid., p. 51.
32. Francis Bacon, Novum Organum, First Part, Aphorism xlvi.
33. John C. Wright, "Consistency and Complexity of Response Sequences as a Function of Schedules of Noncontingent Reward," Journal of Experimental Psychology 63 (1962): 601–609.
34. Max Planck, Scientific Autobiography and Other Papers, trans. F. Gaynor (New York: Philosophical Library, 1949), pp. 33–34.
35. "Failed Doomsday and Apocalyptic Predictions," *Relatively Interesting,* May 8, 2012, http://www.relativelyinteresting.com/failed-doomsdayand-apocalyptic-predictions/
36. L. J. Chapman and J. P. Chapman, "The Genesis of Popular but Erroneous Psychodiagnostic Observations," Journal of Abnormal Psychology 72 (1967): 193–204.
37. C. Snyder and R. Shenkel, "The P. T. Barnum Effect," *Psychology Today,* March 1975, pp. 52–54.
38. David Marks and Richard Kammann, *Psychology of the Psychic* (Buffalo: Prometheus, 1980), p. 189.
39. Henry Roberts, *The Complete Prophecies of Nostradamus* (Great Neck, NY: Nostradamus, 1969), p. 16., as cited in Neher, *Psychology of Transcendence,* p. 188.
40. Ibid., p. 18.
41. Ibid., pp. 16, 18.
42. 正如诺查丹玛斯传奇研究专家詹姆斯·兰迪指出的，在这些诗歌中还有另一个问题：译文极不准确。
43. Roberts, p. 12, Neher, *Psychology of Transcendence,* p. 188. 引用。
44. Erika Cheetham, *The Prophecies of Nostradamus* (New York: Putnam's/Capricorn Books, 1974), p. 25, 见前引。

45. Roberts, p. 17, 见前引。
46. Cheetham, p. 33, 见前引。
47. Neher, *Psychology of Transcendence,* p. 159.
48. David Emery, "Did Nostradamus Predict the 9/11 World Trade Center Attack?" http://urbanlegends.about.com/cs/historical/a/nostradamus.htm, February 6, 2004.
49. P. N. Johnson-Laird, and P. C. Wason, eds., *Thinking: Readings in Cognitive Science* (Cambridge: Cambridge University Press, 1977), pp. 143–157.
50. B. F. Skinner, "'Superstition' in the Pigeon," *Journal of Experimental Psychology* 38 (1948): 168–172.
51. P. C. Wason, "On the Failure to Eliminate Hypotheses in a Conceptual Task," *Quarterly Journal of Experimental Psychology* 12 (1960): 129–140.
52. Stuart Sutherland, *Irrationality* (New Brunswick, NJ: Rutgers University Press, 1992), p. 23.
53. S. F. Madey and T. Gilovich, "Effect of Temporal Focus on the Recall of Expectancy-Consistent and Expectancy-Inconsistent Information," *Journal of Personality and Social Psychology* 65 (1993): 458–468.
54. T. Gilovich, "Biased Evaluation and Persistence in Gambling," *Journal of Personality and Social Psychology* 44 (1983): 1110–1126.
55. Francis Bacon, *Novum Organum,* quoted in Thomas Gilovich, *How We Know What Isn't So* (New York: Free Press, 1991), p. 178.
56. I. W. Kelly, James Rotton, and Roger Culver, "The Moon Was Full and Nothing Happened," in *The Hundredth Monkey,* ed. Kendrick Frazier (Buffalo: Prometheus Books, 1991), p. 231.
57. B. Fischoff, P. Slovic, and S. Lichtenstein, "Fault Trees: Sensitivity of Estimated Failure Probabilities to Problem Representation," *Journal of Experimental Psychology: Human Perception and Performance* 4 (1978): 330–344.
58. Nicholas Humphrey, *Leaps of Faith* (New York: Basic Books, 1996), p. 87.
59. A. Tversky and D. Kahneman, "Extensional versus Intuitive Reasoning: The Conjunction Fallacy in Probability Judgment," *Psychological Review* 90 (1983): 293–315.
60. Sir James Frazer, *The Illustrated Golden Bough* (New York: Doubleday, 1978), pp. 36–37.
61. Ibid., pp. 39–40.
62. Robert Basil, "Graphology and Personality: Let the Buyer Beware," in Frazier, *The Hundredth Monkey,* p. 207.
63. G. Ben-Shakhar, M. Bar-Hillel, Y. Blui, E. Ben-Abba, and A. Flug, "Can Graphology Predict Occupational Success?" *Journal of Applied Psychology* 71 (1989): 645–653.
64. T. Monmaney, "Marshall's Hunch," *New Yorker* 69 (1993): 64–72.

65. David Hume, *The Natural History of Religion*, ed. by H.E. Root (Palo Alto: Stanford University Press, 1957), p. 29.
66. Stewart Guthrie, *Faces in the Clouds: A New Theory of Religion* (New York: Oxford University Press, 1993).
67. F. Heider and M. Simmel, "An Experimental Study of Apparent Behavior," *American Journal of Psychology* 57 (1944): 243–259.
68. Justin L. Barrett, *Why Would Anyone Believe in God?* (Walnut Creek, CA: AltaMira Press, 2004) 31.
69. Scott Atran and Ara Norenzayan, "Religion's Evolutionary Landscape: Counterintuition, Commitment, Compassion, Communion," *Behavioral and Brain Sciences* 27 (2004): 720.
70. Steward Guthrie, *Faces in the Clouds: A New Theory of Religion* (New York: Oxford University Press, 1993) 197.
71. J.M. Bering and D.F. Bjorkland, "The Natural Emergence of Afterlife Reasoning as a Developmental Regularity," *Developmental Psychology* 40 (2004): 217–233.
72. Paul Bloom, "Religion Is Natural," *Developmental Science* 10 (2007): 149.
73. Paul Bloom, "Is God an Accident?" *The Atlantic Monthly* 296 (2005): 107.
74. Guthrie, *Faces in the Clouds*, 200.
75. Justin Barrett, quoted in Robin Marantz-Henig, "Darwin's God," *The New York Times Magazine*, March 4, 2007, 20.
76. John Allen Paulos, *Innumeracy* (New York: Hill and Wang, 1988), p. 27.
77. Ibid., p. 24.
78. 通过考虑更少的事件，比如说5个（A、B、C、D、E），你能更好地理解为什么这个公式是成立的。事件A可以和B、C、D、E配对，生成4个可能对。事件B可以和C、D、E配对（不与A配对，以避免重复一对），生成3对。事件C可以与D和E配对（不与A、B配对，以免重复），以此类推。所以，5个事件的全部可能对（没有重复）是按公式 4+3+2+1 或 10 给出的。
79. David Marks and Richard Kammann, *The Psychology of the Psychic* (Buffalo: Prometheus Books, 1980), p. 166.
80. L. W. Alvarez, letter to the editors, *Science,* June 18, 1965, p. 1541.
81. Barry Singer, "To Believe or Not to Believe," in *Science and the Paranormal,* ed. George Abell and Barry Singer (New York: Scribner's, 1981), p. 18.
82. Howard Brody, *Placebos and the Philosophy of Medicine* (Chicago: University of Chicago Press, 1980), pp. 8–24. See also Harold J. Cornacchia and Stephen Barrett, *Consumer Health: A Guide to Intelligent Decisions* (St. Louis: Mosby–Year Book, 1993), pp. 58–59.
83. Kurt Butler, *A Consumer's Guide to "Alternative Medicine"* (Buffalo: Prometheus Books,

1992), pp. 182–184.
84. Zusne and Jones, *Anomalistic Psychology,* p. 54.
85. American Cancer Society, *Dubious Cancer Treatment* (Baltimore: Port City Press, 1991), pp. 24, 75–76.
86. Ray Hyman, "Occult Health Practices," in *The Health Robbers,* ed. Stephen Barrett and William Jarvis (Buffalo: Prometheus Books, 1993), p. 29.
87. 见 Charles W. Marshall, "Can Megadoses of Vitamin C Help against Colds?" *Nutrition Forum,* September/October 1992, pp. 33–36; Office of Technology Assessment, Congress of the United States, *Unconventional Cancer Treatments* (Washington, DC: U.S. Government Printing Office,75. 1990), pp. 102–07; and E. H. Wender and M. A. Lipton, "The National Advisory Committee on Hyperkinesis and Food Additives—Final Report to The Nutrition Foundation" (Washington, DC: The Nutrition Foundation, 1980).
88. Stephen H. Gehlbach, *Interpreting the Medical Literature* (New York: Macmillan, 1988), p. 14.
89. 同上。这个规则的例外情况很少，仅当因果关系清晰分明且引人注目时出现。一个例子是胰岛素对糖尿病高血糖的效果；另一个例子是青霉素对肺炎链球菌肺炎的效果。这些效果已被科学家接受，不需要严格的对照研究。
90. Ibid., p. 90.

第 6 章

科学及其假冒者

科学方法是我们获取知识的最有力工具。通过运用这些方法，我们发现了原子的结构，星球的组成成分，找到了病因和治病的方法，甚至描绘出生命的蓝图和成长的模式。然而，科学方法并非只限于科学家使用。无论何时，只要我们通过系统地评估各种方案的合理性去解决一个问题时，我们就是在科学地处理问题。为提高我们解决问题的能力，了解进行科学研究涉及哪些内容是十分有益的。

> 科学家从锁孔里窥视永恒。
> ——亚瑟·科斯特勒

科学家用科学方法获取关于实在本质的知识。然而，有很多人并不认为科学是对真理的追寻。相反，他们把科学看成一种创造商品的手段。只要想到科学，出现在他们头脑中的都是诸如电视机、数字视频显示系统（DVDs）和微波炉一类的东西。虽然在生产这些商品时都用到了科学知识，但这些商品的生产并不是科学的目的。科学追求对支配整个宇宙的一般原则的理解，而不是生产一些小玩意。

> 世界面临的每一种危险都能追溯到科学上。拯救世界的每一种方法都能追溯到科学上。
> ——艾萨克·阿西莫夫

小器具生产属于技术范畴，它运用科学知识解决实际问题。科学和技术之间很难画出一条清晰的分界线，因为一个人可以同时从事这两种活动。一些科学家在进行研究时也会研制出某种特殊装置，而一些技术专家在设计机械装置的同时也可能做系统性的实验，而这些实验也可能最终导致某种科学发现。然而，总体上我们可以说，科学生产了知识而技术生产了商品。科学家主要关注的是了解事物运行的原理，而技术专家主要关注的是制造有效运行的事物。对于那些了解事物如何运行的科学家来说，他们最典型的标志就是能够成功预见接下来将会发生什么。因此，科学通过发现那些解释和预见的一般原则去追求对世界的理解。[1]

6.1 科学与教条

科学与其他所有探究模式的区别在于，科学不把任何事物当成理所当然的，这样说很诱人，但并不完全真实，因为在任何科学探究开始之前，至少有一个命题必须被接受——世界是**公开可理解的**（publicly understandable）。这个命题至少包含三层意思：(1) 世界有着确定的结构；(2) 我们能够认识那种结构；(3) 这个知识对每个人都是可利用的。接下来我们会依次分析这些观点。

> 使科学家与众不同的不是他所相信的，而是他怎样和为什么相信它。
> ——伯特兰·罗素

如果世界没有确定的结构——如果它无形而不可描述——它就不可能被科学地理解，因为它无法被解释或预见。哪里存在一种可辨识的模式，哪里才存在解释或预见。如果世界缺乏一种可辨识的模式，那它就超出了我们的理解力。

但是，仅有确定的结构对科学理解还不够，我们还需要一种理解它的手段。正如我们所看到的那样，人类至少拥有四种认识世界的

> 当科学采用一种信条时，它就自寻短见了。
> ——托马斯·亨利·赫胥黎

能力：知觉能力、内省能力、记忆能力和推断能力。也许还有其他能力，但就目前来看，只有这四种能力被证明是可靠的。它们不是百分之百的可靠，但科学方法之美就在于能够确定这些能力什么时候不可靠。科学方法会自我修正，因此，它成了我们接近真理最可靠的向导。²

科学理解所基于的信息在原则上是每一个人都可利用的，这使科学理解成为公开的。所有愿意做恰当观察的人都能自己弄清任何特定主张是否为真。没有谁必须采纳任何人就任何事所说的话。科学主张要被当作真的，就必须经得住最严格的审查，因为只有这样，我们才能合理地确信它不是错误的。

6.2 科学与科学主义

一些科学的批评者认为，科学完全不是对真理的公正探寻，它是一种帝国主义的意识形态，它保卫一种特定的世界观，即一种机械论的、唯物论的和原子论的世界观。这种意识形态经常被称为**科学主义**。他们认为，科学主义承诺这样的观点，即世界是一台庞大的机器，由微小的物质粒子组成，这些微小颗粒就像台球桌上的小球一样相互作用。这样一个世界对人类的发展繁荣极为不利，因为它把我们当成了机器。它剥夺了我们的尊严和人性，也就否认了我们的思想、情感和愿望的重要性。他们宣称，任何看夜间新闻的人都能看到这种看待实在的方法的毁灭性影响。³

> 科学是热情和迷信之毒最好的解药。
> ——亚当·斯密

这些批评者指出，我们所需要的是一种不同的世界观，一种更加有机的、整体的和过程导向的世界观。世界不应被看成是一个由孤立的实体构成的巨大机器，而应被看成是由相互依赖的过程构成的一个大有机体。只有采纳这种世界观，我们才能恢复社会的、心理的和生态的平衡，这对我们继续在这个星球上生存是必需的。[4]

尽管在某一时期，某种特定的世界观在科学界占主导地位也许是实情，但把科学与任何世界观等同起来是错误的。科学只是辨别真理的一种方法，而非真理本身。它是一种解决问题的途径，而非解决问题的具体方法。正如你不能把科学与对它的应用等同一样，你也不能把它与它的结果等同。科学家持有的世界观许多年来已经发生了根本变化：量子力学的世界观远远不同于17世纪的机械论世界观。

那些相信我们应该接受一种更加有机和整体的世界观的批评家们的所作所为是基于这样的理由：这种世界观提供了比机械论和原子论世界观对实在更加准确的描述。也许这种观点是对的，但找到答案的唯一方法是要确定，是否存在那种效果的任何证据，而做出如此一种确定的最佳方法就是使用科学方法。科学方法提供了评价竞争理论的最佳手段。

6.3 科学方法论

科学方法通常包括以下四步：

1. 观察；
2. 根据所观察事物提出一般假说或可能的解释；
3. 演绎具体的事物，如果我们的假说为真，则这些事物一定也真；
4. 通过检验所演绎出的结果来检验该假说。[5]

但这种科学方法的概念给科学探究提供了一种令人误解的图景。只有在一种假说形成后，科学研究才能开始，归纳不是形成假说的唯一方法。

> 科学只不过是成熟的知觉、被解释的意图与丰富细致表达的常识而已。
> ——乔治·桑塔亚那

片刻的反思就可揭示这样一点：没有假说的数据收集很少或没有一点科学价值。例如，假设某一天你决定成为一名科学家，在读了一本描述标准科学方法的书后，你开始收集数据。你该从哪里开始呢？你给房间里的东西编目录，测量，称重，记录它们的颜色和成分，做笔记等，你会这样开始吗？接下来，你会将这些物品分解为它们的构成部分，并用相同的方式对这些组成部分编目吗？你会注意这些物品彼此之间的关系，与房间里的固定物之间的关系，以及与房间外的物体间的关系吗？显然，你的房间里有足够你忙活半辈子的数据。

从科学角度讲，收集这些种数据用处不是很大，因为它们不会帮助我们评价任何科学假说。科学探索的目标在于辨识解释和预见的原则。没有假说指导我们的调查，收集的信息是否能帮助我们实现那一目标就没有保障。

> 很奇怪，人们不明白，所有观察如果有用，一定是支持或反对某个观点的！
> ——达尔文

哲学家卡尔·波普尔（Karl Popper）生动地展示了假说对观察的重要性：

25年前，我试图向在维也纳学习物理的一批学生们说明同样的思想，我是从下述指令开始一堂课的："拿出笔和纸，仔细观察，然后写下你观察到的！"他们会自然问，我让他们观察什么。显然，"观察"这个指令是荒唐的。（它甚至不符合语言习惯，除非及物动词的宾语是明确的。）观察总是选择。它需要一个选定的对象，一项确定任务，一种兴趣，一种观点或者一个问题。[6]

科学探索始于问题——为什么某事会发生？两个或多个事物之间是如何联系的？一个物体是由什么组成的？当然，确认一个问题存在对于观察是必要的，但任何那样的观察都会一直被一个更早的假说所指引。[7]假说对科学观察是必需的，因为假说告诉我们要寻找什么——它们帮助我们区分相关和不相关的信息。

科学假说表明，如果某种条件实现的话会发生什么。通过在实验室里创造或在实地观察这些条件，我们就能评价所提出的假说的可信性。如果所预见的结果出现了，我们就有理由相信所讨论的假说是真的。如果没有出现，我们有理由相信它是假的。

尽管假说的目的是解释事实数据，但假说很少能从事实数据中导出。与科学方法的传统说明让我们相信的相反，归纳思维难以用于形成假说。它能用来形成某种初级假说，如：在这个湖里所捉到的每条鱼都是鲈鱼，因此在这个湖里将要捉到的每条鱼都是鲈鱼。但是，它不能用来生成科学共同体所用的更为精致复杂的假说，因为科学假说通常假定事实数据中没有提到的实体。例如，物质的原子理论假定原子存在。然而，原子理论依赖的所有事实数据都可以在不提及原子的情况下加以描述。既然科学假说经常会引入在它们的事实数据中找不到的概念，那么也就不可能有一种构造它们的死板程序。[8]

> 在科学工作上，那些拒绝超越事实的人很难得到真相。
> ——托马斯·亨利·赫胥黎

假说是创造出来的而不是被发现的，假说的创造过程恰如艺术创造过程，是开放式的。没有生成假说的公式。这并不是说，理论构建的过程是非理性的，只是说该过程不是机械的。为了找到最佳解释，科学家有某些标准来指引，诸如可检验性、丰富性、广泛性、简单性和保守性。然而，满足其中任何一个标准，既非一个好假说的必要条件亦非充分条件。因此，科学既是理性的产物，也是想象的产物。

然而，即使是精心创造的漂亮假说，也可能被证明是错的。这就是为什么科学家坚持所有假说都要接受客观实际检验的缘故。让我们来考察这种检验在一种特殊科学工作——医学研究中是如何进行的。

> 科学是我们时代的艺术。
> ——贺拉斯·弗里兰·贾德森

在医学研究中，临床研究对任何关于某一治疗是有效的断言提供了最有力和最清晰的支持，因为它们能排除合理怀疑地建立因果关系。临床试验允许科学家控制外扰变量或无关变量，一次试验一个因素。恰当操作的临床试验已经成为医疗证据的黄金标准，这一点得到了反复验证。

在为检验疗效而设计的临床试验中，实验组的被试者接受了所研究的那种治疗。与实验组尽可能情况相似的控制组则没有接受这种治疗（控制组的使用使该研究成为一种**对照试验**）。接下来，科学家会比较这两个组出现的相关差异，进而验证这种治疗是否有效。控制组是必要的。如果没有控制组，通常无法知道此种治疗是否起了作

> 科学方法最重要的品质在于其剔除偏见的能力。这就是随机化、盲法、适当的抽样，等等。就是在这一点上，差不多所有非科学的医学都失灵了。
> ——帕特里克·布拉姆维尔-卫斯理

用。没有控制组，也不可能知道即便在没有接受治疗的情况下，被试者的状况是否会改变，或者治疗之外的其他因素（如被试者的生活方式）导致了正面结果，或者是安慰剂效应起了作用，或者是被试者接受治疗后的行为导致了差异。通过对比实验组和控制组的结果，研究者就能确定是否试验治疗比单独由于这些因素而预期的疗效更好。

为了把干扰因素降到最低，控制组的被试者通常会接受一种安慰剂（这样的研究指的是**安慰剂对照试验**）。把安慰剂当成有效疗法让被

试者服用，正如前一章提到的，是因为即使许多病人在接受一种无价值的治疗时也会体验到病情改善的迹象（安慰剂效应）。科学家把实验组的结果与安慰剂对照组的结果相比较。如果实验组的治疗真的有效——不仅是安慰剂本身的作用——那么，实施这种治疗应该比安慰剂强得多。

通常，尤其是在药品检验中，控制组不是接受安慰剂，而是接受一种已经被证明的治疗方法。研究的目的是要确定，新的疗法是否比既定的或标准的方法更加有效。

在临床试验中，另一个极其重要的因素是**盲法**（blinding）——一种确保被试者（如果可能的话也包括研究人员）不知道哪些被试者在接受试验治疗或安慰剂。这种做法是为了避免因知情而影响结果。假如被试者知道哪种治疗用的是安慰剂，哪种是真的治疗时，他们中的一些人在接受此种治疗时都会感觉有效，无论治疗是否真的有效。或者，假如他们知道自己只是用了安慰剂，他们可能会改变卫生习惯去补偿。或者，他们可能甚至靠自己去尝试真正的治疗。类似的问题都会影响科学家进行研究。假如研究者知道是谁接受了哪种治疗，他们可能就会下意识地偏离试验数据。良好的临床试验设计是**双盲**的（double-blind），即被试者和科学家双方都不知道哪些人在接受哪种治疗。

> 在迷惑和欺骗的海洋中偶尔发现淹没于其中的真理稻草需要智力、警觉、奉献和勇气。
>
> ——卡尔·萨根

医学研究是非常精准的工作，而且许多环节都可能出错——差错确实经常出现。对医学研究的一些科学评论已得出这样的结论：已发表的研究中有很大一部分是有严重瑕疵的。（用一个评论的原话说："实际情况是，即使在声望最高的期刊上发表的研究报告都不保证它们的质量。"[9]）一位研究医学文献的专家提醒说："（发表了临床研究的）

本杰明·富兰克林与盲法试验的起源

本杰明·富兰克林最著名的科学成就是电的发现。但他最重要的发明也许是盲法控制试验，这与其他试验规则相比依然是黄金标准。

1784年，法国国王路易十六委托一个由富兰克林领导的科学家团队，调查催眠之父弗朗兹·安东·梅斯梅尔有关催眠术的主张。梅斯梅尔曾宣称，可以通过操纵一种无形的磁性流体治好各种身体和心理的疾病，这种流体被称为**动物磁性**，它在所有动物的体内流动，类似于传统印第安医生所说的，通过操纵一种生命力量治好疾病的"普拉那"，也像传统中国医生说的"气"。梅斯梅尔认为，各种疾病的产生都是因为流经体内的动物磁性被阻塞了。通过在病人体内注入额外的动物磁性，就可以消除阻塞，恢复自然流动。

一对一治病时，梅斯梅尔会要求病人坐在正对面，膝对膝，抓住病人的拇指，深深地盯着病人的眼睛，对他们"施催眠术"。他会把动物磁性流体导入病人身体，就像今天的按摩治疗师做的一样，在病灶部位的上方转动双手。用这种方法，梅斯梅尔就可以让病人感受到热或者痛，有时会导致一种"危机"状况，这时病人会出现痉挛，表明治疗起了作用，阻塞被解除了。

为了确定这种流体是真的存在还是梅斯梅尔（以及他的病人）幻想出来的，富兰克林的团队找来一些对动物磁性很敏感的被试者。他们先把这些人蒙上眼睛，让一位磁体治疗师把流体导入他们身体的特定部位。但被试者蒙住眼睛以后不能准确识别身体的哪些部位被导入了流体。[10] 在另外一系列试验中，被试者被蒙住眼睛，并让他们相信房间里有一位治疗师，但事实上没有。被试者仍然感到了磁体治疗的效果。因此，调查团得出结论，这种效果只是想象的结果，而不是隐形流体作用的结果。

在他们最令人信服的一次试验中，调查团队让梅斯梅尔的门徒查尔斯·德尔森磁化一棵树。根据梅斯梅尔的理论，一个足够敏感的人能感受到它不断增长的磁力。为了使试验避免偏见，调查团队让德尔森找来一个敏感被试者（在这个例子中是一位十二岁的男孩）。调查员蒙上小男孩的眼睛，把他带到有磁化树的树林里去。他被放在四棵未被磁化的树前，一次一棵，在最后一棵树前，他昏迷了，"他失去意识，四肢僵硬，被送到附近的草坪上，那里梅斯梅尔对他实施了急救措施并让他恢复了意识"。调查团队得出结论："试验的结果与磁化是完全相反的……假如这个小男孩没有任何感觉，甚至在被磁化的树下，可以归因于他不够敏感，至少在那天是那样的。但是，他在未被磁化的树下进入一种昏迷状态，因而这不是身体原因导致的结果，而是想象的结果。"[11] 调查团队的调查结果被广泛传播，1785 年，梅斯梅尔被迫离开巴黎。1815 年他悄然离世。

在最初的"盲法"控制试验中，被试者实际上是盲的，因为他们的眼睛被蒙住了。今天，试验中被试者不知道他或她是否与所研究的对象相接触，这样的试验被称为盲法试验。

尽管调查团试验是盲法的，但却不是双盲的，因为调查人员自己知道接受试验的人是否在面对磁流体源。由于试验人员会无意识地给被试者有关调查对象是否存在的暗示，所以，双盲试验，即试验者对调查对象也不知情，是更加可靠的一种测试。

作者得到的无效结论的可能性还是很大的。"[12] 各种干扰变量或偏见都会悄悄混进试验，扭曲试验结果。研究的样本可能太小或不具代表性。数据的统计分析可能是错的。在少数案例中，数据甚至可能被证明是捏造的或者被篡改过。可能还会有其他发现或未发现的不足，而且这些问题常常会严重到足以削弱一个研究，导致对其结论的怀疑。

为了将这种错误、不足或欺诈的可能性降到最低，医学科学家诉诸重复。产生基本相同结果的若干研究比一次单独的研究能使一个假说有更高的概率。"两个试验很少有一样的错误或偏见来源，"流行病专家托马斯·沃格特（Thomas Vogt）说，"在三个或者四个试验中同样瑕疵出现的概率会更低。"[13] 重复意味着支持或否定一种疗法的证据会慢慢积累起来。尽管媒体会给人们造成一种单个医学研究就带来医学重大突破的印象，但这种情况是十分罕见的。

从对医学研究的描述中，我们应该清楚，为什么科学方法是一种获得知识的有效方法。你会想起，知识要求不存在合理怀疑。通过准确地系统阐述他们的假说，并小心地控制他们的观察，科学家试图尽可能多地排除怀疑的来源。他们不可能排除所有的怀疑来源，但他们常常能排除足够多的怀疑，以给我们提供知识。

> 科学是全力以赴的智力行动。
> ——P. W. 布里奇曼

不是所有科学都能做可控试验，因为不是所有的自然现象都能控制。尽管我们很想但没有能力控制地震、火山喷发和地面下陷，更别说彗星、流星和小行星了。所以，地质学和天文学方面的假说通常不能在实验室中检验。然而，它们可以在野外检验。通过寻找他们假说中限定的条件，地质学家和天文学家能够确定预见的事件是否真的发生了。

由于许多合理的科学不进行可控试验，所以科学方法不能等同于试验方法。事实上，科学方法也不能等同于**任何**特定的程序，因为检测一个假说的可信性有许多不同的方法。总之，**任何可以系统性地排除合理怀疑的程序都能被认为是科学的。**

不必是科学家才能使用科学方法。事实上，我们每天都在用它；正如生物学家托马斯·亨利·赫胥黎认识到的："处于最佳状态的科学只不过是常识——也就是说，观察上严格准确，逻辑上对谬误毫不留情。"[14] 当获取正确答案极其重要时，我们会尽全力去确保我们的证据和解释都尽可能完整和准确。这样做时，我们就是在使用科学方法。

6.4 确证与反驳假说

科学探索的结果绝不是不可更改的和终极性的，而总是暂时和开放的。没有科学假说能被终极性地确证，因为无法排除将来某一天我们找到相反证据的可能性。科学假说总是超出已知信息。它们不仅解释已经被发现的，还预见将要被发现的。既然这些预见能否成真没有保障，我们也就永远不能绝对确信一个科学假说是真的。

> 科学是组织起来的常识，许多种美丽的理论曾被一个丑陋的事实扼杀。
> ——托马斯·亨利·赫胥黎

正如我们永远不能终极性地确证一个科学假说一样，我们也永远不能终极性地驳倒一个科学假说。有一种普遍的信念：否定的结果证明假说是错误的。如果预见只是从个别假说推出，这个信念就没错，但事实并非如此。只有与一个背景理论相结合时，预见才能从一个假说得出。这个背景理论提供所研究对象的有关信息，以及研究它们所用的装置的信息。如果一个预见结果是错的，我们总是能通过修改背景理论而挽救假说。正如哲学家菲利普·基契尔（Philip Kicher）提到的：

> 单个的科学主张并不也不可能接受一个一个证据的检验。相反……"假设是成捆检验的"……我们只能相对地检验大捆的主张。这就是说，当我们的试验失败时，逻辑上我们不必把某个主张当作罪犯揪出来。我们可以通过放弃（尽管难以置信）一捆里边的其他成员来使我们珍爱的假说免遭反驳。[15]

为了弄清楚这个观点，让我们考察一下克里斯托弗·哥伦布的主张：地球是圆的。

克里斯托弗·哥伦布和尼古拉斯·哥白尼都摈弃地平说，理由是，这个假说的预见与经验相反。他们认为，如果地球是扁平的，那么，当轮船驶入大海时，它的所有部分都应该同时从人们的视线中消失。但这与实际观察到的并不一致。站在岸上的人先看到船身较低部分消失了，然后是较高部分消失了。结果他们得出结论：地球一定不是扁平的。而且，他们论证，如果地球是圆的，那么船的下部将先于其上部消失。由于这正是所观察到的，所以这个假说更令人信服。

在光以直线传播的世界里，图 A 表示如果地球是扁平的我们应该看到的，而图 B 表示如果地球是圆的我们应该看到的

但是，如果地球是扁平的，仅当在光是以直线传播时，船身的每

个部分会以同样的速度从人们的视线里消失。如果光是以凹向上的曲线传播时，船的下部就会在上部之前消失。当船驶向大海远方时，来自船下部的光将比来自上部的光先凹入海里，致使下部比上部先消失。[16] 因此，只要我们愿意改变对光的本性的看法，我们就可以维持地球是扁平的观点。总之，任何假设在似乎不利的证据面前都可以被维持，只要我们愿意对我们的背景信念做出足够的改变。因而，任何假设都不能被终极性地驳倒。

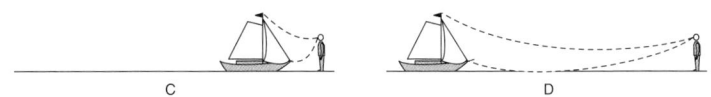

在光以曲线传播的世界里，图 C 表示我们应该看到的处于近处的船，图 D 表示我们应该看到的在远方的船

然而，并不是每个假说与别的假说一样好。尽管逻辑上并没有大量证据迫使我们拒斥一个假说，但在面对不利证据时坚持某个假说可能明显不合理。所以，尽管我们不能终极性地说某个假设是错的，但我们常常可以斩钉截铁地说，它是不合理的。

例如，地平说显然是不合理的——但今天这个假说仍有其捍卫者。尽管哥伦布的航海和 15 世纪的其他航海探险几乎彻底颠覆了这个理论，但它在 1849 年被一个自称"视差"（Parallax，其真名是塞缪尔·伯利·罗博瑟姆——Samuel Birley Rowbotham）的巡回演讲者在英国复活。他论证说，世界是一个平的圆盘，北极是中心，有一道 150 英尺高的冰墙——南极——环绕其四周。罗博瑟姆认为，那些环球航海家们只不过是绕了一个大圈。船的下部先于上部消失是由于大气折射的原因，他称之为**探究的透视定律**（*zetetic law of perspective*）。[17]

迪昂假说

法国科学哲学家皮埃尔·迪昂（Pierre Duhem）可能是第一位意识到假说不能被孤立检验的人。哈佛哲学家威拉德·冯·奥曼·奎因（Willard Van Orman Quine）这样表述迪昂的洞察："假说作为一个法人团体接受经验的判决。"迪昂是这样阐述的：

> 人们通常认为，物理学使用的每一个假说都可孤立来考虑，用实验检验，然后，当许多不同实验确立了它的有效性时，它就在物理学体系里拥有了一席之地。事实并非如此。物理学不是一个可被拆分的机器；我们不能孤立地试验每个部件，而为了整修它，一直要等到它的全部被仔细检验后；物理学是一个系统，应该被当成整体来看；它是一个有机体，其中的一个部分在远离其他部分且没有按要求运行时便不能发挥其功能。假如某个东西出错，假如该有机体运行中感到某种不适，物理学家将查找它对整个系统的影响，哪个器官需要治疗或修复，而不可能孤立这个器官分开检查。钟表匠必须把你停止走动的手表拆开，逐个检查零件直到他找着那个坏零件；医生却不能解剖病人来确诊，他必须通过检查影响整个身体紊乱的因素来推测病痛的部位和原因。要消除一个理论的瑕疵，物理学家的做法与医生相似，与钟表匠不同。[18]

准确地说，探究的透视定律是什么并不清楚。但是，罗博瑟姆对它的使用是有教益的，因为它说明了保护假设免遭不利证据侵害的一种很流行的方法：**构建特设性假说**（*ad hoc hypotheses*）。一个遭受不利事实数据威胁的假说，常常能通过假定可以解释事实数据的实体或属性来拯救。如果有验证它们存在的独立手段，这种做法就是合理的。如果没有这样的手段，这个假说就是特设的（ad hoc）。

> 古老旧时代，
> 骑士多英勇，
> 科学无人知，
> 地球扁平说，
> 未曾有抱怨。
> ——英语诗句

Ad hoc 的本意是"只为这种情况"。它不能简单地理解为，一种只为解释特定现象（如果是那样的话，**所有**假说就都是特设的）而设计的假说就使之成为特设假说。一个假说之所以是特设的是因为，它不能独立于它本该要解释的现象而被验证。

例如，在 1844 年左右，人们就知道天王星并没有按照牛顿的引力理论和行星运行的理论所预见的轨道运行。观察到的轨道与预见的轨道相差 2 弧分，这一不吻合远远大于其他任何已知行星的不吻合。1845 年，天文学家勒维烈猜想，一个未知星体的引力影响了天王星的运行。运用牛顿的地球引力和运动理论，他计算出了这个行星的位置。基于那些计算，他请求在柏林的天文学家加勒在天空中的一个特定区域搜寻那个行星。在加勒开始搜寻不到一小时后，他注意到了在他的图表上没有的某个东西。第二天晚上，他再复核观察时，那个东西已经移动了很远的距离。他当时就已经发现了我们现在所说的海王星！

空心地球

扁平的地球和圆的地球没有穷尽对地球的所有认识。地球是空的怎么样？空心地球理论被天文学家、哈雷彗星的发现者埃德蒙·哈雷（Edmond Halley）首次提出，用于解释海员在阅读指南针时遇到的各种不规则情况。从此以后，它就成了怪人们的特性。生物学家泰德·舒尔茨讨论了这一理论的其他一些支持者观点：

> 1913年，马歇尔·加德纳（Marshal Gardner）出版了《到地球的内部旅行，或者极地真的被发现了吗？》，1920年该书又出了增订版。尽管瑞德已经提出地球内部被穿过极地开口的阳光照亮，加德纳还是相信，地球里有一个属于自己的小太阳，从那儿发出的光导致了极光现象。他从理论上说明，因纽特人是来自地球内部的人种的后裔，北冰洋发现的冻僵的猛犸源自那里……
>
> 1964年，雷蒙德·伯纳德（Raymond Bernard）用谨慎方式命名的书《空心地球：历史上最伟大的地质发现》出版。在大量引用瑞德和加德纳研究成果的基础上，伯纳德扩展了该理论，把飞碟也纳入其中。[19]

伯纳德认为，居住在地球中心的人是亚特兰蒂斯的居住者与姆大陆（很久之前存在于太平洋上的岛）居住者之间核战争的幸存者。他们之后定居于地球中心，目的是为了躲避战争造成的辐射。基于这个假说，伯纳德得出结论：我们所观察到的不明飞行物是亚特兰蒂斯人从地心开来的宇宙飞船，用于监视生活在地表的人类。

假如对天王星的异常轨道缺乏解释,牛顿的理论就会处于危险境地。所以,勒维烈对另一个行星的假说可以看作是试图使牛顿理论免遭否定证据反驳的例子。但是,他的假说不是特设的,因为它能被独立验证。然而,如果他主张,某种未知的、不可探测的(神秘的)力是违反规律的原因,那就构成了一个特设假说,因为很显然无法证实这样一种力的存在。

当科学理论开始依赖特设假说免于相反证据的攻击时,继续坚持相信那个理论就变得不合理了。热的燃素说就是一个恰当例子。

> 科学方法的真正目的是确信大自然没有把你领入思维的误区:你认为你知道实际上不知道的事物。
>
> ——罗伯特·M. 波西格

对热的科学研究真正始于1593年伽利略发明温度计(或伽利略所称的"验温计")之后不久。很多年来,人们发现不同的物质会以不同的速度吸收热量,不同的物质会在不同的温度下改变状态(固体、液体、气体),以及不同的物质在加热时会以不同的比率膨胀。为解释这些现象,德国化学家乔治·恩斯特·施塔尔(Georg Ernst Stahl)在17世纪末提出,所有可燃物质和金属都包含一种看不见的物质,即后来被称为**燃素**的物质。

燃素被认为是一种弹性流体,由互相排斥的微粒组成。(这解释了为什么物体加热会膨胀。)这些微粒被认为以不同的强度被其他物质的微粒所吸引。(这解释了为什么有些物质比另一些物质热得更快。)当燃素微粒与另一种物质的微粒相互接触时,它们被认为结合而形成新物质状态。(这解释了为什么冰加热时变成了水。)燃素也似乎解释了这样一些神秘现象:为什么一种物质燃烧后会变成灰(它失去了燃素);为什么金属氧化物用木炭加热后变回到金属(它重新获得燃素);为什么敲打一种物质会让它延展(它释放了储存的燃素)。因为燃素理论似乎能解释很多现象,它在18世纪成了主导的燃烧理论。

然而，燃素理论一直都有诋毁者，原因是燃素是一种神秘物质。它不仅无色无味，也没有重量。尽管燃素被认为融入了受热的物质中，但严谨的试验发现温度的上升并没有导致重量的增加。燃素还被认为是从燃烧的物质中流失了，然而有些物质在燃烧时重量实际上增加了，这一发现最终导致了这个理论的消亡。例如，法国化学家安东尼·拉瓦锡（Antoine Lavoisier）发现，锡燃烧时所形成的金属氧化物比原来的锡更重。他论证说，如果燃素在燃烧过程中流失，增加重量是不可能的。

燃素理论的捍卫者试图这样来辩解这一现象：他们假设锡里的燃素含有负重量，因此，当燃素流失后，锡就加重。但这个假说很快就被识破了本来面目——试图孤注一掷从事实挽救理论。与勒维烈关于被命名为海王星的行星存在的假说不同的是，无法独立地证实或否定负重量假说。它是特设假说的典型例子。

这个故事的寓意是，对于一个增加我们知识的假说，必定存在某个检验它的方法，因为如果没有的话，我们就无法判断这个假说是否为真。

6.5 假说的妥适性标准

解释某物，就是提供有助于我们理解它的假说。例如，我们能解释为什么置于空气中的一便士会变绿。我们提供的假说是，便士是铜做的，而铜氧化时就会变绿。但是，对于任何一组事实，发明多少个假说去解释它都是可能的。假定有的人想知道荧光灯为什么会发光。一种假说是，在每个灯管里面都有个小精灵，他用锄头敲击灯管就发出

> 科学的目的不是去打开永恒的智慧大门，而是去限制永恒的错误。
> ——贝尔托·布莱希特

了光。除了一个小精灵假说，还有两个小精灵假说、三个小精灵假说等。因为解释任何一组事实总是会有多个假说，而且因为没有一组事实能终极性地证实或者驳倒任何假说，所以我们就必须诉诸事实以外的东西去决定哪个解释为最佳。我们所诉诸的就是**妥适性标准**（criteria of adequacy）。正如第3章提到的，这些标准用于所有导致最佳解释的推理，以确定一个假说多大程度上实现了增加我们理解的目的。

假说通过系统化和整合我们的知识而生成理解。它们让似乎杂乱而不相关的事实有序和谐。一个假说系统化和整合我们知识的程度取决于它符合妥适性标准的程度。在寻找理解的过程中，科学试图识别那些最符合这些标准的假说。正如人类学家梅尔文·哈里斯所说："科学研究的目的是形成解释性理论，这些理论是：（1）预见的（或者回溯的）；（2）可检验的（或可证伪的）；（3）节俭的（简单的）；（4）范围广的；（5）在一个融贯和扩展的理论库之内可集成或累积。"[20] 一个假说越符合这些标准，它产生的理解就越多。下面让我们仔细看看这些标准是如何起作用的。

可检验性

因为科学寻求理解，所以它只对那些能够被检验的假说感兴趣——如果一个假说不能被检验，就无法确定它是真是假。但是，假说不能孤立地检验，因为正如我们所了解的，假说只有在一种背景理论的语境中才具有可观察的结果。因此，一个与某种背景理论协力的假说要成为可检验的，就必须预见比背景理论所独自预见的更多的东西。[21] 如果一个假说没有超越背景理论，它就没有拓展我们的知识，因而在科学上就是乏味的。

> 一个信念的实际效果是其正确性的真正检验。
> ——詹姆斯·A.弗鲁德

证伪与精神分析

许多人赞成波普尔的一个主张，即精神分析不是一个正当合理的科学理论，因为它不能被证伪。没有观察或实验检测能表明这个理论是假的，因为精神分析师总能发明一个合适的故事去解释任何可能的行为。波普尔用下面的方式阐述了他对精神分析的不满：

> 弗洛伊德式的分析师强调，他们的理论不断地被他们的"临床观察"验证。关于阿德勒，我对一次亲身经历深有感触。1919年，我向他报告了在我看来不是那么阿德勒式的一个病例，他却用他的自卑感理论毫不费力地分析了这个例子，尽管他并没有看到那个小孩……我反思了一下，这是小菜一碟，因为每个能想到的案例都可以用阿德勒或弗洛伊德的理论解释。我可以用两个非常不同的人的行为例子说明这一点：一个人把孩子推到河里企图淹死他；另一个人不惜生命代价去救这个孩子。这两种行为都能用阿德勒和弗洛伊德的概念解释。根据弗洛伊德理论，第一个人受了压抑（如俄狄浦斯情结的某种成分），而第二个人得到了升华。根据阿德勒的理论，第一个人有自卑感（可能造成了他证明自己敢犯某种罪行的需要），第二个人也是一样（他的需要是向自己证明他敢去救这个孩子）。我想不出人类的什么行为不能由这两个理论来解释。正是这个事实——它们总是合适的，总是得到确证——在他们的仰慕者眼里，构成了支持这些理论最有力的论证。我开始渐渐明白了：这个表面的力量实际上是它们的弱点。[22]

以小精灵的假说为例。要取得科学假说的资格，它就必须有我们能执行的某种检验——除了开灯——来查明小精灵的存在。是否有这样的检验取决于该假说告诉我们有关小精灵的情况。如果它告诉我们肉眼能看到它们，该假说就能通过仅砸开荧光灯寻找它们加以检验。如果该假说告诉我们它们看不见但对热敏感，善于发出声音，那么就能通过把荧光灯放到沸水里，等着听细小的尖叫声来进行检验。但是，如果假说告诉我们，它们是非物质的或者非常害羞以至于任何查找它们的企图都会让它们消失，那么它就不能被检验，因而就不是科学假说。

科学假说与非科学假说可用下列原则区分开：

一个假说仅当是可检验，也就是说，仅当它预见了比背景理论独自所预见的更多的东西，它才是科学的。

小精灵假说预见，如果我们打开荧光灯，它就会发光。这个行为并不意味小精灵假说是可检验的，因为荧光灯发光的事实就是小精灵假说要解释的。该事实是背景理论的一部分。要成为可检验的，一个假设必须提供超出其背景理论的预见。一个预见告诉我们，如果一个预见能从一个假说与其背景理论推导出来，但不能从其背景理论独自得出，那么该假说就是可检验的。

卡尔·波普尔很早以前就认识到，不可检验的假说不能正当合理地称为科学假说。他主张，将真正的科学假说与伪科学假说区别开来的是，前者是**可证伪的**。尽管他提出的是真知灼见，但有两点缺陷：首先，这个术语不成功，严格地讲，没有哪个假说是可证伪的，因为在面对不利证据时，通过适当修改背景理论，假说有可能得以维持。[23]

波普尔理论的第二个缺陷是，它没有解释为什么在面对不利证据时我们仍坚持某些假说。当新假说首次提出时，通常有大量证据反对它们。正如科学哲学家伊姆雷·拉卡托斯（Imre Lakatos）所说："当牛顿发表他的原理时，人们都知道他的理论甚至不能恰当地解释月球的运行；事实上，月球运行反驳了牛顿的观点……在这一意义上，所有假说都生于反驳，也亡于反驳。"[24] 尽管如此，我们还是会相信一些假说而不相信另一些假说。波普尔的理论无法解释为什么会出现这种情况。认识到其他标准在评价假说时所起的作用就可以理解这种情况。

> 在构建理论的过程中，始终打开一扇窗，以便必要时随时扔出去一个。
> ——贝拉·席克

丰富性

使得假说甚至在面对不利证据时仍具吸引力的一个情况是，这些假说成功地预见到新现象，进而开辟了新的研究路线。这样的假说具有丰富性（fruitfulness）的品格。例如，爱因斯坦相对论预见在巨大物体附近传播的光线会显得弯曲，因为它们周围的空间是弯曲的。在爱因斯坦提出其理论的那个时代，人们普遍认为，因为光里没有物质，所以光线是以欧几里得直线传播的。为验证爱因斯坦的理论，物理学家亚瑟·爱丁顿爵士（Sir Arthur Eddington）1919年远涉非洲观察了一次完整的日食。他推断说，如果光线被巨大物体弄弯曲，那么光线所经之处靠近太阳的那些星辰的位置应该会偏离它们的实际位置。这种变化应该通过比较同一天空位置在日食期间拍摄的一张照片与另一张在夜晚拍摄的照片就可查明。爱丁顿对比两张照片发现，日食期间太阳附近的星体明显移动了一段距离，而这么远的距离正是爱因斯坦理论所预见到的。（爱因斯坦理论预见的偏离是1.74角秒，爱丁顿观察到的是1.64角秒，在测量的可能误差范围内。）[25] 因此，爱因斯坦的理论成功地预见到了以前没人想到过的现象存在,该理论因此拓展了我们的知识边界。

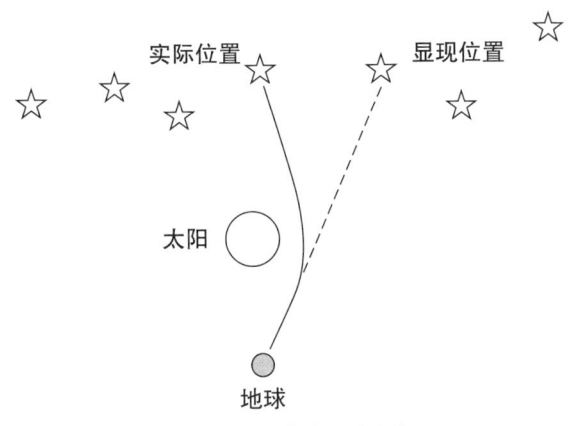

太阳附近的光弯曲的效果

由于假说只是在大量知识背景的语境中做出的,因而拉卡托斯更喜欢谈论**研究纲领**而不是假说。拉卡托斯认为,将好的(先进的)研究纲领与坏的(退化的)研究纲领区别开来的正是它们的丰富性。

> 我所钦佩的所有研究纲领都有一个共同的特点。它们都预见新奇的事实,这些事实或者是做梦也想不到的,或者的确与以前的、竞争的纲领是相矛盾的……真正有价值的是那些激动人心的、意想不到的、振聋发聩的预见;这样少量几个预见就足以打破平衡;哪里理论落后于事实时,我们就在哪里对付可怜的退化研究纲领。[26]

没有预见任何新奇事实的研究纲领就是退化的,而且滥用了特设假说。教训是明显的:

> 同等条件下，最佳假说是最丰富的假说，即做出最成功的新奇预见的假说。

如果两个假说同样好地满足其他妥适性标准，那么，更丰富的假说更好。

然而，具有更大丰富性本身并不必然使一个假说优于它的竞争者，因为它们可能在满足其他妥适性标准方面并不是做得同样好。伊曼纽尔·维利科夫斯基（Immanuel Velikovsky）有关金星起源的理论证实了这一点。

1950 年，维利科夫斯基出版了《碰撞的世界》一书。他在这本书里论证，许多古代神话所描写的世界性灾难可以基于这样的假设来解释：约公元前 1500 年，木星朝地球射出一个燃烧的热气火球。这个在地球观察者的眼里像一个巨大彗星的火球，后来成了金星。维利科夫斯基断言，当地球擦过它的尾部时，陨石雨落到了地球上，爆炸的石脑油球团充满天空，之后油雨从天而降。彗星的引力拉动变得如此之大，导致地球在其地轴上倾斜，放慢了它的转速。城市在地震后变为废墟，河流改变河道，飓风毁坏了行星。在金星适应现在的轨道之前，它牵引火星偏离轨道并使之飞撞地球，引起了地球上全新的一波大灾难。[27]

> 经验增长知识；盲信增长错误。
> ——中国谚语

因为维利科夫斯基认为，金星被木星逐出不久，他预见金星还很烫。这个预见悍然不顾认为金星是冷的、没有生命的流行科学思维。然而，开拓者航天探测器揭示了维利科夫斯基是对的：金星是热的。这个证据一出现，维利科夫斯基的理论在原有价值上又增加了丰富性，因为它预见到了新奇事实。然而，这个理论的许多其他断言似乎是物理上不可能的。例如，卡尔·萨根（Carl Sagan）曾估算出，从木星喷出金星这么大体积的质量至少要 10^{41} 尔格的能量，"相当于太阳一年辐射到太空中的能量，比曾经观察到的最大太阳耀斑还要强大 100 万倍"。[28] 维利科夫斯基没有解释为什么木星能释放这么多的能量，也没解释地球是如何在自转速度减慢后又恢复到正常转速的。其他观点与生物学、化学、天体物理学的已知规律相冲突。[29] 这些规律可能是错的，但除非维利科夫斯基能辨识正确的规律并且证明它们能比现在大众接受的规律更好地解释天文现象，否则，就没有理由相信那些目前大众接受的规律是错误的。

范围或广泛性

一个假说的**范围**——或者用它来解释和预见的各种现象的数量——也是对其妥适性的一个重要度量：一个假说解释和预见得越多，它越能整合和系统化我们的知识，它错误的可能性就越小。例如，爱因斯坦相对论优于牛顿引力和运动理论的一个理由就是它有更大的范围。它能解释和预见所有牛顿理论所能解释和预见的一切，还能解释和预见牛顿理论所不能解释和预见的某些东西。例如，爱因斯坦的理论能解释水星轨道的变化及其他现象。

自 19 世纪中期以来，人们就已知道水星的**近日点**（*perihelion*，距离太阳最近的点）不是保持不变的——那个点以每世纪 574 角秒的速度绕太阳缓慢转动或**进动**。利用牛顿的运动和引力定律可以解释该运动其中的约 531 角秒。勒维烈试图用解释天王星轨道出现偏差的方法来解释缺失的 43 角秒——通过假定在太阳和水星之间存在另一个星体。他把这个星体命名为**伏尔甘**（*Vulcan*）（《星际迷航》的拥趸会注意到），但再三的观察并没有发现它。然而，爱因斯坦相对论不用假设另一个星体的存在就能解释水星近日点的进动。根据相对论，太空在大型天体周围是弯曲的。因为水星离太阳如此之近，所以水星穿行的空间比其他行星穿过的空间更弯曲（《星际迷航》的拥趸会再次注意到）。利用相对论，计算出那空间弯曲到什么程度是可能的。计算的结果正好解释了水星近日点的进动缺失 43 角秒的原因。[30]

爱因斯坦理论具有比牛顿理论更大的范围这个事实，是赞成前者的一个有力论据。正如物理学家朗之万在巴黎科学院宣布的：

> 这是**唯——个**允许人去真正表征所有已知实验事实的理论。而且，它具有惊人的预见力，这以太阳引力场中的光线偏折和光谱线位移如此惊心动魄的方式得到了证实。[31]

对于朗之万而言，爱因斯坦理论优于牛顿理论是因为它有更强的解释力和预见力。他依据的是这样一个原则：

> **同等条件下，最佳假说是有最大范围的假说，也就是说，能解释和预见最多的各种现象。**

简单性

有趣的是，尽管丰富性与广泛性在接受爱因斯坦理论的许多科学家心里日益凸显，**简单性**却是爱因斯坦视其理论最有价值的地方。他写道："我没有刻意寻找一般相对论的主要意义，事实上它只预见到了几个很小的可观察事实，但主要意义在于其基础的简单性和逻辑的一致性。"[32] 对爱因斯坦而言，简单性是一个最卓越的理论品格。

> 寻求简单并质疑它。
> ——阿尔弗雷德·诺斯·怀特海

简单性很难定义。[33] 就我们的目的而言，我们会说两个假说中更简单者就是做出最少假定的那个。[34] 简单性之重要与广泛性之重要的理由一样——一个理论越简单，它就越能整合和系统化我们的知识，就越不可能出错，因为出错的途径更少了。

自从泰勒斯（Thales，可能是西方第一个科学家）时期以来，简单性已成为理论选择的一条重要标准。举例来说：主张地球围绕太阳转动的哥白尼日心说与托勒密的太阳绕着地球转的地心说在广泛性和丰富性方面不相上下。事实上，哥白尼理论有一个缺点：它与观测到的数据不符。反对者攻击说，如果哥白尼理论正确，那么，在地球绕着太阳转的时候，相对于较远的背景恒星，距离地球较近的恒星应该看起来改变了它们的位置。但这种表面位置上的改变（被称为**视差**）并没有被观测到。然而，这个失败的预见并没有使哥白尼及其追随者放弃这个理论，因为他们相信，那些恒星太遥远以致看不到视差。结果证明他们是对的：距地球最近的恒星也有6万亿英里远。直到1838年，哥白尼去世约300年以后，恒星视差最终被观测到（用更加先进

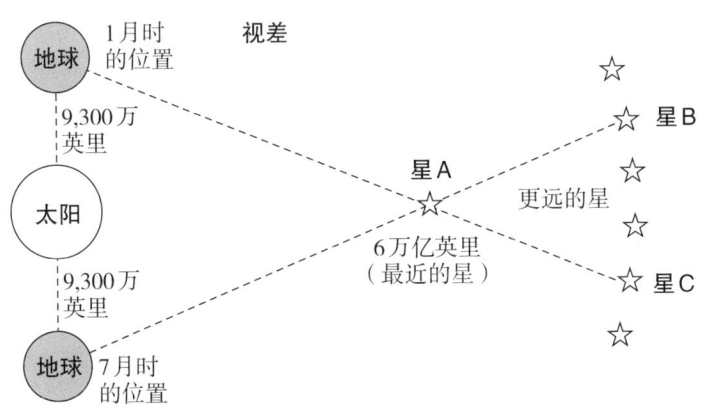

视差：当地球绕太阳运行时，相对于更远的恒星，最近的恒星看起来有变化

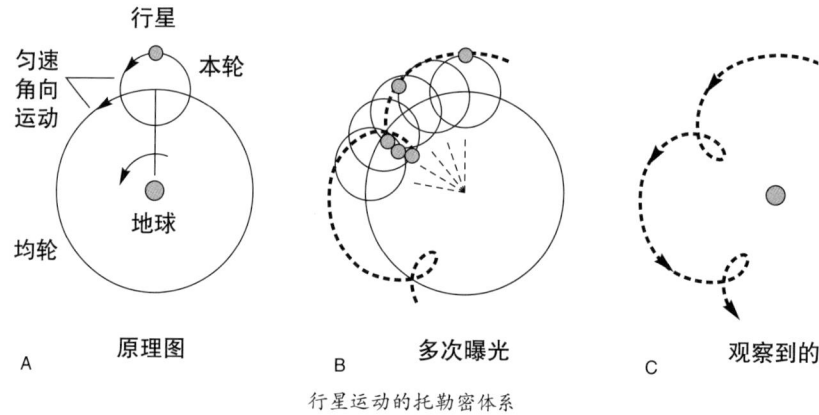

行星运动的托勒密体系

的、精确观察恒星的望远镜观测时，视差才被观察到）。从那以后，哥白尼理论成了解释太阳系结构的公认理论。

科学家在面对如此看似不利的证据时仍接受哥白尼理论，是因为它比托勒密的理论简单。行星运动最难解释的特性是，某些行星似乎在某些时候逆转它们的运行方向这一事实。可以说，托勒密通过假设行星环绕它们的轨道运行来解释这种逆行运动。他假设，行星围绕一个点做圆周运动（被称为**本轮**），而这个点本身又在绕地球做圆周运动（被称为**均轮**）。

哥白尼表明，许多这些本轮是不必要的假设，它们只是为了维持行星绕地球圆周运动的看法。因为哥白尼理论不使用许多本轮就能解释行星运动，所以它比托勒密的理论更简单。这里用到的标准是：

> 同等条件下，最佳假说是最简单的假说，即做出最少假定的假说。

正如我们看到的，假说通常通过假定某些实体的存在来解释现象。简单性标准告诉我们，在其他条件不变的情况下，一个理论做出的这种假定越少，它就越好。那么，在寻找一种解释时，遵守**奥卡姆剃刀**（Occam's Razor，为纪念表述了这个原理的中世纪哲学家奥卡姆的威廉而得名）原理是一个明智的选择：如无必要，勿增实体。换句话说，所做的假设不要超出解释有疑惑的现象所需求的。如果没有理由假定某物存在时，那么假定它就是不合理的。

运用这个原则的著名的例子之一是法国数学家、天文学家皮埃尔-西蒙·拉普拉斯（Pierre-Simon Laplace）。拉普拉斯把他有关宇宙理论的初版书呈给拿破仑时，据说拿破仑这样问："在你的理论里，上帝在哪儿呢？"拉普拉斯实事求是地回答道："我不需要那个假设。"[35]

保守性

既然一致性是知识的必要条件，那么，我们就应该谨慎接受那些与我们的背景信息相冲突的假说。正如我们所知，接受这样的假说不仅削弱我们已知的断言，也要求我们摒弃与它相悖的信念。如果那

> 假说被质疑得越少就越让人怀疑。
> ——保罗·布洛卡

些信念是牢固建立起来的信念，那么，新提出的假说为真的机会就不大。总之，一个假说越保守（即它与较少的非常确实的信念相冲突），它就越合情理。[36] 保守性标准可陈述如下：

> 同等条件下，最佳假说是最保守的假说，即与已建立的信念最相符的假说。

然而，条件并不总是等同的。倘若一个假说满足了其他妥适性标准，那么，接受一个并不保守的假说也可能是完全合理的。不幸的

是，没有一个万无一失的方法来确定什么时候保守性应该屈居于其他标准之后。

的确，不存在应用**任何**妥适性标准的固定公式。我们不可能把一个假说满足这些标准达到了怎样的程度量化，也不可能按重要性排定这些标准的座次。有时，我们会把保守性标准看得比广泛性标准更高，尤其在所讨论的假说缺乏丰富性的时候。在其他时候，我们可能把简单性抬得比保守性更高，尤其在假说的范围与我们已有假说的范围相同时。在理论之间做出选择不纯粹是逻辑过程，只是常常被认为是这样。就像司法裁决一样，它依靠人为判断来抵制形式化。

然而，理论选择的过程并不是主观的。有许多我们不能量化的区别完全是客观的。例如，我们不能准确说白天何时变成晚上，或者满头浓发的人何时变成了秃头。尽管如此，白天与夜晚或者秃头与有头发本来都是客观的。当然存在临界个案使通情达理的人产生不一的意见，但是对于泾渭分明的案例出现争论就不合理了。相信一个满头浓发（真发）的人是秃头完全是错误的。如果你坚持这个信念，你就是非理性的。同样，相信燃素理论是一个好的科学理论也是完全错误的。总之，如果某人相信一个明显没有满足妥适性标准的理论，此人就是非理性的。

6.6 神创论、进化论与妥适性标准

当我们试图决定哪个假说是一个现象的最佳解释时，我们诉诸妥适性标准。最佳假说是能解释现象，并比它的任何竞争理论更好地符合妥适性标准的假说。那么，要在诸多假说中做出一个理性选择，重

要的是要知道这些标准是什么以及如何应用它们。哲学家和史学家托马斯·库恩同意这一点。他告诉我们:"教科学家重视这些特性并给他们提供实践中体现这些特性的例子,是极其重要的。"[37]

近年来,一些人(以及一些立法机构)曾宣称,神创论与进化论一样好,因此应该在课堂上给予同样多的时间学习这两种理论。我们对妥适性标准的讨论已为我们提供了评价这个主张的手段。如果神创论与进化论一样好,那么它应该与进化论一样符合妥适性标准。让我们来看看是否果真如此。

> 如果上帝确实存在,那么他赐予我们的最伟大的礼物之一就是理性。否定进化论不等同于有真正的宗教感或道德感……在现代进化论里,没有什么阻碍了一种深刻的宗教感或者道德上有价值的人生的东西。
> ——迈克尔·鲁斯

进化论尽管不是达尔文发明的,但给人印象最深刻的表述是他做出的。他在1859年出版的《物种起源》一书中论证了用自然选择的进化论能为许多不同现象提供最佳解释:

> 很难设想一种错误理论能像自然选择理论一样以如此令人满意的方式解释以上所说明的大批事实。它近来遭到反驳,被说为是一种不安全的论证方法;但它是一种用于判断普通生命活动的方法,常常被最伟大的自然哲学家们使用。[38]

达尔文发现,在孤立栖息地(如海岛)生长的生物体与生长在相邻栖息地的生物体具有相联系但又不同的形式,近缘物种之间有身体结构上的相似性,远缘物种胚胎彼此之间比那些物种成年后彼此之间更加相似;化石表明了物种从最简单形式到最复杂形式的清晰演进。[39]达尔文论证了对这些现象的最好解释是,生物体在自然选择的过程中不断适应其环境。他论证,所有生物都是上帝一下子创造出来的假说没有提供对这些现象的解释。

达尔文认识到，更多的生物生下来后活不到能够繁殖的年龄，这些生物具有不同的身体特征，而这些特征通常从它们的父母那里继承而来。他推断，当一个遗传特征（如对生拇指）增加了一个生物体活得足够长而能繁殖的机会的时候，那个特征就会被传到下一代。随着这个过程的继续，这个特征在它们的后代身上会变得更加普遍。达尔文称这个过程为**自然选择**（natural selection），它是进化背后的驱动力。达尔文不知道这些特征的传送机制。该机制的发现——基因科学——进一步巩固了达尔文理论，因为人们发现，近缘物种之间染色体的数量和它们的内部结构是相似的。[40]

科学神创论

神创论科学或科学神创论认为，宇宙、能量和生命是近期（大约6,000到10,000年前）从"无"中创造的；生物不可能从一个有机体通过突变或自然选择形成；相同物种成员之间的差异极小；人类不是由猿进化而来；地球的地质可以用包括大洪水在内的各种大灾变来解释。[41]这种对宇宙及其居住者的创世说解释主要源于《圣经》的《创世纪》。[42]

支持这个观点的人相信，进化论是个有害的学说，会造成严重的社会危害。创造研究所（Institute for Creation Research）荣誉退休主席亨利·莫里斯（Henry Morris）和马丁·克拉克（Martin Clark）声称：

> 进化论不仅违反了《圣经》，违反了基督教，也是绝对不科学和不可能的。但在过去的一个世纪里，它作为无神论、不可知论、社会主义、法西斯主义以及无数其他虚假和危险哲学的伪科学基础有效地发挥了作用。[43]

他们相信，教授神创论，让上帝回到课堂，可以帮助人们抵抗这些后果。然而，在公共学校里推进宗教违背宪法第一修正案的条款，该条款是这样写的："国会不得立法建立宗教。"因此，法院坚持，建立要求教授神创论的法律是违宪的。大法官威廉·伯纳德（William Bernard）解释说：

> 因为神创论法案的主要目的是促进某个特殊的宗教信仰，所以该法案以违反第一修正案的方式维护宗教……法令违背第一修正案的条款是因为谋求利用政府的象征和财政支持来达到一个宗教目的。[44]

但是我们所关心的不是教授神创论是否合宪，而是关心它作为一个科学理论的妥适性。我们想知道，神创论是否真的与进化论一样好。

具有讽刺意义的是，尽管神创论者想把他们的理论标榜为科学理论以获得公众支持，但他们公开承认它不属于科学一类的理论。然而，他们并不认为这是个问题——因为他们也不相信进化论是科学理论。创造研究所高级副总裁杜安·吉什（Duane Gish）解释说："人类从没看到过宇宙开端、生命的起源或单个活体的起源。这些是独一无二的、不可重复的过去事件，它们不可能在自然中被观察到或在实验室里被复制。因此，无论神创论还是进化论都没有资格成为科学理论，它们都一样是宗教理论。"[45]吉什在这里诉诸本章前面讨论过的可检验性原则。他认为，既然神创论和进化论都不是可检验的，因而它们都不能被当成科学理论。

> 宗教应该最能把我们同野兽区分开，也应该最能把我们提升为高于野兽的理性造物，然而在宗教领域里，人经常显得最不理性，比野兽更加无知。
>
> ——约翰·洛克

神创论与道德

在创造研究所建造的"创造与地球历史博物馆"大厅的一面墙上挂着两幅海报：一幅名为"创造之树"，另一幅名为"进化之树"。"创造之树"展示了一棵茂盛青翠的树，树枝上挂着这样的词语："真基督学""真福音""真信仰""真道德""真美国精神""真政府""真家庭生活""真教育""真历史""真科学"。相反，进化之树展示的是一棵干枯、光秃的树，树枝上挂着这样的词语："共产主义""纳粹主义""无神论""非道德主义""物质主义""色情""奴隶制""堕胎""安乐死""同性恋""虐童""兽性"。这里的信息很明显：进化论是一切罪恶的根源。佐治亚州法官布拉斯维尔·迪安（Braswell Dean）同意这个观点。他用押头韵的方式说："达尔文的这个猴子神话是纵容、乱交、吸毒、避孕、性变态、怀孕、堕胎、色情、污染、中毒和各种罪恶蔓延的根源。"[46] 这个观点是神创论与进化论论战的中心。这个观点更多的是有关道德本质而非科学本质的。

神创论者相信，进化论利用《创世纪》字面意思的矛盾削弱《圣经》的权威性。而且，他们相信，假如《圣经》的任何一个部分不真实，我们就不可能相信它。假如没有《圣经》，我们就无法区分对错。所以，在降低《圣经》权威性的同时，进化论也暗中破坏了道德的基础。

这个观点背后的道德理论是著名的道德神令论。根据这个理论，做出正确的行动是上帝的意志使然。值得注意的是，尽管这个观点广泛传播，但没几个职业伦理学家和神学家认可，因为他们相信，它不仅赞同强权即公理的错误观点，而且剥夺了我们崇拜上帝的唯一理由。

现代微积分的发明者莱布尼茨——西方传统知识分子里对上帝最虔诚的人士之一——解释说：

> 因此，不依据任何道德标准，而只是依据上帝的意志来说事物是不道德时，在我看来人们对其后果缺乏足够的认识，摧毁了上帝所有的爱和荣光。为什么要对他所做的进行赞美，假如做相反的事他会同样值得赞美吗？假如他有专权，假如恣意武断取代了他的理智，假如用暴君的定义，正义是为了取悦极权，那么他的正义和智慧又在哪里？除此而外，似乎每一种行为的意愿都假定了某种意愿的理由，而这个理由当然一定先于行动。[47]

莱布尼茨的观点是，如果是对是错都是上帝的意愿，那么上帝就不可能因为一个人比另一个人道德高尚而选择某一个放弃另一个。因此，如果他确实这样选择了，那他的选择一定是任意的。但是一个任意行动的人不是一个值得崇拜的人。

莱布尼茨认为，上帝选择一种让人履行的行为不是为了使之正确，而是因为行为本身正确。它的正确性独立于他的意志，因而能指导他的选择。道德对上帝的依赖并不比数学多。上帝不能使数字3成为偶数，因为很自然3是奇数。上帝不能使正义或仁慈成为坏事，因为本质上它们是好的。所以，即使进化论降低了《圣经》的权威——很多教派并不这样认为——它也不会因此毁坏道德的基础。

但是，二者真的是不可检验的吗？如果一个假说做出比背景理论本身更多的预见，它就是可检验的。进化论显然符合这个标准，因为它正确预见了岛上栖息的动物相比于那些栖息在更远陆地上的动物，会与栖息在最近大陆的动物更相关；不同类型的化石会在不同的岩石层里找到，而且随时间而渐变的化石系列将被发现。进化论做出了许多其他预见，这些预见有助于解释被免疫学、生物化学和分子生物学发现的事实。[48] 因此，进化论是可检验的。如果这些预见结果是错的，进化论有可能早就被放弃了。

神创论也是可检验的，因为它做出的一些断言能通过观察来核验。例如，它断言宇宙有 6,000 到 10,000 年的历史，所有的物种都在同一时间被创造出来，地球的地理特征可以解释为诺亚大洪水造成的潮汐波的结果。所有这些断言都可以检验。所有这些断言都与业经确认的科学发现相冲突。[49]

> 如果来自太空的超级生物曾经访问过地球，那么，为了评价我们的文明水平，它们会问的第一个问题是："他们发现了进化没有？"
> ——理查德·道金斯

因此，神创论不仅是可检验的，也已经被检验过了——而且没有经得住检验。

吉什认为，好像人类目击者的缺乏使得两个理论都成为不可检验的，因而都是宗教性的。但是，如果这种缺乏使得理论成为宗教的，那么，大量被认为是科学的东西就将不得不重新归类为宗教，因为科学家研究的许多现象都不能被人亲眼看到。例如，从来没有、将来也不会有人会看到太阳的内部。但这个事实并不意味着有关太阳内部的任何理论都是神学的。有关星体内部结构的理论能通过观察它们的行为来检验。同样，有关宇宙和生命起源的理论也能通过观察宇宙中的物体或地球上生物的行为去检验。

达尔文引用的一个支持进化论的证据是化石由简到繁的演变，最

进化论只是一种理论吗？

有关神创论和进化论的最近一次论战发生在宾夕法尼亚州的多佛。那里的学校教育委员会投票决定将下面这段话在生物课堂上宣读：

> 因为达尔文的理论是一个理论，所以当新证据被发现时它就不断受到检验。这个理论不是一个事实。因为缺少证据，该理论存在漏洞。一个理论被定义为一个经过很好检验的解释，这个解释整合了广泛的观察。智能设计是对生命起源的解释，它与达尔文的观点不同。

多佛学区的十一名家长为此起诉了学校教育委员会，说这个陈述在科学教育的伪装下宣传了一种特殊的宗教信仰。法官做出了支持家长们的裁决。

这个陈述的有趣之处不仅是它试图偷偷摸摸把宗教带入科学课堂，而且它误解了事实与理论的本质。它对理论的定义基本上是对的。然而它认为，由于进化论不断被检验因而它不是事实，这个观点是错误的。事实与理论的区别不是它是否依然在经受检验，或者我们相信这个理论的程度有多深，而是它是否为一些现象提供了最佳解释。

一个事实就是一个真陈述。一个理论是关于世界存在方式的陈述。如果世界的存在方式与理论所说的一致——如果理论为真——那么理论就是一个事实。例如，哥白尼有关太阳系的理论为真——如果地球绕着太阳转——那么哥白尼理论就是一个事实。如果爱因斯坦相对论为真——如果 $E=mc^2$——爱因斯坦理论就是一个事实。同样，如果进化论为真，那它就是一个事实。

因此问题出现了：什么时候我们才能正当合理地相信某事为真？其实我们已经有了答案：当它能对现象提供最佳解释时。生物学家把进化论当成一个事实，用狄奥多西·多布赞斯基（Theodosius Dobzhansky）的话说，因为"生物学里的一切只有用进化论解释才有意义"。[50] 进化论是一个事实，因为它是解释生物变化如何随着时间变化而发生的最佳理论。

在这些讨论中，我们经常忽略的是每个事实都是一个理论。以你正在读书这一事实为例。你有正当合理的理由相信那是一个事实，因为它提供对你感觉经验的最佳解释。但是，它不是解释你感觉经验的唯一理论。毕竟，你可能在做梦，你可能在产生幻觉，你可能是缸中之脑，你可能被插入黑客帝国中，你可能在接受外星人的感应信息等。所有这些理论都可以解释你的感觉经验。然而你不会接受它们任何一个，因为没有一个是与普通理论一样好的解释。

智能设计理论与外星人把思想植入你的大脑的理论是一样的。它是证据的一个可能解释，却不是一个很好的解释，因为，就像外星人理论一样，它既没有确认设计者，也没有告诉我们设计者是如何做的。因而，它没有像进化论一样满足妥适性标准。在法庭上，没人认真对待一个这样的罪行解释：既不认定罪犯也不认定其犯罪方式。同样，在科学课堂上，没人会认真对待这样的解释：既不确认原因，也不交代原因如何导致了其结果。进化论做到了这二者，而且比其他任何竞争理论都做得好。所以，我们相信它为真是正当合理的。

简单的化石位于最古老的地层，最复杂的位于最新的地层。神创论者认为，这个证据根本不是证据，因为——他们说——岩层的年代是由它所包含的化石的复杂性决定的。换句话说，神创论者认为进化论者在循环论证——用岩层包含的化石来决定岩层的年代，又用发现化石的岩层决定化石的年代。[51]

神创论者不否认最简单的化石通常在化石层的最低点被发现。他们这样解释这一事实：假设在诺亚大洪水后，最简单的生命形式（海底生命）会最先沉入海底。所有生物——恐龙以及人类——同时出现。他们同时被洪水冲走，遗留的化石发现他们现有的顺序排列不是因他们的相对年代而是因他们的相对浮力。

那么，做出这种论证的神创论者必须解释今天存活的生物是如何在大洪水中死里逃生的。大部分人用到了《圣经》，认为是诺亚和他的方舟救了它们。无疑，用方舟解释出现了一个难题。根据计算，要拯救所有的生物，诺亚方舟必须至少承载25,000种鸟、15,000种哺乳动物、6,000种爬行动物、2,500种两栖动物和100多万种的昆虫。[52]而且，因为神创论者相信人类和恐龙同时生活在地球之上，因而方舟必须承载每种恐龙两只，即两只超龙（100英尺长，每只估重55吨），两只雷龙（70英尺长，20吨重），更别提两只饥饿的重达7吨的暴龙。诺亚、他妻子和他的三个儿子及其妻子们怎么可能建造一个足以容纳所有这些生物的方舟——更别说要给它们喂食、喂水、打扫卫生了——这让神创论者哑口无言。

事实上，没有任何地质学或人类学的证据显示在过去的10,000年里曾有过大洪水。[53]而且，进化论者根据化石记录的论证是循环的断言是完全错误的，因为除发现化石的岩层以外，确定化石年代的方法有很多种。

宇宙的年龄也能独立于化石和岩层而计算出来。通过计算星系之间的距离以及它们彼此分离的速度，就能确定宇宙开始向外膨胀的时间。目前的估算是，宇宙约有 150 亿年到 200 亿年的历史，与神创论者认为的 6,000 年相去甚远。

有关宇宙和生物年龄的分歧指出了神创论的一个重要缺陷：它与已得到确认的信念不符。换句话说，它未满足保守性标准。正如艾萨克·阿西莫夫（Isaac Asimov）指出的，"不抛弃现代生物学、生物化学、地质学、天文学，简单地说，不抛弃所有科学"，神创论就无法被采纳。[54] 这就是为采纳一个理论所付出的惨重代价。如果神创论者不能通过证明他们的理论比进化论具有更大的丰富性、广泛性或简单性来弥补其保守性的缺失，神创论就不能被认为是与进化论一样好的理论。

神创论不是一个丰富的理论，因为它没有预见任何新奇事实。但它做出了一些新奇的主张——诸如宇宙有 6,000 到 10,000 年的历史，所有生物同时被创造，曾有一次大洪水等——然而，所有这些都没有得到证据的支持。相反，进化论预见了近缘物种的染色体和蛋白质会相似，突变会出现，生物体会适应变化的环境等，所有这些已得到证实。那么，在丰富性方面，进化论优于神创论。

> 生物学里的一切只有用进化论解释才有意义。
> ——狄奥多西·多布赞斯基

进化论在简单性方面也优于神创论。还记得吗，简单性用于衡量一个理论所做出的假定的数量。进化论比神创论的假定少得多。一方面，进化论没有假定上帝的存在。另一方面，它没有假定未知力量的存在。而神创论做出了这两个假定，这一点吉什说得很清楚：

我们不知道造物主是如何创造的，他的创造过程是怎样的，**因为他所使用的过程在自然宇宙中的任何地方都不能运作**。这就是为什么我们把创造当成特种创造的原因。我们无法通过科学调查发现造物主所使用的创造过程。[55]

于是，神创论要假定具有超自然力量的超自然生命的存在。由于进化论没有假定这些，所以进化论更简单。

> 科学的永恒信誉在于，通过人类头脑发挥作用，它克服了人面对自己和自然时的不安全感。
>
> ——爱因斯坦

然而，进化论相对于神创论的最大优势在于它的广泛性或解释力。进化论用来系统化和整合来自若干不同领域的发现。艾萨克·阿西莫夫认为："事实上，关于进化之事实和自然选择理论之真的最有力的标志是，每一科学分支科学家的所有独立发现，只要与生物进化有些关系，**总是**加强它而**从未**削弱它。"[56] 进化论非常符合我们所知道的宇宙。它不仅解释了达尔文揭示的事实，而且解释了其他人发现的许多现象。相反，神创论不符合我们对宇宙的了解，甚至不能解释达尔文的事实数据。而且，这个理论引发的问题比它回答的问题还要多。造物主是如何创造的？是什么导致了大洪水？生物是如何幸存下来的？为什么世界看起来要比它所谓的年龄大出很多？一个引发的问题比给出的答案更多的理论，不能增加我们的理解，而是在减少我们的理解。

另外，诉诸无法理解的理论永远不能提升我们的理解力。假设你是一名工程师，负责解释桥为什么塌了，有人说："我知道为什么桥塌了，因为一种不可思议的存在物用一种不可思议的力量摧毁了它。"因为你对探索各种可能性感兴趣，你追问说："你能把这个存在物或这种力量讲得再详细点吗？"他答道："不能。""你有任何实物证据证明出现过这种事情吗？"你问道。他承认："没有。"这时，你还是谢谢他的帮助，请他离开为妙。

亚当和夏娃有肚脐吗?

如果宇宙仅有 10,000 年的岁数,那为什么它看起来却如此古老?例如,为什么我们找到的化石似乎有数百万年之久?一个可能的回答是,上帝把它们放到那里来考验我们的信仰。然而,当今的神创论者可不赞同这个看法,因为它损害了上帝的光辉形象。就像一位神创论者评论的:"这将是一种表现了的邪恶,而非表现了的创造,这与上帝的本质相悖。"[57] 神创论者不想把上帝塑造成一个骗子。

然而,19 世纪英国自然主义者菲利普·戈斯(Philip Gosse)论证,如果上帝创造了世界,他创造的世界一定会带有过去的痕迹,那么,为什么不假设上帝创造的世界留有伟大的过去的痕迹呢?马丁·加德纳阐发了菲利普·戈斯的论证。

> 菲利普·戈斯承认,地质学已经无疑证明了地球有悠久的地质历史,地球上的动植物在亚当时代之前就繁茂昌盛。他也坚信,地球是在约公元前 4000 年的六天之内创造的,与《创世纪》里所描述的一模一样。他是如何调和这些显然相悖的观点的呢?很简单。正如上帝创造了一个有肚脐的亚当,但这个出生的遗迹从未出现过,所以,上帝创造了一个有过去所有化石遗迹的整个地球,而这些化石的遗迹除了在上帝的思想里存在以外并不存在!……
>
> 戈斯写道:"假设被创造的世界有裹在坚硬外壳中的化石遗骸——从未真实存在过的动物的遗骸——就是责难造物主用已有的物质创造了世界,他的唯一目的就是欺骗我们。这个观点可能遭到反对。答案很明显。树桩上的年轮是用来欺骗人的吗?贝

壳上的成长花纹也是欺骗人的吗？人的肚脐只是想骗他接受他有父母吗？"

亚当是否有肚脐绝不是一个被遗忘的问题。几年前，北卡罗来纳州议员达拉姆和他的军事委员会的分委员会反对《公共事物宣传手册》第 85 期上的亚当和夏娃的卡通图片（鲁思·本尼迪克特和吉恩·韦尔特菲什合著的《人类的种族》）。这个卡通图显示了一对肚脐。分委员会认为这与共产主义有关。（显然，他们把肚脐与进化论、进化论与共产主义联系到了一起。）当被指出米开朗基罗在西斯廷教堂的画中为亚当画了个肚脐时，他们的恐惧才多少有点减轻。

戈斯如此彻底地掩盖问题的各个方面，甚至讨论了粪化石即化石粪便的发现。直到现在，他还这样写，这"也已经被当作真实的预先存在（preexistence）的卓越证据"。但是，他指出，它只不过提供了和这样一个事实一样大的困难：废物肯定存在于亚当刚刚成形的肠子里。血液一定流经他的动脉，而血液预设了乳糜和食糜，这又预设了肠道里有消化不了的残余物。他承认，"这一切乍看起来看似荒唐……但事实就是事实"。[58]

这个理论你需要认真对待吗？在你的最终报告里不把它写进去会是你的失职吗？当然不会。这种理论什么也没有解释。然而，神创论者所推销的恰恰就是这样一种理论。他们认为造物主和他的创造手段超出了人的理解力。但是，如果它们是这样的话，诉诸它们就不能增加我们的理解。结果是，神创论什么也没有解释；它的范围是零。如果神创论如进化论一样满足妥适性标准，它就是像进化论一样好的理论——但事实并非如此。就妥适性的任何一条标准而言——可检验性、保守性、丰富性、简单性和广泛性——神创论与进化论相差甚远。因而，神创论是与进化论一样好的理论的断言是毫无根据的。正如柏拉图 2,500 年前说的，"上帝为之"并不提供一种解释，而是提供没有解释的一个借口。（《克拉底鲁篇》，426a）

神创论者经常反对说，不同器官或者四肢不可能曾经逐步进化，因为半成形的器官或四肢没有存活的价值。"半只翅膀有什么用？"他们问道。答案是半只翅膀比没有好。理查德·道金斯解释说：

> 半只翅膀有什么用？翅膀是怎么长出来的？许多动物从一个枝头跳到另一个枝头，有时会掉到地上。尤其对小动物来说，整个体表碰击空气帮助它们跳跃或防止它们跌落，相当于天然机翼。任何增加表面积与重量之比的倾向都有帮助，例如，翅翼长在关节的某个角上。翅膀从这里开始经历几个连续生长的阶段，直到长成滑行翼，最后成为上下拍打的翅膀。显然，最早有原始翅膀的动物不能跳到某些高度。同样显然的是，就祖传的与空气接触的表面小或未成熟的程度而言，必定有某些高度，只是很短的一段距离，它们能拍打翅膀跳起来达到，而不拍打时就达不到。[59]

而且，沿着这个连续体的所有生物今天都还活着。道金斯断言："与神创论者的著作相反，不仅有半个翅膀的动物很普遍，有四分之一、四分之三翅膀的动物也很普遍。"[60] 所以器官和四肢发展过程的中期阶段不只可能有，而且是真实存在的。

智能设计

近来，在分子水平上也有相似的反驳。例如，利哈伊大学生化学家迈克尔·比希（Michael Behe）主张，一种感光细胞不可能在进化过程中出现，因为它是"不可化约的复杂性"（irreducibly complex）。然而，与科学神创论者不同的是，他不否认宇宙的年龄数以亿年计。他也不否认发生过进化。他只否认每一生物系统的出现是自然选择的结果。

比希这样定义"不可化约的复杂性"：

> 不可化约的复杂性，我指的是单个系统是由许多不同但彼此协同的部件组成才能达到其基本功能。移除任何一个部分都会导致系统停止运转。一个不可化约的复杂系统不能通过对前驱系统微小和不断的改良而直接生成（也就是说，不能通过持续改进初始功能，继续以同样的机制运转而生成），因为从任何前驱系统到一个不可化约的复杂系统，按照定义，缺失一个组成部分就不起作用。[61]

这里的有效词语是"不能被直接生成"。比希所主张的是，某些生物系统要自然地生成是物理上不可能的。那么，要反驳这个观点，只要证明在不违背任何自然规律的条件下这些系统能被生成就足矣。

上帝，外星人

迈克尔·比希在做有关智能设计理论的讲座时，常常让听众提问。在一次问答环节，他被问道："设计者可能是外星人吗？"他答道："有可能。"智能设计理论本身没有告诉我们设计者的本质。所以，设计者完全可能是个外星人。

值得关注的是，这是建立被称为"雷尔教派"的那种宗教的基本前提。雷尔教派是法国记者克洛德·沃尔隆（Claude Vorilhon）的发明。他在法国中部的布依-德-拉松（Puy de Lassolas）火山边散步时，邂逅了一个外星人，之后受感动创造了这个理论。外星人告诉他，地球上所有的生命都是外星人用先进的遗传工程技术创造的。雷尔教网站上表示，外星人给雷尔口授的信息解释了为什么地球上的生物不是随机进化的结果，也不是超自然的"上帝"创造的。它们是科学上先进的人们按照自己的形象运用 DNA 有意创造出来的——这被称为"科学的创造论"。[62]

2002 年 2 月 26 日，在雷尔教派附属的"克隆援助"公司宣布克隆出人之后，雷尔教派在国际上变得臭名昭著。宣布这个消息后不久，他们同意独立调查者验证他们的断言。但是，他们后来以需要保护所涉家庭的隐私而违约。自 2004 年起，他们已宣布成功克隆出了 13 个人。[63] 他们最终希望通过克隆得到永生。他们目前正在尝试将一个人的记忆和个性转给他的克隆人。

比希用他钟爱的捕鼠器例子来说明不可化约的复杂机制。捕鼠器由五个部分组成：(1)一个木制的底板；(2)一个金属的重锤；(3)一个弹簧；(4)一个捕获片或鼠夹；(5)一个金属条，在捕鼠器打开时用于支撑铁锤。使这个捕鼠器成为不可化约的复杂体是，若移除任何一个部分，它就会失灵。比希断言，许多生物系统，诸如纤毛、视觉、凝血，也是不可化约的复杂体，因为如果其中的任何一个部分被去除，系统都会停止运行。

不可化约的复杂生化系统向进化论提出了一个难题，因为似乎它们不是由自然选择形成的。一种特征，如视觉，只有在它发挥作用时才能提升生物体存活的能力。仅当视觉系统的所有部分都在时，它才运行。所以，比希得出这样的结论：视觉不能通过一个前驱系统的略微改变而产生。它一定是由某种智能设计者突然创造出来的。

比希没有告诉我们任何有关智能设计者的信息，也没有告诉我们实施这个设计所使用的方法。设计者可能是超自然生命，或者可能是个外星人。它可能慈善也可能歹毒。它甚至可能不止一个。或许，不可化约的复杂生化系统是由一个委员会设计的。不论哪种情况，都应该清楚，即使比希的论证是正确的，它也没有提供上帝存在的证据。

> 逻辑原来不过就是让人信服这一点：我（插入自己的名字）个人不能亲自想到的（插入生物现象）任何方式原本可以一步一步建立起来。因此，它是复杂的、不可简化的。
>
> ——理查德·道金斯

然而，大多数生物学家都不相信比希的论证是正确的，因为他们拒斥不可化约的复杂系统的各部分不能独立于该系统而进化的观点。正如诺贝尔奖得主生物学家 H. J. 穆勒（H. J. Muller）在 1939 年提到的，一个最初对一个系统无关紧要的基因序列后来可以变成对该系统必不可少的。生物学家 H. 艾伦·奥尔（H. Allen Orr）将此过程描述如下："某个部分（A）起初做了一些工作（或许不是很好）。另一部分

（B）之后因为帮助（A）而被添加上。这个新的部分并非必不可少，它只改进了事物。但是，之后（A）（或别的什么）可能发生改变以至于B现在变成了必不可少的部分。"[64] 例如，鱼鳔——原始肺——让某些鱼获取新的食物来源成为可能。但鱼鳔并不是鱼维持生存必需的。当鱼获得附加特性（如腿和胳膊）时，肺就成为必不可少的了。因此，与比希让我们相信的相反，不可化约的复杂系统中的组成部分不需要同时出现。

事实上我们知道，比希所描述的这种系统的有些部分在其他系统里也被发现了。例如，凝血酶对血液凝结不可缺少，也能帮助细胞分裂，又与消化胰蛋白酶有关。[65] 因为同样的蛋白质在不同系统里能发挥不同的作用，它属于不可化约的复杂系统一部分的事实并不表明它不可能是自然选择的结果。

达尔文本人认识到，许多系统的组成部分最初是为了其他目的进化的。他写道：

> 当这个或那个组成部分被说成是为了适应某种特定目的时，不必设想它最初总是为了这唯一的目的而形成。事情发展的正常经过看来是，起初为一个目的服务的部分，通过缓慢的变化，成了适应大量不同目的的部分。[66]

一种结构由最初服务一种功能到后来服务另外一种功能的过程，被史蒂芬·J. 古尔德（Stephen J. Gould）和伊里莎白·弗尔巴（Elizabeth Vrba）称为"联适应"（exaptation）。达尔文也认识到了这一点："因此在整个自然界，几乎每个生命的每个组成部分都可能在些微改变的条件下服务于多种目的，并且在许多古老和明显的特殊形式生命体内发挥过作用。"⁶⁷ 因为同样的结构在不同环境下会执行不同的功能,我们就不需要假设不可化约的复杂结构的所有组成部分是同时形成的。因而不可化约的复杂结构自然形成是物理上可能的。

生物学家不知道不可化约的复杂生化系统是如何形成的,他们也许永远不会知道,因为没有化石记录表明这些系统是如何随时间而进化的。然而,在原则上,生物学家确实知道,不可化约的复杂系统通过自然选择而出现不是不可能。因此,没必要求助于一个智能设计者。

神创论者经常引用他们相信进化论无法解释的一个具体事实来攻击进化论。但是,注意这个策略是多么虚伪。一方面,他们声称进化论是不可检验的(因而不科学),而另一方面,他们认为进化论没经得住某些检验。他们不可能两全其美。如果进化论不可检验,那就没有事实数据不利于它。如果有事实数据不利于它,它就不可能是不可检验的。

而且,神创论者常常引用的两个事实,即没有过渡化石以及进化从未被观察到,完全是假的。神创论者坚持,如果一个物种进化成为另一个物种,那就应当有中间或过渡生物体的化石存在。但是,他们声称化石记录有空白,而空白的地方应该是中间生物。因此,他们得出结论,进化未曾发生。然而,考虑到化石形成过程的特点,空白可期待。出现的生物中只有极少数被石化了。但生物学家还是发现了成千上万的过渡化石。从原始鱼类到硬骨鱼类、从鱼类到两栖动物、从两栖动物到爬行动物、从爬行动物到鸟类、从爬行动物到哺乳动物、从陆地动物到早期的鲸鱼类、从早期猿到人的过渡,都有充分的记录。⁶⁸ 而且,哺乳动物分化为啮齿动物、蝙蝠、兔子、食肉动物、马、大象、海牛、鹿、牛以及其他动物,都有详细记录。正如哈佛大学生物学家史蒂芬·J. 古尔德报告的:"古生物学家已经发现了好几个过渡

> 我们已经看到了物种的分化,而且我们每天继续看见物种变异。
> ——克里斯蒂·威尔科克斯

时期的形式和序列的精湛实例，足以使任何公正的怀疑论者确信生命物质谱系的存在。"[69]

神创论者也错误地声称没人曾经观察到进化现象。生物进化论，从最广泛的意义上来讲，完全是一组生物在一定时期内的基因组成的变化。这种变化已经被多次观察到。对杀虫剂产生抵抗力的昆虫和对抗生素产生抵抗力的细菌是两个我们熟悉的生物进化论实例。这些生物进化的例子没有给神创论者留下印象，因为这两个例子是他们所谓的"微观进化"的例子——某个特定物种内发生的基因变化。神创论者所说的从未观察到的是"宏观进化"——从一个物种到另一个物种的基因变化。但事实上，这种变化也被观察到了。在实验室里已经观察到果蝇新种和六种其他昆虫的新种。在过去的250年里，老鼠的一个新种出现在法罗群岛上，科学家最近记录了海生蠕虫的一个新种。在过去的50年里，十几种植物的新种起源已经被观察到。[70]因此，主张微观进化或宏观进化没有被观察到是完全错误的。

神创论者也假设，不利于进化论的事实数据都算为是支持神创论的。[71]但是，这种论证方式犯了虚假两难推理的谬误；它将两个选择当作穷举互斥的加以表达，而事实上它们并不是这样的关系。吉什以这样的方式建构了两难："宇宙要么是通过自然的、机械的进化过程而形成，要么是被超自然地创造的。"[72]有几个理由可以证明这是个虚假两难的论证。首先，即使进化论不成立也没有必要假设宇宙是被创造的。宇宙，正如许多非西方人相信的那样，可能是永恒的，即无始无终。相信宇宙是上帝创造的人通常相信上帝是永恒的。如果上帝能永恒，为什么宇宙不能呢？[73]第二，进化不是对创造的唯一自然解释，《创世纪》也不是唯一的超自然解释。创造理论的种类与孕育它们的文化一样多。一些人相信宇宙是从虚空中自然发展而来（维京人），而另

人是被聪明地设计出来的吗？

伯特兰·罗素曾经说过："如果我被赋予全知全能，并有数百万年的时间做试验，我不会认为人是所有努力后值得夸耀的最终作品。"[74]

生物学家 S. 杰伊·奥尔尚斯基（S. Jay Olshansky）、布鲁斯·A. 卡恩斯（Bruce A. Carnes）和罗伯特·N. 巴特勒（Robert N. Butler）也认同罗素的观点，即我们的设计有许多地方需要完善：

> 突出的椎间盘、易碎的骨头、折裂的髋关节、撕裂的韧带、静脉曲张、白内障、听力丧失、疝气和痔疮；年龄增加时一系列困扰我们身体功能的障碍，这些都太熟悉了。[75]

人的身体能设计得更加耐久和耐痛。这是不是给智能设计理论投射了质疑的阴影？

一些人相信它是恶魔的超自然杰作（诺斯替教）。因此，即使神创论者完全否认进化论，他们也不会由此证明自己的立场，因为存在许多其他选择。只有证明神创论与它的对手一样至少满足妥适性标准，神创论者才有希望表明他们的理论是切实可行的。

既然神创论明显缺乏妥适性，为什么它仍持久存在呢？答案不难找。很多人相信进化论与宗教不相容，因为它不仅违背《圣经·创世纪》的故事，而且暗示我们的生命无目的和没有意义。然而这种观点并不被最主流的教会所共享。例如，罗马天主教、世界路德宗联合会、全美犹太人大会、美国圣公会总会、联合长老会、爱荷华联合卫理公会、一神论信普救说者协会都否认创造研究所信奉的那种科学创造论，而赞成进化论是物种起源更合理的解释。[76]

而且，有理由相信，进化论是使与上帝的有意义的关系——因而是一种有意义的人生——成为可能的唯一观点。生物学家肯尼斯·R.米勒（Kenneth R. Miller）解释说：

> 人们常说，一个达尔文主义者的宇宙是一个其随机性不能与意义和解的宇宙。我不这么认为。一个真正无意义的世界将是一个神灵操纵所有人偶的世界，的确，神灵操纵着每一个物质粒子。在这样的世界里，物理和生物事件都被精确控制，邪恶和苦难能减少到最低，历史过程的结局有严格的规律。所有事物都走向造物主清晰、独特和既定的目标。然而，这样的控制和可预见性以牺牲独立性为代价。在永远的掌控中，这样的造物主会拒绝给予他的造物知道和崇拜他的任何真实机会——真正的爱需要的是自由，而不是操纵。这样的自由是由进化的开放的偶然性最佳提供的。[77]

我们所有行动都被上帝决定，这样的生命是毫无意义的。如果我们所做的不是我们自己要做的，那我们与机器人就没有什么区别。仅当行动是自由的时候，我们的行动才是自己决定的。米勒说，真正自由的行动只可能在不被外力操纵的世界里。因此，进化非但没有丝毫削弱我们与上帝的关系，而且加强了这种关系。

6.7　通灵学

神创论者没有用科学方法检验他们的假说，但通灵学家们却这样做了。由于这个原因，通灵学研究会在1969年被美国科学促进会吸纳为成员。

> 欢迎来匿名咨询心灵感应术。无须麻烦介绍自己。
> ——本森·布鲁诺

通灵学研究超感官知觉（ESP）和意念致动。超感官知觉，顾名思义，指不以生物体已被验证的感觉器官为媒介的感知。ESP有三种主要类型：传心术，即不用感官而知觉别人的思想；遥视力，即不用感官觉察遥远的对象；预知，即不用感官而洞察未来事件。意念致动是指不用身体只用思想而影响物体的能力。这些现象通常都被归在**特异现象**（*psi phenomena*）的名下。

特异现象如此吸引人的一个原因是，它们的存在似乎在质疑我们对自然知识及实在本质的许多最基本的信念。例如，ESP的所有形式似乎削弱了现代科学背后的知识论，即感官经验是了解外部世界的唯一源泉。传心术（读心术）似乎削弱了支持现代科学的实在理论，即一切存在都是运动的物质或能量。而预知似乎削弱了这样的信念：结果不能先于其原因。如果这些现象最终被证明是真实的话，我们可能要彻底重构我们的世界观。

我们许多人似乎都经历过其中的某一种：我们或许在想一个朋友，很快就接到了她的电话；或者感觉到一个亲人处于危险中，结果确实如此；或者梦见得头奖，然后果然得了。诸如此类的经历显得很平常。一项对美国1,400名成年人的研究表明，67%的人"经历过ESP"。[78] 正如我们所知，我们不能总是根据表面来看待我们的经历。看起来莫名其妙的东西原来常常有颇为平凡的解释。那么，在我们接受特异现象的真实性之前，我们应该确定，所讨论的现象无法用清晰明了的过程予以解释。

有些人认为，如果特异现象存在，那么世界将会更加有趣。例如，在个人层面上，传心术能改善我们的交流技能，预知能帮助我们为未来做准备，意念致动能帮助我们达到目的。在国家和国际层面上，其影响就更值得注意了。想象一下，我们能读懂敌人的心思，不进入其总部就可以查阅他们的机密文件，仅用意念就能解除其武装。J. B. 莱恩（J. B. Rhine）是在实验室里研究特异现象的首批人士之一，他对特异能量的应用前景如是说：

> 这对国际事务的影响将是十分巨大的。在世界任何地方、任何形式的战争计划和精妙设计都将被看到，里面的天机都会被泄露。由于泄密，再发生战争似乎不大可能了。突袭再也没有优势了。各种秘密武器和策划的战略都将会曝光。国家间也不用怀疑和畏惧对方的阴谋诡计。
>
> 任何规模的犯罪在脱去其隐形外衣之后都将难以继续存在。如果邪恶之人的阴谋诡计暴露于光天化日之下，贪污、剥削和压迫都将难以为继。[79]

军队与超感官知觉

1984年,国家研究委员会被军事研究学院要求调查利用超自然现象提升人的操作能力的可能性。军队对其潜在的军事应用十分感兴趣。

他们认为,如果ESP是真实而可控的,就能用来收集情报,而且因为它包括"预知",ESP还能用于预测敌人的行动。有人认为,PK(意念致动)如果能实现,可以用于干扰敌人的计算机,过早启动核武器,让武器和车辆失灵。预想的更具体的应用涉及行为矫正;生病,迷失方向,甚至导致远处的敌人死亡;与潜水艇沟通;在个体不知情的情况下给他们播种思想;远距离催眠个体;各种电子心理系统武器;保护敏感信息和军事设施的通灵盾牌等。有人建议应用"天字第一营"的概念,它由"武僧"组成,他们将精通这个委员会考虑的所有技术,包括ESP的使用、随心所欲的灵魂出窍、灵魂复原和穿墙而过。[80]

许多超自然现象都被研究过,包括遥视、意念致动、传心术以及植物感知。委员会得出以下结论:

总体来说,要在赞成和反对这种现象存在的主张之间做出仲裁的话,实验设计的质量欠佳。尽管最好的研究具有比批评家所假设的更高的质量,但大部分工作尚未达到促进科学知识基础所必需的标准。最后的结论取决于来自更有说服力的研究设计的证据。[81]

但是一种充分发展的特异能力真的是这样一种恩惠吗？如果有人能读懂你的心思，每分每秒都监视你的所作所为，用他们的意识控制你的身体，那将会怎样呢？难道这不是造成了社会控制吗？这种控制不比《1984》或者《美丽新世界》中描述的更加可怕吗？马丁·加德纳是这样认为的，他把特异力量看成是"在压制和恐惧性方面，它们在规模上远远超出了窃听电话、私拆别人信件或电子窃听等手段"。[82]

> 奇怪的思想引起奇怪的行为。
> ——雪莱

特异现象的军事潜力没有逃脱五角大楼警惕的眼睛。专栏作家安德森1981年报道说，五角大楼的绝密"超能特遣队"仅在1980年就花费了600万美元来尝试开发特异武器。我们的军事领袖知道，苏联自从20世纪30年代以来就开始通灵研究，而且斯大林曾希望开发通灵武器对付美国的核威胁。很明显，五角大楼的高级官员在急切地填补他们洞察出的ESP空白。

在20世纪70年代，希拉·奥斯特兰德（Shelia Ostrander）和林恩·施罗德（Lynn Schroeder）的《铁幕后的通灵发现》一书给人造成的印象是，苏联正在充分利用心灵能量。有故事说，苏联妇女可以将掉入鱼池里的鸡蛋的蛋清和蛋黄分开（一个给人深刻印象的技艺，因为用隐藏的磁铁或绳索做不到），而且能用意念使青蛙停止心跳。如果这种能量可以集中或放大的话，美国人将毫无安全可言。

> 这里要思考的是：你怎么从来没有看到像"通灵者赢得彩票大奖"这样的标题？
> ——杰·雷诺

但是，不是军事方面的启示而是哲学方面的启示，引发了J. B. 莱恩对特异现象的兴趣。像神创论者一样，莱恩相信广泛接受物质主义将会产生灾难性的社会后果。

最深远和反叛性的后果在于意志和精神自由产生的结果。按照机械决定论,被珍视的个体的唯意志论只是一种懒散的幻想。如果没有某种摆脱物理规律的运动,角色义务、道德判断和民主的概念都将不会在批判的分析之下幸存。个人的或超出个人的精神秩序的概念,将没有逻辑地位。事实上,在人类社会已经发达的情况之下,整个价值体系在彻底的物理主义哲学的建制下也将不复存在。[83]

他认为,如果特异现象是真实的,物质主义的世界观将要被抛弃,另一个符合传统价值的世界观将取而代之。

J. B. 莱恩是1930年在杜克大学开始他的特异现象研究的。利用他的同事卡尔·齐纳(Carl Zener)设计的一副牌,莱恩试图确定被试者是否可能不用感官接触这些纸牌就能确定纸牌上的符号。齐纳这副牌共25张:每5张有一种不同的符号——交叉十字,星号,圆圈,波浪线和正方形。每一轮包括尝试识别这副牌每张卡片上的符号。在纯属巧合的情况下,被试者应该能在任何一轮中正确识别5张卡片上的符号。

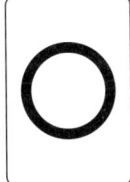

一副齐纳卡片上的符号

在莱恩最早和最成功的试验中,被试者和主试者面对面坐在桌子的两头,中间放着一个薄薄的隔离物,被试者看不到纸牌。为了测试传心术，主试者会一张一张看牌，而被试者会设法确定主试者所看纸牌上的符号。为了测试透视力，主试者不看卡片上的符号，将纸牌一张一张挑出来，然后被试者设法确定主试者手中牌上的符号。或者，重新洗一遍牌，面朝下放在桌子上，被试者尝试确定每一张上的符号，从上到下读完整副牌。为了检测预知，被试者会提前写下洗牌后纸牌排列的顺序。（然而这项测试的成功并不一定证明预知的存在，因为被试者可能会用意念致动影响洗牌。）

1934 年，莱恩以《超感官知觉》（Extrasensory Perception，莱恩创造了这个术语）为书名发表了他的研究结果。在大约十万次的尝试中，莱恩的被试者每一轮正确识别的平均次数为 7.1。因为按照碰巧概率期望，每轮只有 5 次辨识正确，所以，将莱恩的实验结果归于碰巧的可能性不及 1 古高尔（googol）分之一（一个 googol 是 1 后面有100 个 0）。莱恩基于自己的研究结果认为，一定有某种形式的非物质能量在起作用：

> 也许物理理论里涉及的生成各种能量概念的逻辑不利于解释所假设的特异能量？……这并不是从当下盛行的物理理论涉及的广泛的能量概念，到感觉器官不能截取的能量特殊状态的概念的巨大飞跃……那么，也许可以试探性地提出，在特异现象的背后一定存在一种能量，这种能量与那些物理学所熟悉的其他能态相互作用、相互转化。[84]

但是，莱恩的结论真的是该证据的最佳解释吗？要确定这一点，我们必须探索一些备择假说，看看这些假说是否比莱恩的假说更符合妥适性标准。

简单性和保守性标准告诉我们，当我们试图解释某物时，

仅当没有普通假说能解释时，我们才能接受一个非凡假说。

然而，莱恩的早期研究并不需要一个非凡假说。它能依据相当普通的信息传递形式予以完满解释。心理学家祖斯耐和琼斯解释说：

> 莱恩的结果显然不是由运气产生的。有很多感知手段可以用来确认纸牌。这些感知手段是如此之多、如此方便使用，以至于莱恩在20世纪30年代的大部分工作都可以毫无风险地加以忽略。测试通常出现在面对面的情景中，在主试者和感知者中间只有最低限度的屏障，甚至没有任何障碍。当主试者坐在感知者的对面时，后者会看到卡片的背面。有时，ESP卡片会重重地印上符号，以至于符号变成了浮雕图案，能从背面识别。1938年有人发现，符号也可以透过纸牌识别，这当然为指尖阅读卡片的背面留下了余地，如果做了标记，就可以确定卡片正反面的信息。
>
> 1937年，ESP卡片的使用说明公布于众，上面说用 18×24 英寸的一块胶合板就足以达到屏蔽目的。这肯定不行。一个小小的屏障仍会让感知者看到卡片正面，如果主试者戴上眼镜（卡片正面会在镜片上反射出来）；即使主试者没戴眼镜，卡片的正面也会从主试者的眼角膜反射出来。面部表情的变化也能泄露线索，小屏障无法完全屏蔽。大一点的屏障仍能让感觉敏锐者听到对方的声音。如果主试者同时也是记录员——这在莱恩的实验里是常规做法——音调的变化就成了与面部表情一样有用的信息源。而且，主试者用于记录的钢笔或铅笔的声音也能被人利用，

这些人熟悉这种声音，或者在经历了许多次的测试后学到了这种技巧。正在记录的主试者无意间的耳语也是不能排除的信息源。当感知者和卡片之间的距离扩大时，分数随之降低了。[85]

考虑到这么多感官泄露的所有机会，也就没有理由相信任何超感官的事情发生了。因而，莱恩实验结果的最佳解释就是，被试者是有意识或无意识地用普通手段感知到卡片上的符号的。这之所以是最佳解释，是因为这是最简单、最保守的解释事实数据的方法。

有关莱恩假说还有一些需要注意的。他告诉我们存在某种非物理的能量，但没有告诉我们有关这种能量足够多的信息以让我们独立地证实它的存在。因此，他的假说就是特设的。它不比小精灵使荧光灯发亮的假说强到哪里去。事实上，它与小精灵们（而非能量）通过在主试者与感知者之间来回运送信息引起了 ESP 的假说别无二致。除非我们充分了解了莱恩的能量，做一个测定它存在的独立实验，否则就没有好理由相信它的存在。

假如莱恩的能量确实存在，其他人应该能在与莱恩相同的试验情景下发现它。但是，那些重复过莱恩实验的科学家很少得到他的结果。心理学家 J. 克鲁博（J. Grumbaugh）的经历是典型的例子：

> 做实验时（1938 年），我非常期望实验会很容易地给出所有最终答案。我没有想象到 28 年后我与开始实验时一样仍充满疑惑。我重复了几种那时流行的杜克大学的技术，但是在 3,024 轮之后 ESP 卡片——与莱恩在他第一本书中报告的次数一样多——的结果全是否定的。1940 年，我在中学生中使用了更进一步的方法，结果仍然是否定的。[86]

百万美元的超自然挑战

多年来，魔术师、教育家和麦克阿瑟天才奖的获得者詹姆斯·兰迪（James Randi）为任何能在控制条件下展示超自然能力的人提供一笔奖金。这笔奖金现在已经涨到了一百万美元。目前为止，还没有人能拿走这笔奖金。下面是这笔奖金的官方陈述：

> 詹姆斯·兰迪教育基金致力于提供有关超自然主张的可靠信息。它支持和实施对这些主张的原创性研究。
>
> 在兰迪教育基金（JREF）里，我们提供一笔一百万美元的奖金。任何在适当的观察条件下能展示任何超常的、超自然能力或神秘力量、神秘事件之证据的人，即可获取这个大奖。该奖金以可转让债券的形式存在一个专用的投资账户上。除了帮助设计草案和批准试验操作的条件外，JREF不会出现在试验过程中。所有测试设计要有申请者的参与和认可。
>
> 大部分情况下，申请者会被要求做一项相对简单的、针对某个断言的预备测试，如果成功，申请者就进入正式测试。预备测试通常由申请者居住地的JREF合作者操作。预备测试成功的"申请者"就成了一个"索偿人"。
>
> 到目前为止，还没有一个人通过预备测试。[87]

2001年9月3日，所谓的通灵师西尔维娅·布朗尼（Sylvia Browne）在《拉里·金直播》节目中同意接受这个挑战。兰迪描述了测试程序，她同意这个测试是对她能力的公平检验。到撰写本文时，她还没有接受这个挑战。

心理学家约翰·贝路夫（John Beloff）也无法找到特异现象的肯定性证据：

> 最近，我刚在一位全职研究助理的帮助下完成了一项长达七年的通灵学研究计划。如果得到积极的结果，没人会比我们更加欣喜，但是从取得的成绩来看，最好还是说 ESP 没有存在过……基于与其他通灵学家交换意见，我未发现自己的经验有任何不寻常之处。[88]

因为试验出错的原因有很多，我们也就无法确定一种结果是真实的（而不是实验装置的人工因素），除非实验能被其他人重复。但在通灵学领域，没有能重复的实验。即使同一研究者选择同样的被试者，也不能每次都得到相同的结果。因而，有充足的理由怀疑超感官知觉是真实的。

然而，这不是说超感官知觉是不存在的。即使再多的证据（或没有证据）也不能证明，因为证明一个全称否定命题是不可能的。缺乏可重复试验所表明的是，没有人能正当合理地相信超感官知觉存在，因为可用的证据不能使人们排除合理怀疑地去确立该主张。

> 万物之中最伟大的奇迹是自然规律。
> ——乔治·丹纳·包德曼

也许通灵学家们一直都不能够设计一个可重复的试验，因为他们还没有确认相关变量。一旦有可能，科学家会做可控试验以保证每次试验中的相关变量保持不变。所以，通灵学家缺乏重复性试验的一个解释是，对合适的超感官机能所必需的因素还没有被识别出来。

但是，通灵学家对其他人不能重复他们的实验有自己的解释。最普遍的一个解释就是格特鲁德·施麦德勒（Gertrude Schmeidler）广泛研究的**绵羊—山羊效应**（sheep-goat effect）。[89] 根据这个假说，特异现象的实验结果是受到了实验者态度的影响。如果实验者怀疑特异现象的存在（一只山羊），实验就不会成功；如果实验者相信特异现象存在（一只绵羊），实验就会成功。然而，诸如 J. 克鲁博和约翰·贝路夫那些声称他们是作为绵羊进行其研究的实验者的情况又会如何？难道他们没有证明绵羊—山羊效应是错误的吗？不可进行这样的论证：虽然这些实验者也许有意识地相信特异现象，但他们必定下意识地怀疑它。例如，D. 斯科特·罗格（D. Scott Rogo）认为，苏珊·布莱克默（Susan Blackmore）在其 16 年的研究中，寻找特异现象存在的证据以失败告终，其原因就是她下意识地对特异现象持有偏见。[90]

这个假说的特设性应该是显而易见的。没有办法检测它，因为不可能有不利于它的事实数据。每一个明显的反例都会通过诉求下意识来解释而消除。而且，接受这个假说会使整个通灵学领域成为不可检验的。没有不成功的试验能反驳特异现象的存在，因为它们可能只是实验者偏见的结果。

但是，通灵学家不需要这样的论证，而且许多通灵学家不是这样做的。雷·海曼认为，已有超过 3,000 次通灵学的实验被实施过了，许多是由胜任的调查者完成的。[91] 有些确实貌似成功了。但没有一个能被原样重复，许多最让人称道的实验原来都是骗人的。

例如，1942 年到 1943 年在伦敦，通灵学家塞缪尔·索尔（Samuel Soal）用印着颜色鲜艳的动物图案而不是常用的齐纳符号的卡片，测试一位名叫巴兹尔·莎克尔顿（Basil Shackleton）的被试者。索尔的理论是，如果用更有趣的材料做实验，被试者可能会做得更好。尽管莎克尔顿猜测目标卡片的得分与碰巧蒙对的水平一样，但是他的猜测却与紧接着目标卡片之后的那张卡片显著相关。据估算，这种事碰巧发生的概率不到 $1/10^{35}$。

很多人认为索尔的研究是特异现象存在的可利用的最佳证据。例如惠特利·卡林顿（Whately Carrington）说：

> 如果不得不选择一个单独调查让我相信超自然现象的存在，或用这个调查说服某个坚定的怀疑者（假如这不是一个自相矛盾的说法）的话，我会毫不犹豫地选择这个系列，这是我所知道的最有力的试验，它已经取得了最惊人的成果。[92]

可是，我们现在知道索尔的实验数据是伪造的。一位参与了许多莎克尔顿实验的助手艾伯特告诉索尔的一位同事，她曾看到他修改记录。之后，计算机对这些数据记录的分析显示，索尔要么改过记录，要么不是用他所说的方法得到他的随机数字。[93]

另一个突出的试验造假案涉及沃特·J.小莱维（Water J. Levy Jr.），他是莱恩选拔的接替他的通灵学实验室主任职位的人。莱维被人发现拔掉了自动记分器，试图得到异常高的成功率的记录。

当然，并不是所有的通灵学家（也不是所有的通灵被试者）都是骗子。但是，因为通灵学作假较多，所以，除非我们能排除合理怀疑地证明它们不是造假得来的，否则我们不应该接受一个特异现象实验的结果。防止造假的一种方式是雇佣一位职业魔术师。专栏中描述的阿尔法项目强调了这种预防措施的重要性。

目前可用的证据没有排除合理怀疑地证明超感官知觉的存在，因为它所基于的实验是不可重复的。其他研究人员不能重复超感官知觉的实验结果表明，除了超感官知觉还有其他因素影响实验结果。或许，最初的实验者都成了第5章介绍的知觉或者概念错误之一的牺牲品。或许，他们没有使用充分的控制去阻止其他因素产生该结果。或许，他们犯了作假的罪过。为确保我们没有戏弄自己或者被别人戏弄,重复是必要的。没有它,就无法知道是什么导致了所报告的结果。

然而,有人断言,即使特殊实验不是可重复的,所有成功的实验合在一起可以排除合理怀疑地证明超感官知觉存在。例如,约翰·贝路夫写道:

> 以前的试验是否是完美的或是排除了批评的,不是我要争辩的……而且,除非有一个更高层次的重复性成为可能,否则怀疑的选择权——即把实验结果归因于粗心、实验者一方或多方有意识或无意识的欺骗——仍然允许和有效……然而,我个人的意见是,这些……调查代表一种接受超感官知觉现象的压倒性理由。[94]

当然,每个人都有权阐述自己的观点,但是,从我们的角度看,重要的问题是,贝路夫的观点是否是正当合理的。令人难以信服的个别研究放到一起就能让人信服了吗?不能。缺乏质量的研究不能用数量弥补。让人怀疑的研究产生的证据依然让人怀疑,不管它们数量有多少。

对于超感官感知现象有大量传闻证据。许多个体有过他们相信已知物理规律无法解释的体验。但是,正如我们在第 5 章了解的,许多奇怪的体验能用已熟知的知觉过程加以解释,如幻想性视错觉、潜隐记忆、选择性注意、主观验证、福勒效应、自动效应等。由于在实验室之外我们无法排除合理怀疑地证明这些因素**没有**起作用,所以,我们不能根据表面现象接受传闻证据。

一种更深层的证据必须包括在超感官知觉的任何审查中——从赌场获得的证据。正如特伦斯·海恩斯观察到的:"人们可以把世界各地

阿尔法项目

仅当实验结果不能用普通感官知觉（OSP）解释时，一个试验才能为 ESP 提供证据。不幸的是，科学家不特别擅长确定什么时候结果可能归因于 OSP，因为他们没有受过骗术的训练。然而，职业魔法师却受过。结果是，通灵学家们会充分利用他们的技能。由（令人惊奇的）詹姆斯·兰迪构想的阿尔法项目，对心灵现象实验室需求魔法师提供了一个引人注目的证明。

在阿尔法项目中，两位年轻的魔法师史蒂夫·肖（Steve Shaw）和迈克尔·爱德华兹（Michael Edwards）在兰迪的建议下去了位于密苏里州路易斯大街华盛顿大学的麦克唐纳通灵研究实验室。麦克唐纳实验室可能是世界上得到资助最多的通灵实验室；它是由詹姆斯·麦克唐纳捐赠 50,000 美元建成的，詹姆斯·麦克唐纳是麦克唐纳-道格拉斯飞机公司的董事局主席。

肖和爱德华兹很容易地说服了麦克唐纳实验室的研究人员相信他们有真正的通灵能力。

他们在实验室里经过长达 3 年的实验。他们展示的"通灵"技艺很少失败。金属被"奇异地"弄弯了，心灵被读懂了，密封在信封里的内容被神秘地预见到了，密封在保险柜里的保险丝烧断了，照相机里的胶片上神奇地出现了神秘照片……兰迪详细描述了实施这些骗局的简单方法。

在肖和爱德华兹开始在实验室检测之前，兰迪写信给实验室负责人，华盛顿大学物理学教授彼得·菲利普斯（Peter Phillips）。

兰迪列出了实验室应该使用的控制手段以防巧妙手法或其他戏法。他还表示愿意自费并不用公开承认到实验室来，帮助准备"欺骗证明"试验。兰迪的请求被拒绝了，他的建议也被置之不理。对肖和爱德华兹的控制完全不足以防备他们使用戏法。甚至当他们特技的录像带被清晰播放时，任何仔细观看的人都能看出戏法的破绽，充满热情的实验室人员却没看出来。[95]

赌场中的每一次轮盘赌轮的转动、每次骰子的掷出、每一次牌的抽取当作一个正在进行的、世界范围的超感官知觉研究的一次测试。"[96] 如果超感官知觉是客观存在，那么赌博赢的钱数会与概率所预测的不同。但事实不是这样的。每年全世界赌场所做的数亿场试验没有提供超感官知觉存在的证据。有人认为，证据缺失的理由是因为超感官知觉不能被用于私利。然而，这种特设假说不应该阻止我们给予证据应有的分量。

然而，存在能解释赌场数据的非特设假说。一个是，赌场太吵了，致使特异现象不再起作用。最近，运用感觉剥夺技术的试验似乎让这个假说具有了可信性。

由于认识到如果承认特异现象存在，那它一定是一种极其微弱的力量，通灵学家查尔斯·汉诺顿（Charles Honorton）试图通过把正常感觉输入降到最低来查明特异现象的存在。在他的实验中，被试者被置于旨在阻止感觉信息的超感官知觉**全域**（ganzfeld）状态中。全域通过让被试者蒙着眼睛，戴着耳机而产生。红光罩在他们脸上，耳机里全是白噪声。这种状态持续15分钟后，被试者开始出现幻觉。他们看到的类似于催眠图像，有时正好是入睡前看到的。被试者一旦达到这种状态，发送者——通常是他们的亲人或者朋友——试图把一分钟长的一段录像内容传送给他们。录像片段由电脑从四个片段一组的四十组片段中随机选出。即使实验者也无法知道什么时间放的是什么片段。一旦发送者看了录像，被试者就被要求描述他们看到的影像。汉诺顿的假说是，如果特异现象存在，被试者看到的图像和发送者传送的图像一致的概率比纯属巧合的期望要高。每次结束时，被试者会看一组里的所有四个片段，并要求辨认哪一个最像他们看的影像。

仅靠碰巧，被试者应能猜中当时25%的片段。汉诺顿的240名被试者猜中了片段的34%，这个高比率碰巧发生的可能性不到百万分之一。其他人试图复制这个结果，有些成功了，有些失败了。有些报告的效应量比汉诺顿的大得多。至1985年，文献报道了40多次的超感官知觉全域试验。华盛顿大学心理学教授雷·海曼对这些数据做了一次元分析，试图确认实验结果是否应归于某种特异现象的作用。[97]元分析是在按质量将类似研究排序后，合并相似研究结果的一种统计程序。这样研究者就可以确定是否显著性结果与较差质量相关。如果是这样，就有理由相信不同于特异现象的其他东西是该结果的原因。海曼发现，试验缺陷，如感觉泄露和不充分随机性确实与成功的实验结果相关。所以，他得出结论，最初的超感官知觉全域试验并不是特异现象存在的令人信服的证据。[98]

为了回应海曼的评论，汉诺顿亲自对研究做了元分析，他用一套不同的标准对研究排序。与海曼相反，他发现研究很有意义，特异现象存在归因于碰巧的可能性不及十亿分之一。[99]他得出了与海曼不同的结论，部分是因为他用到的标准确认出不成功的实验中瑕疵更多，成功的实验中瑕疵较少。

为了提高超感官知觉全域试验研究的质量，减少这种分歧结论的可能性，汉诺顿和海曼合作发表了一篇论文，其中他们概述了任何可信的超感官知觉全域试验必须达到的标准。[100]汉诺顿用这些标准设计了新型的超感官知觉全域试验，叫作自动全域试验（autoganzfeld），因为它能部分地实现自动化数据收集。1990年他公布了超过355次的自动全域试验实验结果，受试的志愿者超过241名。结果成功率远远高出碰巧概率预期的结果。1994年康奈尔大学心理学家达里尔·贝姆（Daryl Bem）与汉诺顿在心理学界最有名的研究期刊《心理学通报》上联名发表了一篇文章。他们对一系列全域试验的元分析也显示出成

超感官色情知觉（Extrasensory Pornception）

最近，因在同行评审期刊发表一项似乎提供了预知（在某事发生之前就先知此事）之证据的研究，达里尔·贝姆（Daryl Bem）震惊了心理学界。贝姆声称，他的名为"感觉未来"的实验显示，通过给予我们即将到来之事的知识，未来可以影响过去。[101] 在一个试验中，被试者（大学生）坐在显示两幅并排窗帘的计算机屏幕前。他们被告知，一幅窗帘背后有一个中性的、负面的或色情的图像。他们的任务是用鼠标点击确认这幅窗帘。乍一看，该试验好像是要测试遥视力（远眺），因为被试者在设法察觉他们不可能看到的一个对象的存在。不过，贝姆是这样安排的，直到被试者做出他们的选择之后，计算机才挑选窗帘放置图像。所以，这个实验其实是预知的试验；如果被试者能够在超过50%的时间里猜中哪个窗帘背后有图像，那么他们就好像感觉到未来。

贝姆发现，当图像是中性的时候，被试者只有50%的时间（这是碰巧发生的概率）能确认正确的窗帘。但是，当图像是色情的时候，被试者能在53%的时间里确认正确的窗帘，这是统计数据上的显著结果。被试者看来能感觉到在其背后放置色情图像的窗帘，因此提示他们拥有科尔伯特所称的"超感官色情知觉"。

科学最终证明了EPS的存在吗？大多数心理学家认为没有。首先，假如过去是未来的某种指南，那么贝姆的试验将被发现有重大的方法论缺陷。过去，许多通灵者曾经报告过统计显著性结果，但经过批判性审查之后，发现它们不复存在。其次，贝姆在进行其试验的过程中，并没有遵循标准的科学协议。比如，在图像猜测试验中，半道中改变了他在使用的色情图像与非色情图像的数量，而且使其中的一些更为色情。在试验中途改变试验程序破坏了得出令人信服的结果所需要的控制。最后，也是最重要的，其他研究者未能重复出贝姆的结果。在科学中，重复是重要的，因为只有一个试验能被重复，我们才能肯定误差、不诚实没有起作用。三个不同实验室的三个不同研究者重复了贝姆最成功的实验，观测那种效果是否是真实的。[102] 在每一情况下，他们所得到的结果都不比碰运气更好。无法重复贝姆的实验结果表明，不是 ESP，而可能是别的东西在起作用。

功的比率远大于碰巧概率预期。他们得出结论："通过一种特殊实验方法即全域试验程序所得出的重复比率和效应量，现在已足以担保将这些数据带给更广泛的心理学共同体。"[103]

然而，赫特福德郡大学的理查德·怀斯曼（Richard Wiseman）和爱丁堡大学的朱莉·弥尔顿（Julie Milton）最近对另外30多个研究做了元分析，结果没有发现高于碰巧概率之成功的证据。[104] 另外，雷·海曼对贝姆和汉诺顿的文章里所报告的研究做了更为详细的分析，他发现了几个统计异常。具体来说，他发现所有的猜中是在目标出现的这一秒或更迟。这表明，超感官知觉之外的因素可能是这种猜中的原因。为了排除这种因素，海曼建议，每一个录像片段应该以同样的时间数量通过机器。[105]

元分析是一种相对新的统计程序，有人认为它用在通灵学上产生了不准确的结果。要达到准确，一个元分析必须包括调查研究中的所有类型。然而，文献并没有报告所有的研究。由于版面有限，不成功的研究没有像成功的研究一样得到关注，因此不成功的研究被归档于某处的抽屉里尘封起来。为了抵消这种"文件抽屉"效应，元分析通常包含估算有多少不成功的研究本来已被实施，从而使成功率达到机会水平。在汉诺顿1985年28个全域试验研究的元分析中，他推断说，会有423次不成功的、没有报告的研究，这使得成功率低于机会水平。由于全域试验的研究人员较少，汉诺顿的结论说，设想有那么多的研究是不合理的。

但是，统计学家道格拉斯·斯托克斯（Douglas Stokes）指出，不成功的研究很可能得出低于机会水平的结果。通过解释消除全域试验表面成功所需要的低于机会水平的研究数量，要比达到机会水平所需的数量少得多。斯托克斯算出，只需要62例低于机会水平的未报告的研究就能使汉诺顿的原始结果无效,这个数量没有超出概率范围。[106]

全域试验程序依然是最具前景的证明超感官知觉存在的方法。贝姆和其他受人尊敬的心理学家依然相信,这些研究确认了一种尚未得到妥当解释的异常现象。一个控制良好的超感官知觉全域试验可能会成为可复制的。如果能做到这一点,我们可能就要开始改变我们的世界观了。

然而,有理由相信这样的研究不会很快出现。不仅 ESP 调查者没有在过去的 75 年研究中实现重复试验,而且哈佛大学心理学家最近完成了一系列提供最有力证据的实验,他们也认为 ESP 不存在。塞缪尔·莫尔顿(Samuel Moulton)和斯蒂芬·考斯林(Stephen Kosslyn)假设:"如果特异现象存在,它就出现在大脑里,因而直接评估大脑应该比使用间接行为方法(就像以前用的)更加有效。"[107] 为了检测特异现象对大脑的刺激效应,他们使用核磁共振(fMRI,一种通过跟踪血流和氧水平来记录大脑活动的脑部扫描仪)。试验被设计成检测三种超感官知觉:传心术(感知别人的思想)、遥视(感知远处的物体)、预知(感知未来)。在每一轮试验中,接受者被装上了大脑扫描仪,并连续给他们显示两张照片。同时,发送者——可以是接受者的朋友、亲戚或者同卵双胞胎——在电脑屏幕上可以看到照片之一,并要求把它发给接受者。然后要求接受者猜哪个图像是正在发送的,并再给他看一次那两张照片。用发送者发送的图像检测传心术;用电脑屏幕上显示的图像检测遥视;用二次出现的图像检测预知。19 对个体接受了测试,3,687 次反应被记录下来。如果 ESP 是真实的,大脑应该对特异影像做出不同的反应。但是没有。也没有一个接受者正确识别图像的百分比超过 50%,而这个比率是人们完全纯属巧合猜中的比率。因此,莫尔顿和考斯林得出结论:"结果支持零假说,即特异现象不存在。无论作为一个团体或个体,我们参与者的大脑特异现象刺激和非特异现象刺激的反应在统计意义上不可区分。"[108] 没有得到正面结果并没有终极性地证明特异现象不存在,因为你不可能证明一个全称否定命题。你不可能终极性地证明某事物不存在,因为你总是有可能没有在正确的地方用正确的方法查找它。然而,他们相信他们的试验为特异现象不存在这个主张提供了有力支持,因为试验使用了传统上与特异现象相联系的变量,比如在情感或遗传上彼此相联系的被试者以及充满情感的刺激。

当然,特异现象的捍卫者能用许多特设假说搪塞这样的结果。例如,他们会说特异现象不影响那些无精神天赋的受检验的大脑或被试者。但正如我们所知,只要你愿意对我们的背景信念做出足够的改变,你就能搪塞任何实验结果。重要的是,我们没有令人信服的理由去做这样的改变,除非是为了拯救特异现象的信念。没有独立证据证明这些可能性是真的。对超感官知觉的论证尚未终结,但做出这样的论证越来越难了。

既然我们对科学是如何运作的以及区分好解释和坏解释的方法有了更好的理解,让我们看看这种知识如何能帮助我们思考怪异现象吧。下一章,我们将考察几种怪异现象,目的是确定对它们的最佳解释。

小 结

与一些评论家的断言相反,科学不能等同于任何特殊的世界观。科学是辨别真理的方法,不是真理本身。科学家持有的世界观多年来已经彻底改变了——量子力学的世界观与17世纪的机械论世界观已大相径庭。

科学方法论的第一步不是始于远离任何引导性假说的观察。科学探究始于问题，科学观察需要假说，因为它们告诉我们寻找什么，帮助我们区别相关信息和无关信息。尽管假说用于解释数据，但它们很少能从数据得出。假说是创造出来的而不是发现的，创造假说的过程与艺术创造过程一样，是开放的。假说必须对照实在来检验，而这种检验涉及控制实验和系统观察——所有这些必须尽可能避免主观性、偏见、外扰变量。例如，在医学研究中，受控制的临床研究是检验某一特殊治疗是否有效的黄金标准。对它们的正确操作需要安慰剂组和试验组，被试者和研究者双盲以及结果的重复。

没有科学假说能被终极性地证明，因为我们不能排除有朝一日发现相反证据的可能性。我们也不能终极性地驳倒一个科学假说。预见只能从假说与背景理论的合取得出。如果一个预见被证明是错的，我们通常能通过修正背景理论来拯救假说。构建辅助假说是保护一个假说免受不利证据攻击的方法。如果有独立证明它们的方法，这样做就是合理的；如果没有，假说就是特设假说。当一个科学理论开始依赖特设假说去免遭不利事实数据的攻击时，继续坚持该理论就不合理了。

一个理论产生多少理解取决于其符合妥适性标准的程度：可检验性（它能否被检验）、丰富性（它能否成功地预见新现象）、广泛性（它所解释的多种现象的数量）、简单性（它所做出的假定的数量）和保守性（它与已确立信念相符合的程度）。

如果我们使用妥适性标准去判断进化论和神创论的相对价值，能看到后者的得分更低。它不符合保守性，因为它与已得到确认的信念不相容。它不符合丰富性标准，因为它没有预见任何新事实。它不如进化论简单：神创论假定一种未知实体（上帝）和未知力量的存在。它在广泛性上与进化论相差甚远。进化论解释了许多科学领域里的无数现象；而神创论引发的问题比回答的问题还要多。

当妥适性标准运用到超感官知觉存在的理论时，该理论也境遇不佳。没有科学证据排除合理怀疑地证实超感官知觉的存在，而普通理论（如概率）更简单也更稳妥。

学习问题

1. 科学与技术的区别是什么？
2. 科学方法的功能是什么？
3. 为什么我们不能终极性地证明或者反驳一个科学假说？
4. 妥适性标准——可检验性、丰富性、广泛性、简单性和保守性，每一种试图检测假说的哪些具体方面？
5. 神创论是与进化论一样好的科学理论吗？
6. 相信存在超感官知觉有道理吗？

评估这些主张。它们有道理吗？

1. 简在她的房子里住了十年了，最近开始说看到鬼了。她也刚开始读恐怖小说。因此，鬼一定是她幻想出来的。

2. 为了证明悬浮是真实的，你要相信它，因为如果你不认为它是真的，就找不到令人信服的证据。

3. 转世是事实，因为每个人实际上都已过了好多次人生。

4. 史密斯教授在用迷幻药期间构想出了那个理论。怎么能认真对待它呢？

5. 科学家不会接受一个超常主张，因为它与他们预想的概念即所有存在物都是运动的物质相冲突。

讨论问题

1. 我们需要哪种证据能让这样的说法言之有理：来自另一星球的智能生命正在访问地球？

2. 一个科学家看到温度计的指针读数是 105。做出温度是 105℃ 的推断需要哪些背景信息？

3. 雷蒙德·伯纳德博士断言，UFO 不是来自外星而是来自地球中心。他相信，亚特兰蒂斯的公民在他们的陆地沉陷后移居到了那里。假设我们有好证据相信 UFO 是一种更加先进的文明的产物。伯纳德的断言比 UFO 来自外星更有道理吗？为什么有或者为什么没有？

实战问题

以色列通灵师尤里·盖勒因声称具有用意念弄弯勺子的能力而闻名。他无数次地展示了用特异功能弯曲勺子的场景，在大众面前、在一小群人面前、在电视节目里、在私人聚会上。一些魔术师——尤其是詹姆斯·兰迪——重复了盖勒的技艺并宣布它不过是敏捷手法而已。

任务：在互联网上做调查，找出兰迪和其他人是如何完成盖勒式的勺子弯曲的。然后回答问题：魔术师的复制对盖勒假说（用意念使勺子弯曲）意味着什么？

批判性阅读与写作

I. 阅读以下段落并回答问题：

1. 什么理论被用来解释麦田怪圈现象？

2. 作者认为什么证据支持这个理论？

3. 这个理论是保守的吗？是简单的吗？

4. 这个理论可检验吗？如果可以，如何检验？

5. 还有什么替代理论可以解释麦田怪圈现象？

II. 写一篇250字的文章，评价以下段落里所支持的理论，并与另一种竞争理论相比较（麦田怪圈是人用普通手段造成的）。在你的分析中运用妥适性标准并决定哪个理论最佳。

段落5

我们这个时代最神奇的现象之一就是麦田怪圈。麦田怪圈是在庄稼地里压出的大规模几何图形。它们通常是圆形的，但也有其他形状，从简单的图形到复杂的图画或符号都有。它们的跨度少则几英尺，多则几百英尺。人们对麦田怪圈的关注始于20世纪70年代，当时它们神奇地一夜之间开始出现在南英格兰的麦地里。茎秆被压平的农作物整齐地平卧在地里。20世纪80年代和90年代期间，随着麦田圈在世界各地频繁出现，对这一现象的关注开始升温。

但是，什么理论能最佳解释麦田怪圈现象呢？答案是这个理论：**怪圈是带电空气的小旋风导致的，这种风也叫风涡**。也就是说，怪圈是由一阵一阵的旋风导致的，这些风类似于尘卷风或微型龙卷风。这些风涡在庄稼地的上空形成，然后旋到地下，释放出电并以打旋的方式把庄稼压平。但是不像龙卷风，风涡并未损毁庄稼的茎秆。

这个理论的证据很吸引人。自然麦圈旋涡不为科学所知，但据报告，类似的旋涡在实验室里被人工造出过。有几个人断言在旷野里看到过这种旋涡。一个电旋涡在放电时可能会产生光，确实有些目击者报告说，在麦圈里或麦圈附近看到了"光球"和其他光现象。有些人也报告说，在麦圈附近听到了奇怪的声音，如嗡嗡声。

注 释

1. Carl Hempel, "Valuation and Objectivity in Science," in *Physics, Philosophy,and Psychoanalysis: Essays in Honor of Adolf Grünbaum,* eds. R. S.Cohen and L. Laudan (Boston: Reidel, 1983), p. 91ff.
2. Charles Sanders Peirce, *Collected Papers,* vol. 5, eds. Charles Hartshorne, Paul Weiss, and Arthur Burks (Cambridge: Harvard University Press, 1931–1958), para. 575–583.
3. Bruce Holbrook, *The Stone Monkey* (New York: William Morrow, 1981),pp. 50–52.
4. Fritjof Capra, *The Turning Point* (New York: Bantam Books, 1983).
5. Kenneth L.Feder, *Frauds, Myths, and Mysteries* (Mountain View, CA:Mayfield, 1990), p.20.
6. Karl Popper, *Conjectures and Refutations: The Growth of Scientific Knowledge*(New York: Basic Books, 1965), p. 46.
7. Ibid., p. 47.
8. Carl Hempel, *Philosophy of Natural Science* (Englewood Cliffs, NJ:Prentice-Hall, 1966), p.14ff.
9. P. G. Goldschmidt and T. Colton, "The Quality of Medical Literature:An Analysis of Validation Assessments," in *Medical Users of Statistics,* eds.J. C. Bailar and F. Mosteller (Waltham, MA: New England Journal of Medicine Books, 1986), pp. 370–391.
10. Benjamin Franklin and Antoine Lavoisier, "Report of the Commissioners Charged by the King to Examine Animal Magnetism," trans. By Danielle and Charles Salas, *The Skeptic Encyclopedia of Pseudoscience* (Santa Barbara, CA: ABC-CLIO, 2002), p. 809.
11. P. G. Goldschmidt and T. Colton, "The Quality of Medical Literature:An Analysis of Validation Assessments," in *Medical Users of Statistics,* eds.J. C. Bailar and F. Mosteller (Waltham, MA: New England Journal of Medicine Books, 1986), p. 812.
12. John M. Yancey, "Ten Rules for Reading Clinical Research Reports," *American Journal of Surgery* 159 (June 1990): 533–539.
13. Thomas M. Vogt, *Making Health Decisions* (Chicago: Nelson-Hall,1983), p. 84.
14. T. H. Huxley, *The Crayfish: An Introduction to the Study of Zoology* (New York: D. Appleton and Company, 1880), p. 1.
15. Philip Kitcher, "Believing Where We Cannot Prove," *Abusing Science* (Cambridge: MIT Press, 1982), p. 44.
16. Irving Copi, *Introduction to Logic,* 6th ed. (New York: Macmillan, 1982),pp. 488–494.
17. Robert Schadewald, "Some Like It Flat," in *The Fringes of Reason: A Whole Earth Catalog,* ed. Ted Schultz (New York: Harmony Books, 1989), p. 86.

18. Pierre Duhem, *Aim and Structure of Physical Theory* (Princeton: Princeton University Press, 1953), chap. 6, reprinted in *Readings in the Philosophy of Science,* eds. Herbert Feigl and May Brodbeck (New York: Appleton-Century-Crofts, 1953), pp. 240–241.
19. Ted Schultz, "Jumping Geography," in *Fringes of Reason,* Schultz, p. 89.
20. Marvin Harris, "Cultural Materialism Is Alive and Well and Won't Go Away Until Something Better Comes Along," in *Assessing Cultural Anthropology,* ed. Robert Borofsky (New York: McGraw-Hill, 1994),p. 64.
21. Hempel, *Philosophy of Natural Science,* p. 31.
22. Popper, *Conjectures and Refutations,* p. 35.
23. 波普尔并非没有注意到这种从否定证据中拯救理论的方法。他称之为"约定论者的曲解"或"约定论者的策略"。见 Popper, *Conjectures and Refutations,* p. 37.
24. Imre Lakatos, "The Methodology of Scientific Research," *Philosophical Papers* (New York: Cambridge University Press, 1977), vol. 1, pp. 6–7.
25. Nathan Spielberg and Byron D. Anderson, *Seven Ideas That Shook the Universe* (New York: Wiley, 1987), p. 178ff.
26. Lakatos, "The Methodology of Scientific Research," p. 6.
27. Immanuel Velikovsky, *Worlds in Collision* (New York: Dell, 1969).
28. Carl Sagan, *Broca's Brain* (New York: Ballantine, 1979), p. 115.
29. Sagan, *Broca's Brain,* p. 113ff.
30. Spielberg and Anderson, *Seven Ideas,* pp. 180–181.
31. P. Langevin, *C. R. Acad. Sci.* 173 (1921): 831.
32. Albert Einstein, *Forum Philosophicum* 1, no. 173 (1930): 183.
33. Hempel, *Philosophy of Natural Science,* p. 40ff.
34. 没有计算假设数量的公式,但是,它们的数量可以通过各种定性考虑来得出。比如见 Paul Thagard, "The Best Explanation: Criteria for Theory Choice," *Journal of Philosophy* 75, no. 2 (February 1978): 86ff.
35. Fritjof Capra, *The Tao of Physics* (Boston: Shambhala, 1975), p. 46.
36. W. V. Quine and J. S. Ullian, *The Web of Belief* (New York: Random House, 1970), pp. 43–44.
37. Thomas Kuhn, "Reflections on My Critics," in *Criticism and the Growth of Knowledge,* eds. Imre Lakatos and Alan Musgrave (Cambridge:Cambridge University Press, 1970), p. 261.
38. Charles Darwin, *The Origin of Species* (New York: Collier, 1962), p. 176.
39. I. Michael Lerner, *Heredity, Evolution, and Society* (San Francisco: W. H.Freeman, 1968), pp. 35–39.

40. Ibid., pp. 39–42.
41. Section 4a of Act 590 of the Acts of Arkansas of 1981, "Balanced Treatment for Creation-Science and Evolution-Science Act."
42. Judge William Overton, *McLean v. Arkansas Board of Education,* cited in Jeffrey G. Murphy, *Evolution, Morality, and the Meaning of Life* (Totowa,NJ: Rowman and Littlefield, 1982), p. 146.
43. Henry Morris and Martin Clark, *The Bible Has the Answer,* cited in Murphy, *Evolution, Morality,* p. 123.
44. 转引自 Garvin McCain and Erwin Segal, *The Game of Science* (Pacific Grove, CA: Brooks/Cole, 1988), pp. 19–20.
45. Isaac Asimov and Duane Gish, "The Genesis War," *Science Digest,*October 1981, p. 82.
46. Judge Braswell Dean, 转引自 *Time,* March 16, 1981, p. 82.
47. Gottfried Wilhelm von Leibniz, "Discourse on Metaphysics," *Leibniz Selections,* ed. Philip P. Wiener (New York: Charles Scribner's Sons,1951), p. 292.
48. Lerner, *Heredity, Evolution, and Society,* p. 39ff.
49. Larry Laudan, "Science at the Bar: Causes for Concern," in Murphy,*Evolution, Morality,* p. 150.
50. Theodosius Dobzhansky, "Nothing in Biology Makes Sense Except in the Light of Evolution," *The American Biology Teacher* 35, March 1973,pp. 125–129.
51. Martin Gardner, *The New Age: Notes of a Fringe Watcher* (Buffalo:Prometheus Books, 1991), pp. 93–98.
52. Feder, *Frauds, Myths, and Mysteries,* p. 174.
53. Ibid., pp. 176–79.
54. Asimov and Gish, "The Genesis War."
55. 转引自 Murphy, *Evolution, Morality,* p. 136.
56. Asimov and Gish, "The Genesis War," p. 87.
57. Henry M. Morris, ed., *Scientific Creationism* (San Diego: Creation-Life Publishers, 1974), p. 210.
58. Martin Gardner, *Fads and Fallacies in the Name of Science* (New York:Dover, 1957), pp. 125–126.
59. Richard Dawkins, *The Blind Watchmaker* (New York: Norton, 1987). p. 89.
60. Ibid., p. 90.
61. Michael J. Behe, *Darwin's Black Box: The Biochemical Challenge to Evolution* (New York: Free Press, 1996), p. 39.
62. "Human Scientists from Another Planet Created All Life on Earth Using DNA," www.rael.

org/rael_content/rael_summary.php, accessed September 2007.
63. www.clonaid.com/news.php?3.2.1., accessed September, 2007.
64. H. Allen Orr, "Darwin v. Intelligent Design (Again)," *Boston Review,* December/January 1996–1997.
65. Jerry A. Coyne, "God in the Details: The Biochemical Challenge to Evolution," *Nature,* September 19, 1996.
66. Charles Darwin, *The Various Contrivances by which Orchids are Fertilised by Insects* (New York: D. Appleton & Co., 1877), p. 282.
67. Ibid., p. 284.
68. Kathleen Hunt, "Transitional Vertebrate Fossils FAQ," www.talkorigins.org/faqs/faq-transitional/part1a.html.
69. Stephen Jay Gould, "Hooking Leviathan by Its Past," *Natural History,* May 1994.
70. Joseph Boxhorn, "Observed Instances of Speciation," www.talkorigins.org/faqs/faq-speciation.html.
71. Dawkins, *The Blind Watchmaker,* p. 82.
72. Ibid., p. 90.
73. 即使宇宙大爆炸只是在15亿年前发生，它也可能是一种在先的"大收缩"（引力坍缩）的结果，或者我们的宇宙可能"出芽于"（生长于）一个先前存在的宇宙。
74. Bertrand Russell, "Cosmic Purpose," *Religion and Science* (New York: Henry Holt, 1935), p. 233.
75. S. Jay Olshansky, Bruce A. Carnes, and Robert N. Butler, "If Humans Were Built to Last," *Scientific American,* March 2001, pp. 50–55.
76. National Center for Science Education, www.nateenscied.org/article.asp?category=2, accessed September 2007.
77. Kenneth R. Miller, "Finding Darwin's God," *Brown Alumni Magazine,* November/December 1999, p. 42.
78. A. Greeley, "Mysticism Goes Mainstream," *American Health,* January/ February 1987, pp. 47–49.
79. J. B. Rhine, *The Reach of the Mind* (New York: W. Sloane Associates, 1947), chap. 11.
80. Daniel Druckman and John Swets, eds., *Enhancing Human Performance: Issues, Theories, and Techniques* (Washington, DC: National Academy Press, 1988), p. 171.
81. Ibid., p. 206.
82. Martin Gardner, *The Whys of a Philosophical Scrivener* (New York: Quill, 1973), p. 58.
83. J. B. Rhine, "The Science of Nonphysical Nature," in *Philosophy and Parapsychology,* ed. Jan Ludwig (Buffalo: Prometheus Books, 1978), p. 126.

84. Rhine, "Science of Nonphysical Nature," pp. 124–125.
85. Leonard Zusne and Warren Jones, *Anomalistic Psychology* (Hillsdale, NJ:Erlbaum, 1982), pp. 374–375.
86. J. Crumbaugh, "A Scientific Critique of Parapsychology," *International Journal of Neuropsychiatry* 5 (1966): 521–529.
87. James Randi, "The Million Dollar Paranormal Challenge," www.randi.org/research/challenge.html, February 6, 2004.
88. John Beloff, *Psychological Sciences* (London: Crosby Lockwood Staples,1973), p. 312.
89. G. R. Schmeidler, "Separating the Sheep from the Goats," *Journal of the American Society for Psychical Research* 39, no. 1 (1945): 47–50.
90. D. Scott Rogo, "Making of Psi Failure," *Fate,* April 1986, pp. 76–80.
91. Ray Hyman, "A Critical Historical Overview of Parapsychology," in *A Skeptic's Handbook of Parapsychology,* ed. Paul Kurtz (Buffalo: Prometheus Books, 1985), pp. 3–96.
92. 转引自 ibid., p. 50.
93. C. Scott and P. Haskell, "'Normal' Explanations of the Soal-Goldney Experiments in Extrasensory Perception," *Nature* 245 (1973): 52–54.
94. John Beloff, "Seven Evidential Experiments," *Zetetic Scholar* 6 (1980):91–94.
95. Ibid., pp. 93–94.
96. Terence Hines, *Pseudoscience and the Paranormal* (Buffalo: Prometheus Books, 1988), p. 85.
97. Ray Hyman, "The Ganzfeld Psi Experiment:A Critical Appraisal," *Journal of Parapsychology* 49 (1985): 3–49.
98. Ibid.
99. Charles Honorton, "Meta-analysis of Psi Ganzfeld Research: A Response to Hyman," *Journal of Parapsychology* 49 (1985): 51–86.
100. Ray Hyman and Charles Honorton, "A Joint Communiqué: The Psi Ganzfeld Controversy," *Journal of Parapsychology* 50 (1986): 351–364.
101. Daryl Bem, "Feeling the Future: Experimental Evidence for Anomalous Retroactive Influences on Cognition and Affect," *Journal of Personality and Social Psychology* 100 (2011): 407–425.
102. Stuart J. Ritchie, Richard Wiseman, and Christopher C. French, "Failing the Future: Three Unsuccessful Attempts to Replicate Bem's 'Retroactive Facilitation of Recall' Effect," *PLoS ONE* 7(3) (2012): e33423. doi:10.1371/journal.pone.0033423
103. Daryl J. Bem and Charles Honorton, "Does Psi Exist? Replicable Evidence for an Anomalous Process of Information Transfer," *Psychological Bulletin* 115 (1994): 4–18.

104. J. Milton and R. Wiseman, "Does Psi Exist? Lack of Replication of an Anomalous Process of Information Transfer," *Psychological Bulletin* 125(1999): 387–391.
105. Ray Hyman, "The Evidence of Psychic Functioning: Claims vs. Reality," *Skeptical Inquirer* 20 (March/April 1996).
106. Douglas M. Stokes, "The Shrinking File Drawer: On the Validity of Statistical Meta-analyses in Parapsychology," *Skeptical Inquirer* 25 (May/June 2001).
107. Samuel T. Moulton and Stephen M. Kosslyn, "Using Neuroimaging to Resolve the Psi Debate," *Journal of Cognitive Neuroscience* 20 (2008) 182.
108. Moulton and Kosslyn, p. 189.

第 7 章

超常现象案例研究

让我们先回顾一下前几章所讨论的内容。

> 纯粹和简单的真理难得纯粹，从不简单。
> ——奥斯卡·王尔德

在前面几章里，我们探讨了指导我们思考怪异现象的几个基本原则。此外，我们还看到，即使在怪异王国里，也不是一切皆有可能：有些逻辑上不可能，有些物理上不可能，有些技术上不可能。另一方面，有些事情人们认为不可能，却也许终究是可能的。但我们也看到，某事物仅仅是逻辑上或物理上可能的并不意味着它就是真实的或将成为真实的。

我们考察了为什么个人经验不总能提供相信某事的可靠证据。我们明白了我们对个人经验确实性的强烈感受本身并不能给这种经验增加一丁点儿可靠性。只有没有好理由去怀疑某种个人经验，我们才能把它当作事物真假的可靠指南加以接受——而经常有许多怀疑的理由。作为一个主张——无论是有关不明飞行物、鬼魂、魔法，还是维生素 C 的疗效——的根据，个人经验常常比我们所认为的更不牢靠。

我们探究了当我们说知道某事物时这句话的含义。我们能知道许多事情——包括怪异事物——如果我们有好理由相信它们且没有好理由怀疑它们的话。当一个命题与其他我们有好理由相信的命题相冲突、与业经确认的背景信息相悖，或者与专家关于证据的意见相左时，我们就有好理由怀疑该命题。如果我们有好理由怀疑一个命题，我们就不可能知道它。我们能做的最好的事情就是让我们的信念与证据相称。如果我们不知道某事，一种信念的飞跃也永不能帮助我们知道它。我们不能仅通过相信某事要成为真的从而使其成真。基于信仰接受一个命题就是在无正当理由的情况下相信它。同样，神秘体验也没有给我们提供享有特权的认知方法。基于神秘体验的知识的断言，需要通过像其他经验一样的理性检验。

我们探索了为什么科学是我们排除合理怀疑地确立一个经验命题的最可靠手段，即使科学方法不能终极性地证明或驳倒任何东西。科学为我们提供了评估新假说或新主张、各种各样的怪异事件和实体的模型——一个能为科学家和非科学家服务的模型。如果我们想知道一个假说是否为真，我们就需要以这种或那种方式使用这个模型。这个模型要求我们根据备择或竞争假说来判断一个新假说，并运用我们掌握的最好尺度——妥适性标准——去检验每一个备择假说，看哪一个合乎标准。面临来自妥适性标准的压力，有些假设会因缺乏支持它们的有力证据或可靠理由而轰然倒塌。另一些假说也许不会彻底坍塌但暴露出其是建立在虚弱而不牢靠根基之上的。

> 只有穿越怀疑主义的茂密森林，才能真正踏上健全信任的坦途。
> ——乔治·吉恩·内森

在这一章里，我们把所有这些分析工具整合在一起。我们试图说明如何连贯地运用所有前面讨论的原则去分析和评价现实中关于怪异事物的主张。因而，本章是本书的应用部分，而正如我们之前提到的，本书本来就是**应用认识论**的书。

首先，我们将概述能帮你一步一步评价任何你所碰到的超常断言的程序。它是一个简称为"查究"（SEARCH）的公式，向你提醒之前讨论的各种原则，表明它们何时以及如何起作用，指引你就一个断言的真假得出你自己理由充分的结论。这个公式不是一成不变的——它只是表明如何运用原则的一种方法，如果我们想搞清楚任何不寻常的（或并非如此不寻常的）主张，我们必须应用这些原则。

本章的其余部分展示我们如何使用早已运用过的这个公式来评价几种流行的、超常的主张，并得出言之有据的结论。我们试图用实例来说明如何更好地思考怪异现象。我们得出的结论既不是唯一的（许多科学家和哲学家得出了相似结论），也不是不可错的。然而我们确实认为，这些结论基于最佳理由——这便是人们对任何一个值得接受的结论所能要求的全部。当然，你有拒斥我们结论的自由。如果你要这样做，我们希望你是基于好理由这样做的——至此，你明白了好理由和坏理由的差别，以及这种差别的重要性。

7.1 查究公式

我们的查究公式包含四个步骤，这四个步骤关键词的首字母组合即为 SEARCH：

> 判断一个人，与其看他的回答不如看他的提问。
> ——伏尔泰

1. 陈述主张。（State）
2. 审查支持主张的证据。（Evidence）
3. 考虑备择假说。（Alternative）
4. 根据妥适性标准，评价每一个假说。（Rate, Criteria, Hypothesis）

这个首字母缩略词是任意的、人为的，但它可以帮助你记住公式的关键成分。每当遇到奇异主张的时候，执行这些步骤。

注意，在这一章里，**假说**和**主张**这两个词可交替使用。我们这样做是因为任何怪异主张，就像任何关于事件或实体的主张一样，可以被看作一个解释特殊现象的假说。把怪异主张作为假说来思考很重要，因为有效评价怪异主张与科学中使用的假说评估程序基本相同。

第一步：陈述主张

在你仔细审查一个主张之前，你必须理解这个主张的内容。用尽可能**清晰**而**具体**的措辞来陈述主张非常重要。"鬼是真实的"就不是一个好的表达，因为它含混、不具体。好一点的表达是"死人的无实体灵魂存在并且可以被人的肉眼看到"。同样，"占星术是真的"这种说法也好不到哪里去。最好这样说："占星师能使用太阳星座准确判断一个人的性格特征。"即使这些经过修正后的说法也不是那么毫不含糊和明确。（主张里的术语要清楚界定。例如，究竟什么是"灵魂"？"准确判断某人的性格特征"又意味着什么？）但是，你遇到的许多怪异主张都有这样的特点。关键是，在你审视任何主张之前，你必须达到该主张是什么的最清晰、最具体的理解。

第二步：审查支持主张的证据

问问自己接受该主张的理由是什么。也就是说，有没有支持该主张的经验证据或逻辑论证？回答这个问题需要花点儿工夫盘点一下相信该主张为真的理由的数量和质量。对理由诚实而彻底的评估必须包括以下内容。

1. 确定经验证据的确切性质与局限性。你不仅要评价证据是什么，而且要评价是否存在对它的合理怀疑。你必须设法寻找它是否属于本书已讨论过的任何缺陷,这包括对人类感知、记忆和判断的扭曲,科学研究的偏差与偏见,含混数据固有的缺陷。有时,甚至一个对事实的初步调查也许就会迫使你承认,实际上不存在需要解释的任何神秘事情。或者,可能对一个小小谜团的调查导致了一个更大的谜团。不管是什么情况,鼓起勇气尝试对证据做出客观评价。许多忠实信徒从来不尝试这第一步。

2. 发现这些理由是否是不合格的。正如我们所了解的,人们频繁为支持一个主张而提供本该不予理会的一些考虑。这些考虑包括主观愿望式思考、信仰、毫无根据的直觉以及主观的确实性。问题是,这些因素根本不是理由。它们不能为主张提供任何支持。

3. 判断所讨论的假说是否真的解释了证据。如果没有——如果重要因素未予考虑——该假说就不是一个好假说。换言之,一个好假说必须与想要解释的证据相关。如果不是这样,就没有理由进一步考虑它了。

第三步:考虑备择假说

仅仅考虑所讨论的假说和接受它的理由是远远不够的。如果你真想揭开事物的真相,还必须权衡**备择假说**及其理由。

以这个假说为例:红鼻子驯鹿鲁道夫——圣诞老人的滑稽、会飞、毛茸茸的"照明灯"——是真实的,住在北极。作为这个假说的证据,我们能举出如下事实:数百万人(主要是孩子)都相信鲁道夫是真实的;在圣诞节假日里,每个地方都贴有它的肖像;考虑到世界上驯鹿的数量之多和它们的悠久历史,很可能在某个时间一只能飞的驯鹿会进化而来或者由于必要的基因突变而产生;有些人说他们亲眼看到过鲁道夫。我们可以继续为这个假说构建一个令人十分信服的论证——甚至你也很快就会相信我们说的。

这个假说本身听起来不错，但当我们考虑到一个备择假说时——鲁道夫只是人们在圣诞歌曲中臆造出的一个动物——它就显得荒唐了。这个歌曲假说得到压倒性证据的支持；它并不与生物学中所确认的理论相冲突（真实鲁道夫假说就冲突）；不像它的竞争者，这个假说不需要假定新实体。

> 一个人停止了提问，就真的成了傻瓜。
> ——查尔斯·斯坦梅茨

第三步涉及创造性和保持开放性思维。它要求质问，是否手头有解释现象的其他方法，如果有，那么支持这些备择假说的理由是什么？这一步包括将第二步运用于所有竞争假说。

记住这一点也很重要：当人们遇到某种怪异现象时，他们常常会立即提供一个超常的或超自然的假说，因而不能想象一个自然假说来解释事实。结果他们假定，这个超常的或超自然的假说一定是正确的。但是，这个假定是没有任何保障的。你不能想出一个自然解释，并不意味着没有自然解释。也许只是由于你没有注意到这种正确的自然解释罢了（这种情况历史上经常发生）。正如第2章指出的，对于一个神秘现象最合理的反应是继续寻找一个自然解释。

我们都有根深蒂固的偏见，这些偏见促使我们锁定一个最喜爱的假说，而忽略或抵制所有备择假说。我们也许相信，我们不需要考虑其他解释，因为我们知道自己最喜爱的假说是正确的。这种倾向会给我们带来快乐（至少暂时会快乐），但也会使我们沉浸于幻想中。我们必须抵制这种偏见。拥有开放性思维就是乐于思考任何可能性，并根据好理由改变你的观点。

第四步：根据妥适性标准，评价每一个假说

现在该是我们权衡各种竞争假说，看看哪些缺乏支持、哪些值得相信的时候了。简单地为每个假说编列证据是不够的。我们需要考虑其他因素，这些因素能让我们正确地看待证据，并帮助我们在根本没有证据的情况下估量假说，这是面对怪异事物时经常出现的情况。为了让我们赞成，超常主张必须提供典范性解释。也就是说，它们对现象的解释要比竞争解释更好。正如我们在第 6 章中所了解的，确定哪种解释最好的方法就是运用妥适性标准。通过将这些标准应用于每一假说，我们常常可以立刻剔除某些假说，赋予某些假说比别的假说更重的分量，并且在最初看似同等有力的假说中择优。

1. **可检验性**。这个假说能被检验吗？有没有可能的方法来确定假说的真伪？许多关于奇异现象的假说不具备可检验性。这并不意味着它们是虚假的。只是说它们毫无价值。这些假说只是永远不能确知的

> 一切都是神秘的；不努力识穿黑暗面纱的人都是奴隶。
> ——本杰明·迪斯累利

断言。假如我们主张，你的脑袋里有一个隐形的、无法检测的、有时让你头疼的小精灵。作为对你头疼的解释，这个假说有趣但没有价值。因为很明显，无法确定这个小精灵是否存在，这个假说没有提供任何有用的信息。你不能为这样的假说赋予任何价值。

2. **丰富性**。这个假说能产生解释新现象的可观察的、令人惊奇的预见吗？任何能做到这一点的假说都应该加分。同等条件下，做出精确的、意想不到的预见的假说比做不到这样的假说更可能为真。（当然，如果假说没有做出预见并不表明它们是假的。）大多数关于怪异现象的假说都做不出可观察的预见。

3. **广泛性**。这个假说能够解释多少不同的现象？在其他条件都相

同的情况下，它解释得越多，出错的可能性就越小。我们在第 5 章讨论了得到充分证实的假说，即人的感知是建构性的。正如我们指出的，这个假说解释了范围广泛的现象，包括知觉大小恒常性、对刺激的错误感知、幻觉、幻想性视错觉、不明飞行物目击等。只能解释其中一个现象的假说（例如，不明飞行物目击是因真实的外星人宇宙飞船引起的假说），给人的印象不会那么深刻——除非它还有像其他竞争证据一样有力的证据。

4. **简单性**。这个假说是对现象最简单的解释吗？一般来说，解释现象的最简单的假说是最好的，最不可能是错误的。**最简单**的意思是做最少的假定。在怪异事物的王国里，简单往往是假定最少的实体存在。假设一天早晨，你上了车，将车钥匙插入打火开关试图启动发动机，但发现怎么也发动不了。对这一现象的一个假说是：车的电池耗尽了；另一个假说是：有一个恶作剧鬼（一个淘气的精灵）造成了你的车不能发动。电池假说是最简单的（除了是可检验的以外，也生成预见，还能解释一系列现象），因为它不需要假定任何神秘实体的存在。然而，恶作剧鬼假说假定了一个实体的存在（同时也假设了这个实体有某些能力和倾向）。因此，简单性标准告诉我们，电池假说正确的可能性更大。

5. **保守性**。假说与我们已确立起来的信念一致吗？也就是说，它与经验证据——即来自可信的观察和科学试验的结果，与自然规律，与得到确认的理论一致吗？试着回答这个问题可以使你不再局限于仅为某个假说罗列证据，而是**根据所有可利用的证据**来真正估量假说的分量。同等条件下，与我们的整个知识库最一致的假说就是最佳选择，即最可能为真的假说。

由此得出，对于一个悍然不顾业经确认证据的假说必须赋以非常小的可能性。例如，假设某人声称，昨天得克萨斯州成千上万的猫狗如倾盆大雨从天而降。当然，这一奇怪事件在逻辑上是可能的，但这与人们关于物体从空中降落的大量经验是相悖的。或许晴朗的某天，猫狗真的会从云端翻滚而下，让我们所有人都目瞪口呆。但是，基于人们的丰富经验，我们一定会给予这种可能性很低的概率。

> 大脑就像人的胃，重要的不是你吃了多少，而是你消化了多少。
> ——阿尔伯特·杰·诺克

假如某人声称他造好了一台永动机，一种成功避开热力学定律运转的装置。（永动机就是永不停歇地运行，不需要外力支持的机器，它的能量自给自足；这个概念违背质—能守恒定律，即物质和能量既不能被创造也不能被消灭。）热力学定律已得到几个世纪累积的大量经验证据的支持。也有许多试图制造永动机的失败例子。有鉴于此，我们不得不得出结论：任何人能够避开热力学定律都是非常不可能的。除非有人能提供好证据表明这是可行的，否则我们必须说，那个人的主张极不可能。

同样，如果有人提出与已高度确证的理论相冲突的假说，那么这个假说必须被看作是不可能的，除非有好证据表明，该假说是正确的而那些理论是错误的。那么很显然，超常主张是不可能的。它们与我们的所知，与大量证据相冲突。只有提出相反情况的好证据才能改变这一定论。

7.2 顺势疗法

顺势疗法基于这样的理念：在一个健康人身上引起某种疾病症状的极小剂量的物质，也能缓解一个病人身上的类似症状。德国医生塞缪尔·哈尼曼（Samuel Hahnemann）率先系统地运用了这一概念。他还提出一个命题，自称为"无穷小剂量原理"——药物剂量越小，药效越明显，这种说法与科学发现相悖。所以，他用大幅度稀释的物质治疗病人——在许多顺势疗法药品中，甚至稀释得连那种物质的一个分子都不剩。哈尼曼承认这个事实，但他相信该物质留下了一种感觉不到的、"类精神的"产生疗效的物质。这种物质据说能恢复身体的"生命力"。

当今哈尼曼的顺势疗法的理论和实践仍然原封不动。在美国有数百名顺势疗法从业者（其他国家还有数百名），有成千上万的人在接受顺势疗法。

顺势治疗药品来源于生牛睾丸、捣碎的蜜蜂、颠茄、毒芹、硫黄、砒霜、斑蝥、响尾蛇毒液、毒葛、狗乳液和许多其他物质。它们被用来减轻许多疾病的症状，从过敏和感冒，到肾病、心脏病等病症。

通过哈尼曼所谓的一种验证程序，他"发现"特殊药品能够减轻某些症状。在一个验证过程中，他和他的学生直接试吃各种物质，然后观察自身症状。他相信，如果病人自诉某些症状，就应该给他服用（稀释了的）据说在验证过程中引起那些症状的物质。该物质被期望缓解这种症状。这种验证变成了接下来好几代顺势治疗的基础。

接下来让我们陈述这个主张并审查支持它的证据。

假说1：**在健康人身上产生病症的极度稀释物质，能治愈病人身上的同样症状**。这种假说可以用来解释为什么采用顺势疗法的人看上去变得更好些了。他们好转了是因为顺势治疗起了作用。

顺势疗法的验证实际上没有证明任何东西，得出这一点不足为奇。正如我们第5章中讲到的，个人经验和病例报告一般不能确立一种治疗方法的效果。由于安慰剂效应、疾病的易变性、未知原因的可能性和试验者偏见等其他因素,这种验证甚至不能可靠地证明某种物质导致了某种病症。

但是,顺势疗法的支持者经常引证其他证据。已经有许多对顺势治疗各种情况的科学研究。至今,所有看似支持顺势疗法的研究都被存在的严重问题削弱了。近期的文献综述之一解释了其中的一些问题:

> 克莱因杰、尼普斯切尔德与里特考察了107个顺势疗法的受控临床试验。他们得出结论:支持顺势疗法主张的证据不充分。希尔和杜容检查了另外40个临床研究。他们也得出结论:没有可接受的证据证明顺势疗法是有效的。自从以上综述写出以后,又出现了另外4个研究。
>
> 1992年,足跖疣(在脚上)的顺势治疗得到了检验。结论是,顺势疗法并不比安慰剂更有效。
>
> 1994年5月份的一个报告考察了对尼加拉瓜的儿童腹泻的顺势治疗。在治疗的第三天,顺势治疗组比控制组的大便更成形些(3.1 vs 2.1, $p < 0.5$)。然而,批评者指出,实验不仅把病情最重的孩子剔除了,而且在第一、二、四或第五天,实验组和控制组没有显著差异。这表明,之前的结论是无效的。另外,也不能确保顺势治疗没有掺假(受污染)。最后,止住腹泻的标准治疗方法没有被用于对比。
>
> 1994年11月的一份研究报告检验了顺势治疗药对儿童上呼吸道感染(如感冒)的治疗效果。84个孩子接受了安慰剂,86个孩子接受了个性化的顺势治疗药。研究者得出结论:顺势治疗药没有改善症状或感染。
>
> 1994年12月,第四个研究检验了顺势治疗对苏格兰地区过

敏性哮喘的治疗效果。接受顺势治疗的13个病人报告说，他们比接受安慰剂的15个人感觉更好，呼吸也更加顺畅。然后，研究者将这些资料与之前的几个实验结合起来，得出的结论是：总体来说，顺势治疗不是一种安慰剂，它是可重复的。

然而，只有极少数病人可以用来做有意义的分析。其次，个人感觉良好的报告不可靠。如果一个病人感觉良好，那么这是他康复的证据吗？有许多病，病人都会感觉良好，而实际上他们病得很厉害。我们需要的是一些病情改善的适当的生理测定。第三，将这项小研究与之前不同疾病的研究混合起来并不合适。

来自挪威的最新研究核验了顺势治疗和安慰剂治疗对减轻拔牙/口腔外科中的疼痛的疗效。24个被试者中的14个人是顺势疗法学生，5个作者中有2个人是顺势治疗师。可以确定地说，动机有助于顺势治疗的成功。然而，没有发现支持顺势治疗的直接证据，也没有发现减轻疼痛或组织炎症的证据。[1]

但是，让我们思考一个备择假说。

假说2：服用顺势治疗药的人是由于安慰剂效应才感觉好点了。这就是说，顺势疗法不像广告宣传的那样有效，而是因为众所周知的安慰剂效应，人们才认为它有用。这个假说由于有好理由支持而备受大多数医学专家的青睐。正如我们早已看到的，安慰剂效应是有大量文档记录的现象，当人们试用一种新的治疗方法时经常出现。还有，支持顺势治疗假说之研究的失败——尤其是表明顺势治疗的作用几乎等于安慰剂效应的作用的研究——使人们相信，顺势疗法的"治疗"概念**就是**安慰剂。

磁疗

你很容易在互联网上搜到宣传能减轻疼痛、治愈各种疾病——膝盖痛、偏头痛、关节炎、运动损伤、血液循环差、背痛甚至癌症——的磁疗网址。为治疗目的出售的磁疗产品,其形式可谓应有尽有:手镯、项链、耳环、腕带、鞋垫、护膝、坐垫、床垫、发刷等。这些产品有的很便宜,有的却要几千美元。它们大多是利用静磁体,就像普通冰箱或保险杠磁体,产生一个小的稳定的磁场。而脉冲电磁体引起磁场和电场,而且已经知道它们能影响生物系统。它们被用来修复愈合缓慢的骨折,研究人员也一直在检验它们治疗抑郁症及其他几种疼痛的潜力。

普通的静磁体有治疗之效吗?许多用过磁体的人声称有疗效,包括一些著名的运动员,他们支持一些特效磁产品。但是,客户评价尤其是有关康复的客户评价证明不了什么。由于安慰剂效应、疾病的变化过程以及确定因果关系的困难,个人经验不是证明疗效的好向导。

科学证据是疗效的更好指示器,但对静磁疗的研究很少,也没有多少实质性的结果。虽然已经有了一些研究,但这些研究大多存在问题,因而影响了它们的可信度,例如,被试者太少或没有安慰剂控制组。一些试验对静磁疗是否能够缓解疼痛进行了检验,却得出了矛盾的结果:一些研究显示可以减轻疼痛的程度,另一些研究则显示不能。实施磁研究的一个主要障碍是,被试者常常知道他们是在接受真正的磁疗还是无磁的安慰剂治疗,这使得研究无效。(发现一个物体是否被磁化很容易。)

除此以外,有些证据不利于磁疗的观念。磁疗的推销者主张磁疗通过增进血液循环达到治疗目的，但研究表明，静磁场对血液循环没有任何影响。有些研究表明，即使是比磁产品更强大的磁场也对人体组织影响甚微，甚至毫无影响。例如，由MRI（磁共振成像）机器生成的极其强大的磁场，对人们似乎根本没有什么影响，无论是好影响还是坏影响。

现在让我们用妥适性标准来检验这两个假说。它们都具有可检验性，所以我们必须转向其他标准来帮助我们判断它们的价值。顺势疗法假说没有产生可观察的、令人惊讶的预见，所以在丰富性上不占优势。人们可能论证，顺势疗法假说比安慰剂假说有更广的范围，因为它提供了**所有**症状是如何缓解的解释。

但是在简单性上，顺势疗法假说存在问题。顺势疗法假定了一个探测不到的实体与一个未知的神秘力量。同等条件下，一个假说依赖的未经证明的假定越多，该假说越不可能为真。这些假定本身就是顺势疗法假说的严重问题。另一方面，安慰剂假说没有假定未知的力量、实体或过程。

更糟的是，顺势疗法与保守性标准相冲突。它与生物化学和药理学的大量科学证据相悖。没有一个已证实的例子表明物质被稀释得越厉害其效果越强。也没有一个记录在案的例子证明极端的稀释溶液（在这种溶液里，没有一个原来物质的分子留下来）影响了任何生物系统。另外，正如之前提到的，关于这个问题的所有可利用的科学证据都很少或不支持顺势疗法。

这些都表明，顺势疗法假说比安慰剂假说弱得多。实际上，鉴于这些考虑，顺势治疗药起作用的可能性似乎极低。

7.3 代　祷

为他人祈祷（称为代祷）的做法司空见惯，而且成千上万的人都对其效果深信不疑。当然，这不足为奇，因为祈祷的效应一直是、现在仍然是世界上许多

> 祈祷吧，让上帝去担忧。
> ——马丁·路德

宗教团体的信条。近几年有些人声称，科学支持信仰所起的显而易见的作用——为病人祈祷可以让他们康复，至少可以让他们感觉好一点。大多数人将代祷的治愈效果归功于神的庇佑；也有一些人将其归功于不明力量或超自然力，如心理感应。不管怎么说，似乎许多人都认为代祷能起作用，它能给人们的健康带来积极影响。

让我们来检验那个主张——假说1：**代祷能减轻病症或者改善病人和残疾人的健康指标**。这个假说用来解释一些病人经他人祷告后病情看似好转这一现象。据祷告者说，病人病情好转了，祷告就是身体好转的最佳解释。

那些持此观点的人往往引用他们的个人经验或别人的经历作为证据。朋友或爱人病重，人们为她祈祷，很快她就奇迹般地恢复了健康。这类故事数不胜数。下面是著名的基督教牧师华理克（Rick Warren）讲述的故事：

> 上帝存在最有力的证据之一是回应祷告。我有个加拿大朋友，面临着移民问题。他在一家教堂实习，我晚上出去散步时为他祷告说："上帝啊，我需要你帮助我的朋友。"在散步时我遇见了一位女士，她说："我是一个移民律师，很乐意代理这个案子。"如果这种事我只碰到一次，那么我会说："这只是一个巧合。"如果遇到成千上万次，那就不是巧合了。[2]

正如你可能预料的，诸如此类的逸闻报告都面临时常困扰大多数类型的个人经验的可靠性问题：证实偏见、可得性偏差、建构性记忆、仓促概括和概率误判。作为支持祷告功效的证据，这些故事看似吸引人，实则很不可信。

通灵板经历背后的故事

你用过通灵板吗？你想了解它的神秘之处吗？你真的从精神世界里获取了信息，还是你只是自言自语呢？心理学家说很有可能是后者。心理学家安德鲁·内赫尔对此做了以下解释：

> 通灵板是一个表面光滑的木板，上面印有数字、字母以及诸如"是"或"否"的单词。通灵板玩家把手放到一个指示棒上，然后注意力集中到他们想让灵体回答的问题上。研究表明，只要思考某一图案就足以使手在合适的方向做出一个小的下意识动作。动作幅度再大一点，它就能使指示棒指向正确的答案，这一现象看起来很神秘，因为通灵板玩家通常没有意识到已经移动了指示棒，他们对答案也由衷地感到吃惊。根据我自己的一次非正式经历，使用通灵板似乎会引发记忆和下意识的印象，或者会失去意识……
>
> 虽然通灵板或占卜板看似是一种开发潜意识印象的便捷工具，但是好像还没有任何研究表明，通灵板在其操作中显示了超自然现象。[3]

其他证据来自对病人的科学研究：抑郁和焦虑症、酒精中毒、不孕症、与艾滋病有关的病和其他疾病。大部分研究集中在对心脏病病人的研究上。心脏病学家伦道夫·伯德（Randolph Byrd）1988 年做了一个很著名的研究。他对接受祷告的心脏病患者与没有接受祷告的控制组的心脏病患者在医学并发症程度方面进行了比较。结果表明，受祈祷的病人似乎比不受祷告的病人情况更好。1999 年，一个更大规模的研究测试了被祈祷（以祈祷"快速康复并不带并发症"为焦点）的心脏病患者是否比没被祈祷的心脏病患者恢复得好。研究者说，祈祷组最终存在的医学问题更少。在 2001 年的一个研究中，研究人员将大约 800 个心脏病患者分成被祈祷组和不被祈祷组，对他们出院后的医疗条件做了为期六个月的监控。他们报告说，他们没有发现代祷对病人健康带来显著效果。还有，2006 年，一个对 1,800 个做了心脏手术的病人的研究发现，代祷对他们的恢复没有影响。奇怪的是，知道自己被祷告的病人反而比那些不知道自己被祈祷的人有更多的并发症。

大多数关于祈祷的研究都因存在严重设计缺陷、规模太小不能得出有意义的结果或其他严重问题而被破坏了。所以，至今研究还没有证明代祷能改善任何人的健康。

还有，许多批评者（包括宗教信仰者与无宗教信仰者）说，这一研究路线从一开始就是注定要失败的。一个关键点是，代祷本身既没有清楚定义，也没有明白解释，代祷是与神的沟通，还是一种心灵遥感（心灵控制物质）的能力？代祷发挥作用是依赖参与其中的人的数量、性格、信仰，还是神的倾向和意愿？祈祷者能心存恶意并给他人造成伤害吗？研究者能确保排除**没有**参与该研究的无数的人们所做的祈祷的影响吗？可能病人的亲朋好友往往会祈祷病人恢复健康——无论病人是否也是科学研究的一部分。当然，许多宗教信仰者会自愿成为陌生病人的祈祷者。如果神在任何时候都能干预事件的过程——回应祈祷者或不回应——那么科学家如何能对研究结果有信心？这些问题看来暗中破坏了对代祷进行良好对照试验的任何努力。

假说2是一个主要备择假说：**代祷的表面功效是由于巧合和以先后为因果的谬误**。也就是说，人们为病人祈祷康复，病人就恰巧病愈了；由于祈祷在前，病愈在后，所以祈祷**引起了**康复。由于人们在判断可能性上出了名的无能，做出这种假设更容易些。当人们说"这不可能是巧合"时，他们往往是大错特错了。

根据妥适性标准，这两个假说在可能性上相差甚远。由于早已提到的理由，假说1好像是不可检验的，也不够简单，因为它假定了不可知的实体（神、精神或力量）和未知的过程。同时，这个假说也不具有保守性，因为它与我们已知的关于健康与疾病的生理学和心理学知识相冲突。而且，由于这个假说与它的解释一样令人迷惑，所以我们必须将其范围判定为零。因此它也就不是可信的。而假说2没有这些缺陷——目前为止它是比较好的解释。

7.4 不明飞行物劫持

近些年，书、杂志、电影和电视脱口秀都在散布一个惊人的假说：外星人正在劫持普通人，并以各种奇怪方式（用来做实验，与他们发生性关系或者恐吓他们）操纵他们，然后将受害者释放，之后就消失了。在畅销书《灵异杀机》中，作者惠特利·斯特里伯（Whitley Strieber）讲到，他被长着大头和大眼睛的外

> 把不明飞行物目击归于地球人众所周知的非理性要比归于未知的外星人的杰作容易得多。
> ——理查德·费曼

星人绑架，并遭受了恐怖虐待，外星人用针插入他的头部，将一个器械插入他的肛门。[4]之后这本书被拍成同名电影。巴德·霍普金斯在《入侵者》一书中描述了一些声称曾遭不明飞行物劫持的地球人的生动故事。[5]他说，外星人已经绑架了几百人，用他们做令人不安的基因实验，然后再释放他们。基于洛普民意调查（Roper poll），霍普金斯相信有数百万地球人曾被外星人绑架。

1991年，为了确定外星人劫持的程度，洛普组织对大约6,000人进行了民意调查。这些被调查者要回答一些表明他们多长时间有一次某类经历的问题。这些经历包括：（1）"醒来后处于瘫痪状态，感觉房间里有个奇怪的人、某种存在物或其他东西"；（2）"感觉到自己不知怎么回事无缘无故地在空中飞翔"；（3）"一段时间里（一小时或更多一些时间）你好像迷失了，但你记不起去了哪里，为什么去那里"；（4）"在房间里看到奇怪的灯光或光球，不知原因，不知来源"；（5）"突然发现身上奇怪的伤疤，没有人记得伤疤是怎么来的"。这个民意调查的设计者霍普金斯和雅各布斯推断，如果某人对以上这些问题中的4个或5个做出肯定回答，那么，他就被外星人劫持过。约百分之二的被调查者符合这个标准。因为调查样本代表1.85亿人口，所以他们推断，大约有400万美国市民曾被外星人绑架过。（本书作者被告知，兄弟会几乎百分之百对4个或5个问题回答"是"。这意味着他们都曾被外星人绑架过吗？）

在许多案例中，劫持故事浮出水面之前，受害者首先会经历一个生动的梦或是噩梦（有时是在童年），包括梦见可怕的外星人；或者他们经历过"时光丢失"，即发现自己不记得在某段时间发生过什么；或者看到夜空中奇怪的光，他们认为是不明飞行物。之后，当受害者被催眠以获取更多关于这些奇怪经历的细节时，被绑架经历的真相就全

远古外星人

尽管关于遭遇外星人的明确报告是比较新近的现象,但有人从不介意第2章所讨论的星际旅行的技术困难,主张数世纪来外星人一直在造访我们。像写了《众神的战车》的冯·丹尼肯这样的作家,坚持外星人一定克服了那些困难,因为他们留下了造访的证据。这种证据以两种形式出现:(1)看起来太成熟的物理结构,以至于并非由"原始"人制造;(2)好像描绘遭遇非人类生命的宗教文本、象形符号或雕刻(这个证据变成了历史频道电视系列节目《远古外星人》的主题)。但是,职业考古学家和神学家并不怎么接受古代外星人的假说,因为它相当于什么也没有解释。

回想一下,我们曾在第6章讨论了有些人试图解释一座桥倒塌了是因为一种看不见的小精灵的缘故。他其实是无能力告诉我们小精灵怎样或为什么毁坏那座桥,或者小精灵是何类生物。因此,小精灵假说并没有改善我们对该情况的理解。相反,它留给我们的谜团与我们开始遇到的问题一样大。

远古外星人假说如出一辙。古代外星人理论家未能告诉我们外星人怎样或为什么做那些他们所做的事,也未能告诉我们外星人是何类生物。因此,说"是外星人干的"并不比说"是小精灵干的"提供更多的信息。两个假说都没有告诉我们,为了理解那些现象我们需要知道什么;二者都只是用一个谜团替代另一个谜团。

此外,职业考古学家认为,远古外星人理论家所引证的大部分史前古器物和文本早已用更为传统的手段解释过了。在许多情形中,远古外星人理论家只不过是低估了我们祖先的能力。比如,英国北赫特福德郡博物馆考古官员凯斯·菲茨帕特里克-马修(Keith Fitzpatrick-

Matthews)对《远古外星人》电视系列节目所引证的某些现象提供了如下分析：

纳斯卡线条（The Nazca Lines）是冯·丹尼肯特别钟爱的证据之一，但是它们出现在那儿一点也不奇怪。它们位于秘鲁南部，由一些线条、几何形状和动物描绘组成，通过去除沙漠表层的氧化砂砾而蚀刻在表层上，结果显露出沙子下面的反衬色。因此图案是浅的，平均只有 0.15 米（5.9 英尺）深。历史频道网站重复了丹尼肯首次提出的观点，"线条用作上帝的宇宙飞船的跑道"；这方便地忽略了一个事实：

任何有重量的东西，比如一艘宇宙飞船，降落在平原上都会弄乱砂砾表面，露出底下明亮的沙子，因而生成新的线条并抹去它可能经过的图案。这样的情况显然没有发生过。那些线条——无论它们最初是什么——从来没有可能被用作跑道。

拉帕努伊岛（复活节岛）的巨人（The mo'ai of Rapa Nui）是知名的巨型石头雕像，约在 1250 年到 1500 年之间矗立在该岛的特殊位置。人们知道有约 887 个雕像存在过，几乎一半依然在拉诺拉拉库采石场，好像雕像所用石头主要来自这个采石场。搬运走的那些雕像被树立在海岸的石头平台（称为"神圣葬地"）上，雕像面朝跨越该岛不同部落领地的内陆；每个雕像代表一位逝去的祖先，而它们打算照看其活着的晚辈。在 1722 年第一个欧洲人接触岛民之后，当时所有在石头平台上的巨像都是直立的，但岛民之间的战斗导致每一个单立的雕像在 1866 年倾倒。

自 1955 年以来的考古研究披露了大量有关日期和目的的信息，且难以理解为什么它们被认为是远古宇航员的证据。的确，它们不是远古的，而且在哥伦布跨大西洋航海之后依然矗立着。

普玛彭古（Pumapunku）遗址，是更为知名的玻利维亚蒂瓦纳科（蒂亚瓦纳科）复杂设施的组成部分。尽管远古宇航员的支持者试图给这个复杂设施赋予非常大的年龄（超过 14,000 年不算罕见），但是，对原始沉积的碳 14 测定得到的粗略放射性测定年为 1510 ± 25，经校正后为公元 517—605 年，这个结论具有 96% 的置信水平。这相当清楚地将该遗址的起源置于公元 6 世纪；那些倾向更早起源的人不得不解释为什么没有更早的文化材料在此处被发现。该遗址出名是因其石头建筑，展示了完全不像远古世界的建筑技术的特点。石头之间复杂的接缝是如此精致，目的是在没有灰浆的情况下提供牢固墙壁，在地震带将稳定性最大化；它们似乎并不如电视节目主张的那样，不是外星人指导人类建造者的证据，它展现了随时间与日俱增的成熟性。

以西结书（The Book of Ezekiel）是《希伯来圣经》中更为匪夷所思的作品之一。它被认为是好像出生于公元前 622 年左右自称为以西结·本·布济（Ezekiel ben Buzi）的先知所作，详述了他所指的"神的异象"。对远古宇航员理论家来说，第一个难题是，谁想要把他描述成一个宇宙飞船及其占用者的真实密切接触者。此作品也不是一个直接见证人的说明，文本本身存在大量编辑的证据（的确，有很多该文本的变体）。这个作品的计划其实相当明确：在以西结面前，耶和华现身为战车上的神斗士，并宣布了对耶路撒冷和犹大的一系列审判，接着是对外邦人（尤其是亚扪人、摩押人、以东人、非利士人、推罗人、西顿人和埃及人）的一连串审判，最后以有关犹太人返回犹太王国、耶路撒冷重建以及赐予犹太人伟大祝福的一些含混预言结束。这听起来并不像传授来自先进技术飞船上的外星人的智慧。相反，这是早期犹太人启示文学的特点。[6]

部浮出水面了。在催眠中,被绑架者详细地讲述了他们在被劫持期间所看到的和感觉到的外星人的模样,甚至有些情况下还知道外星人说了什么。这一技术被称为**回归催眠法**,很多人都乐意采用此方法来揭示和证明外星人绑架事件。然而,有些人没有经过催眠就描述了被外星人绑架的经历,并详述了其中的细节。

现在我们将查究公式应用于劫持假说和某些主要的备择假说,探其究竟。

假说 1:外星人已经劫持了几个地球人,并用不同方式与他们交流,然后释放了他们。这一假说的支持者指出了几条证据。首先,有催眠过程中诱导出的引人关注的证言,催眠被认为是一种吐真剂,一种对一个人过去经历的具体细节的提取方法。还有不需要催眠辅助的证言。还有这样一个事实:所谓被绑架者的故事似乎很相似,许多被绑架者都描述了关于时光丢失的经历,一些人(包括惠特利·斯特里伯)成功通过了测谎仪的检测。还有物证,如被绑架者的身上有奇怪的伤疤,不明飞行物着陆的地方草枯死。

> 不愿推理的人是盲信者;不能推理的人是愚者;不敢推理的人是奴隶。
> ——威廉·德鲁蒙德

至于催眠,它不是真相的揭示者,而许多人相信它是。研究表明,即使是被深度催眠的人也会有意说谎,而且人们可以假装被催眠,愚弄非常老练的催眠师。更重要的是,研究也表明,当催眠对象被要求回忆过去的事情时,他们会随意幻想,创造从未发生过的事情的记忆。马丁·T. 奥恩(Martin T. Orne)是运用催眠术获取过去事件信息的世界级重要催眠专家之一,他对这种情况做了如下总结:

> 催眠意味着在想象中经历过去的事件,尤其是伴随关于具体细节的问题时,给被试者施加压力以让他提供信息……这种情

形可以唤醒被试者的记忆并且制造某种增强的回忆，也会使他填充细节，这些细节看似合理，却由来自其他时间的记忆和幻想组成。很难知道催眠辅助回忆起的哪些部分是准确的记忆，哪一部分是虚构的（编造出来并与真实事件混淆在一起）……除非独立验证，否则任何人——即使是在催眠领域受过大量训练的心理学家、精神病学家——都无法确定任一特殊信息是真实的记忆还是纯属虚构。[7]

奥恩和其他专家也都强调，受催眠的被试者极易受到暗示，并且催眠师很容易无意中诱导出被试者的假记忆：

如果一个目击者被催眠，而且他从报纸、在先前询问期间或与可能了解事实的其他人讨论时无意做的评论中，偶然获得有关事实的信息，那么，这些点点滴滴的信息就会组合在一起，形成伪记忆的基础并且继续发展……如果催眠师对发生的事情坚信不疑，防止他非故意地引导被试者的回忆就非常困难，结果被试者就终于"记得"催眠师实际上相信发生的事情。[8]

奥恩描述了他重复做的一个简单实验，说明了催眠术的局限性。首先，他核实被试者在晚上的某个时间上床，并一直睡到第二天早晨。然后，他给被试者催眠并且让她回忆那个晚上发生的事。奥恩问被试者，夜里是否听到了两次嘈杂的噪音（实际上没有）。被试者通常会说她被噪音吵醒了，然后描述了她如何起床进行查看。如果奥恩让被试者看表，她便会确认一个具体的时间——而那个时间被试者其实正在床上熟睡。催眠以后，被试者回忆起没发生过的事情，就好像发生过的一样。一个假记忆就由一个看似十分中立的诱导发问造成了。

有人甚至做过这样一个研究，在催眠状态下，从来没见过也没听说过不明飞行物的人是否能够讲述出关于被外星人绑架的"真实"故事。结论是他们能。想象中的被绑架者很容易、也很急切地构思出绑架的许多具体情节。研究者发现，这些描述与声称被绑架过的人的描述"没有本质区别"。[9]

研究也表明，催眠不仅可以诱导假记忆，而且会增加它们变成牢固建立的记忆的可能性。心理学家特伦斯·海恩斯说：

> 催眠所做的——这尤其与不明飞行物案例相关——是要促使被催眠的被试者相信这一点：催眠所诱导出的记忆都是真实的。这种相信程度的增加既发生在正确记忆的时候，也发生在虚假记忆上面。因此，催眠会造就假记忆，但个体会极其确信那些记忆是真实的。重复这些假记忆的人看来是可信的，因为他们确实相信他们的假记忆是真的。当然，他们的信念并不真正指示他们的记忆实际上是真是假。[10]

然而，劫持假说的支持者指出，一些人在被催眠以前就自述他们被不明飞行物绑架过。这一证言与讨论的问题相关，但是它也受制于我们对任何人的证言必须要问的所有可靠性问题。依据我们所了解的目击者和他们经验的环境（稍后讨论），我们必须将这个证言证据评估为没有说服力。

劫持故事的相似性也没有给假说1提供多少支持。批评者指出，讲述的故事很相似，这没有什么奇怪的，因为不明飞行物绑架由于书、电影、电视的宣传已经成了一个大众普遍熟知的主题。心理学家罗伯特·A. 贝克（Robert A.Baker）说：

> 据霍普金斯对被绑架受害者所述故事的报道，如果让我们假装我们被来自其他星球或另一个空间的外星人劫持，我们任何人都会编出一个无论是具体细节还是劫持者动机方面都很相似的故事。在与第三类人亲密接触和灰色的小外星人的会话交流中，我们想象的故事在情节、对话、描述和特征方面都与《灵异杀机》和《入侵者》的描述有惊人的相似之处。交通工具会是碟状的，外星人体格小，像人，有两只眼睛，肤色或灰或白或绿，他们访问地球目的是：(1) 拯救我们的星球；(2) 为他们自己寻找更好的家园；(3) 阻止核战争和我们对银河系其余部分的和平生活造成的威胁；(4) 给我们人类带来知识和文明；(5) 增长外星人的知识和对其他生命形式的理解。[11]

许多绑架故事中的相似之处也能被催眠师创造，他可能不经意地将同样的假记忆暗示给他的所有被试者。如果催眠师缺乏正规培训，并且他对实际发生在被试者身上的东西坚信不疑，这种暗示就最容易发生——这种情况也许是一种常态。

如果进一步仔细审查，时间丢失现象似乎也没有给劫持假说提供什么支持。一个理由是，这一现象实际上是一种常见的普通经历——尤其是当人们处于焦虑或压力状态下：

> 典型的例子是，汽车司机会报告说，在经过长时间驾驶后，在行程的某个点上，他们突然意识到自己对之前的一段时间毫无

知觉。基于某种理由,人们会把这描述为"时间空白""丢失的半小时"或是"与我的生命分离的一段时间"。[12]

还有,许多绑架故事的时间丢失案例在受到调查后,最后发现是非常乏味的解释。[13]

通过测谎仪测试也不能增加绑架故事的可信度。多种测谎测试仍然在刑事侦查、聘用筛选和其他领域使用。然而,研究表明,多种测谎测试在测试某人的真诚度方面极不可靠。[14]

物证也模棱两可。被绑架者身上的伤疤或伤口有可能是外星人制造的——也有可能是偶然致使的,只是主人不知道而已,就像我们发现自己身上的划痕或伤口却不记得它们是怎么来的。它们也可能是被故意造成的。没有什么佐证可以证明就是外星人所为。这种故事与不明飞行物降落之处寸草不生的说法大同小异。将它们与不明飞行物着陆联系起来并无直接证据。然而,有些地方已经被证明是某种菌类导致了草脱水(有时是一种圆形图样,称为仙环病),使草地看起来像被烧过一样。

虽然假说1并不违背逻辑或科学规律,但这一假说仍被证明是超常的,因为它似乎在技术上是不可能的。如在第2章中看到的,星球旅行需要的能量远远超过任何人所能制造的能量。除此而外,外星人劫持好像也需要先进的输送技术,这样外星人才能将在床上的地球人运送到他们的飞船上。最近,IBM的科学家表示,制造这种输送器是物理上可能的。[15] 不幸的是,这好像也是人类在技术上永不可及的,因为重建一个人需要的信息总量太大了,在合理的时间内无法完成传递。物理学家塞缪尔·L. 布朗斯坦(Samuel L. Braunstein)解释道:

斯蒂芬维尔之光

在2008年1月8日的晚上，得克萨斯州斯蒂芬维尔的居民目击了一场不同寻常的空中表演：一连串极其明亮的光在夜空生成了许多花样。目击者奥多姆这样描述："它们有7个，成水平一字排开，变化成弓形。它们垂直一字排开，我看见两个闪亮燃烧的长方形。那时我知道这是改变人生的体验。"[16] 许多人像奥多姆一样，把这光当成是源于天外来客。可是，它们究竟是什么呢？

当被问道这亮光是否有可能是军用飞机造成的时候，卡斯维尔战区的海军航空站联合备用基地（Naval Air Station Joint Reserve Base）的公共事务官员答复说："没有来自这个单位的F-16战斗机飞行。"但是，在1月23日，空军方面改变了自己的说法。他们在新闻发布中说："第457战机中队的10架F-16战斗机在包括伊拉斯郡空域在内的区域执行训练任务。"为什么会反转？他们声称是内部沟通出了问题。但是，对某些人来说，这种反转有点像掩盖，暗示一种阴谋在酝酿中。可是，难道人为错误不是一个更简单的解释吗？

退役的空军飞行员詹姆斯·麦克嘉哈（James McGaha）认为如此。

麦克嘉哈说，他们在做军事飞行训练，包括空投非常明亮的照明弹。LUU/2B/B照明弹一点也不像你可以想象的标准照明弹。这些照明弹的照度大约是烛光的200万倍。它们被用于为夜间空中打击照亮地面广袤区域。一旦发射出去，它们用降落伞悬浮在空中（常常盘旋，甚至因照明弹的高温而升高），能持续4分钟把地面上一个大于1千米的圈子照得通亮。照明弹外壳和降落伞最终都被热量耗尽。即使在150英里的距离外看，单个照明弹也可以像金星一样明亮。[17]

那一晚在驾驶一架直升机的一位退役美国陆军飞行员证实了麦克嘉哈的分析，声称他看到许多军用飞机在布朗伍德军事作业区（Brownwood Military Operating Area）的范围内投下了照明弹。因此，没有必要诉求外星人来解释斯蒂芬维尔之光。像菲尼克斯之光一样，把它们解释成军用照明弹和知觉建构的结果要好得多。

让我们先抛开识别原子和测量原子的速度，仅仅测量单个原子长度在每个方向上的分辨率，就是大约 10^{32} 比特（1 后面跟 32 个 0）。如此大的信息量即便使用可设想到的最好的光纤传送，也需要一亿世纪才能传送完全部信息。步行要比这容易得多！如果我们把这些信息压制在光盘上，那也能填满一个边长大约为 1000 千米的立方体！[18]

能把人从此地传送到彼地的输送器的想法在理论上是良好的，但是，看起来我们永远不可能将此付诸实践。

假说 2：那些说自己被外星人绑架的人患有严重的精神疾病。换句话说，根本不曾有人被不明飞行物绑架，那些炮制绑架之说的人纯粹疯了。实际上，发现其中一些是精神病患者也不足为奇。但是，他们中的大部分都疯了的说法没有证据支持。

不是每个声称被绑架的人都进行了心理测试，只是一部分做了测试。不明飞行物研究基金会要求职业心理学家伊丽莎白·斯莱特（Elizabeth Slater）对 9 位声称被外星人绑架的人进行专门研究。在研究过程中，斯莱特并不知道被试者的遭绑架之说。对这 9 人进行大量测试之后，她得出结论：他们都不是神经病或者疯子。[19] 其他研究也得出了类似的结果。

当然，心理学家和精神病学家清楚，一个正常人没有必要发疯一般表现出极为怪异的举动或者有怪异的经历。斯莱特评论说，尽管被试者是理智的，但不能被认为完全正常，这一点也值得注意。她说，"他们并不能代表人口的普通横断面"，他们中有几个都"怪异或者不正常"，遇到压力时，他们中有 6 位表现出了"或多或少的短暂的精神病的潜质，包括伴随怪异和混乱的思维状态而丧失了现实验证能力"。[20]

假说 3：那些报告自己被外星人绑架的人是在制造恶作剧。 有些关于不明飞行物绑架的故事是可疑的或者已被发现是个恶作剧。例如，菲利普·克拉斯已经证明，特拉维斯·沃尔顿（Travis Walton）的劫持故事（最后被拍成电影《外星追缉令》）是一个煞有介事的骗局。[21] 但是，没有证据证明大多数劫持故事是骗局。大多数观察者一致认为，声称被外星人绑架的那些人很明显是诚实的。

> 人类变得文明，不是由于他们乐于相信而是由于他们乐于怀疑。
> ——H. L. 曼肯

假说 4：外星人绑架的报道是"幻想倾向人格"者的幻想，这些幻想通过催眠术被进一步细化和强化了。 科学家已经发现，有些人看似很正常并且具备良好的适应能力，但他们经常出现非常实际而清醒的幻觉和幻想，并且经常有与被催眠的人相似的经历。揭示这一现象的研究人员是这样描述的：

> （这个研究）表明，有些人（大约占人口的百分之四）在很大一部分时间里处于幻想状态；他们常常在"看""听""闻""触"，充分体验自己幻想的东西；他们可以被认为具有幻想倾向人格。广泛而深度的幻想好像是他们的基本特点和其他主要才能——他们自动产生幻觉的能力，他们在被催眠过程中的优秀表现，他们对生活经历的栩栩如生的记忆，他们精神上或敏感性上的才华——好像都源于他们深奥的幻想人生。[22]

当这些人处于深度幻想中时，他们对时空有很弱的意识，就像许多被绑架者所说的经历（时间丢失的经历）。还有，他们不仅很容易被催眠，而且即使在没有被催眠的时候，他们也总是表现出被催眠的行为：

当我们给他们进行"催眠暗示"时，诸如视觉和听觉幻觉、负性幻觉、返童记忆、四肢僵硬、麻醉和感官幻觉等方面的暗示，我们是在要求他们为我们做他们能在日常生活中不依赖催眠所做的事。[23]

十分有趣的是，一些研究表明，自称被外星人绑架的人实际上具有幻想倾向人格。在一项传记分析研究中，声称被外星人绑架或与外星人有过几次接触的154人作为被试者。结果发现，132人似乎正常和健康，但具有很多幻想倾向人格特征。[24] 贝克表明，《灵异杀机》的作者惠特利·斯特里伯与幻想倾向人格模型相吻合：

任何熟悉幻想倾向人格的人读了斯特里伯的《灵异杀机》后，都会感受到一种近在眼前的"最熟悉的陌生人"。斯特里伯是幻想倾向型人格的经典例子：容易被催眠，易遗忘，家庭宗教背景很深，带着早年的生动记忆，过着非常活跃的幻想生活——一位创作神秘和极富想象力小说的作家，这些小说的特点是异常强烈的感官体验，尤其是气味、声音和生动的梦。

斯特里伯的妻子在催眠状态下被霍普金斯询问。对于斯特里伯的一些幻觉，她说："惠特利看到了很多东西，我在那时没有看到。""你会在天空中寻找'明亮的水晶'吗？""哦，不，因为我知道这不是真的。""你怎么知道它不是真实的？惠特利是一个相当脚踏实地的家伙——""不，他不是……""你听到惠特利说他看到了那样的东西不吃惊吗？""不。"[25]

也有证据表明，睡眠幻觉更多地发生在有幻想倾向者的身上。而且有理由相信，这些现象在不明飞行物绑架故事里发挥作用。我们知道，许多不明飞行物绑架据说发生在受害者上床之后，他们感到全身瘫痪，或者好像漂浮在自己的体外。这种幻觉看起来绝对真实，因而被称为"醒梦"。它们并不是一种精神病的迹象；这些现象发生在正常、清醒和理性的人身上。贝克解释了它们的标志：

> 有几个典型线索可以告诉你你的知觉是不是催眠的或者半醒的幻觉。第一，它总是出现在睡着之前或之后；第二，人麻痹无力或难以移动，或人的精神游离于体外，有魂不守舍的体验；第三，幻觉极其怪异，即看到鬼魂、外星人、怪物等；第四，幻觉结束后，幻觉者回到睡眠状态；第五，幻觉者对他们的整个经历的真实性坚信不疑。[26]

贝克说，斯特里伯本人就有这样的幻觉：

> 斯特里伯的《灵异杀机》包含一个经典的、教科书式的半醒幻觉的描述；从沉睡中醒来，具有强烈的现实感和清醒感，瘫痪状态（由于身体的神经回路使我们肌肉放松，以保护我们的睡眠）以及与陌生人相遇。相遇之后发生的不是跳下床去寻找陌生人，斯特里伯常常是再度入眠。他甚至说，防盗报警器并没有响——这再次表明入侵者是心理的而非物理的。斯特里伯报告的另一个情景是，他醒着并相信他家屋顶着火了，外星人正在威胁他的家人。然而他对此唯一的反应就是平静地再度入睡——这又是一个半醒梦的确凿证据。

当然，斯特里伯相信这些经验的真实性。这也是预料之中的。如果他不相信它们的真实性，这种经验就不会是半醒的，也不会是幻觉的。[27]

最后，很明显，如果一个有幻想倾向的人体验一种被外星人劫持的幻想，然后被问诱导性问题并被相信不明飞行物绑架的催眠师催眠，那么这种幻想很可能就被应验或细化，对别人就有了极强的说服力，也让被绑架者深信不疑。

假说 5：外星人绑架的报告由梦引起，而后通过催眠被细化和强化。我们知道，许多声称被绑架的人的冒险经历实际上始于扣人心弦的梦。一开始，他们说梦到过与不明飞行物接触或者被绑架；然后在催眠的状态下，他们详细讲了外星人绑架的实际过程。例如，许多在霍普金斯的《入侵者》里起重要作用的被绑架者都描述了这种事件发生的模式。正如海恩斯所说的：

> 例如，当一个人被反复催眠并要求深入回忆经历的细节，而且被催眠师明确告知这种经历是真实的时候，一个被不明飞行物绑架的可怕梦境如何能变得像真事一样就很容易理解了。如果个人难以辨别梦想与现实，相信梦想或幻想是真的的过程会很快出现。一个人做的梦在很短的时间里会被当成真正发生过的事，这并不罕见。实际上，几乎每个人都做过这样的梦，刚醒时它们如此栩栩如生，以至于不可能，至少暂时不可能判断它们是否真的发生过。[28]

假说 6：那些报告被绑架的人的颞叶正遭受过度的突发性脑电活动。神经科学家迈克尔·波辛格（Michael Persinger）宣称，神秘体验、灵魂出窍体验，甚至像不明飞行物绑架一类的体验，都与大脑内部一些不同寻常的活动相联系——尤其是颞叶部位剧增的脑电活动。有些人患有所谓的高度"颞叶不稳定性"。他们的颞叶是"不稳定的"，脑电活动频繁激增。波辛格发现，与正常人相比，那些颞叶高度不稳定的人报告神秘或通灵体验以及感受飞行或离开身体的体验更多。在实验中，波辛格通过在大脑周围运用磁场，继而引起颞叶中的脑电活动的爆发，真的诱发出了诸如此类的经历，包括绑架一类的体验。[29]

波辛格说，颞叶高度不稳定的人偶尔可能会有绑架一类的体验。颞叶部位激增的脑电活动有可能会发生在睡眠期间，从而引起夜间绑架经验（这正是许多人说的情况）。

造成强烈磁效应的地震能引发颞叶突波（temporal lobe surges）。因此，波辛格预见，不明飞行物劫持和目击的报告将对应于地震活动期。当他检验了他的预言后，发现他是对的；地震与怪异经验之间存在强相关。

现在让我们运用妥适性标准来检验这些备择假说。所有假说都是可检验的，所以我们必须依靠其他四个标准来帮助我们在这些可能性中做出选择。让我们来看看，使用这四个标准是否能排除一些假说。

假说4（幻想倾向人格）、假说5（梦境材料）和假说6（脑电活动）在丰富性、广泛性和简单性方面分量相当

> 发生在我身上的事太恐怖了。它似乎完全是真的。
> ——惠特利·斯特里伯

（除了假说6在丰富性上占优势以外）。假说2（精神疾病）和假说3（恶作剧）在保守性方面显然逊于假说4、5、6。它们与现有的证据相冲突；另一方面，假说4、5、6与大量的证据相一致。

罗斯维尔事件

1947年7月8日,《罗斯维尔每日纪事》刊登了一篇题为《RAAF（皇家澳大利亚空军）在罗斯维尔地区大农场捕获飞碟》的文章,看起来是当地一个牧场主布雷泽尔在他的农场发现了一些不寻常的材料。7月9日版的《罗斯维尔每日纪事》是这样描述材料的:"太空碎片被收集起来,锡纸、纸、磁带和条状物捆成了一个大捆,大约3英尺长,7、8英寸厚,而橡胶捆成了一个捆,大约18~20英寸厚。布雷泽尔估计,所有东西的重量可能超过了5磅。"尽管人们期望飞碟的重量超过5磅,但是许多人还是相信这个残骸是坠毁的飞碟的残骸。

为了调查清楚这件事情,国会议员史蒂文·H. 施蒂夫要求审计总署找到所有有关罗斯维尔事件的记录。为支持这项工作,空军发表了《关于罗斯维尔事件的空军研究报告》。该报告显示,在布雷泽尔农场回收的材料是一个绝密计划的一部分——代号MOGUL计划——这个计划试图用高空飞行气象气球和雷达反射器监视苏联的核爆。报告是这样说的:

> 原来报道回收的残骸是某种气球,通常被称为"气象气球",尽管大多数残骸最终被雷米将军和马塞尔少校在沃思堡的著名照片里展示出来,但那是通常从气球悬吊下来的雷达目标。这个雷达目标（后面会更详细地进行讨论）无疑与7月9日的新闻报道的描述一致,"锡纸、纸、磁带和条状物"。另外,"飞碟"的描述与一项认可UFO的作家例行使用的文档一致,他们暗示一个阴谋正在进行中。这个文档是来自达拉斯联邦调查局机构1947年7

月 8 日的一份电报。部分文件引述如下："……碟片呈六边形，用电缆悬挂在气球上，气球直径大约是 20 英尺……所发现的对象类似一个携带雷达反射器的高空气象气球。"[30]

三个健在的 MOGUL 项目的科学家之一查尔斯·B.莫尔同意这一评价。在评价被经常当作外星人来源的磁带上的记号时，他说：

我们参与这个研究的人中大约有四分之一都记得我们的目标有某种风格化了的、像花一样的设计。我已经准备好了，在我的有生之年，很可能会遭遇超过一百个这样的飞行目标。每一次当我为一个目标做好了准备的时候，总是纳闷磁带标记的目的是什么。但是，约翰·彼得森少校笑着对我说："当你发现你的目标是由玩具工厂制造出来时，你还期望什么？"[31]

现在，竞争出现在假说 1（真实的绑架）、4、5 和 6 之间。我们现在可以看到，假说 1 与其他三个假说相比都是失败者。假说 1 没有产生新奇的预见。假说 4、5、6 则有更大的范围，因为它们提供的解释适用于多个现象，不只是外星人绑架的主张。在简单性方面，假说 1 没有其他假说可信，因为它假定了新实体——外星人。

根据保守性标准，我们看到支持假说 1 的证据极其微弱；支持其他三个假说的证据则有力得多。此外，假说 1 与人们关于外星来客的许多经验相冲突；到目前为止，我们没有好证据证明任何人曾经发现了任何外星人。而且，根据我们对宇宙大小的了解，对地外生命可能性的估算，以及星际旅行的物理要求，地球人被外星人访问的概率被认为非常低（但不为零）。

基于所有这些理由，绑架假说必须被认定是不可能的。假说 4、5 和 6 似乎极有可能。如果这三个假说中有一个赢家，一定会是假说 6。它在丰富性上脱颖而出，因为它已经产生了令人惊讶的预见——劫持报告与地震活动之间有奇特的相关性。不过，仍有可能剩余的每一个假说都是对一部分外星人绑架主张的正确解释。这些假说可能也不是假说的全部。我们所列出的备择假说并不打算要成为穷尽的。进一步的研究可能会缩小或扩大这个范围。同时，我们的分析给了我们一个被好理由支持的结论：绑架假说站不住脚，确实有合理的备择假说。

7.5 与死者交流

在 19 世纪，没有谁比巫师更神秘、更令人不安、更适于招待客人——这些神秘的从业者声称可以直接与死者交流。在无数昏暗的客厅，他们举行降神会——一种唤起亡灵，使之通过巫师这种灵媒向出现在房间里的亲人说话的聚会。有时巫师会漂浮于空中，他们周围的家具会从地板上升起，房间里会听到奇怪的吟唱声，或者一些东西会从黑暗中掉下来，好像它们来自另外一个世界。

然而，巫师的全盛时期并没有一直持续下去。太多的巫师被抓到作弊。漂浮、吟唱和坠落的物体，结果证明都是一些简单的把戏，巫师制造的有关死者的信息常常被证明是用普通方法或幸运猜测获取的。

旧式的巫师都消失了，但新的巫师就在这里。他们现在被称为通灵师，出现在电视节目上，出版著作，宣扬他们的技艺。与旧式巫师不同，新式巫师并不创制像吟唱或漂浮这样的物理显灵。但是，他们确实给人们提供已故亲人的信息，这些信息常常看起来准确得惊人，真的来自超自然世界。这些现代巫师包括通灵师詹姆斯·范·普拉格（James Van Praagh）、约翰·爱德华（John Edward）和西尔维娅·布朗尼。他们因许诺能直接与亡灵联络而声名大噪，受人爱戴，收入丰厚。这种虚无缥缈的接触让人们确信死者在"另一世界"一切安好。对许多人来说，"接触"的经历可能是极度感人、安慰或悲伤的。

> 常识很不寻常。
> ——贺拉斯·格瑞利

怎么解释这些惊人的表现？有4个主要的假说。

假说1：通灵师从死者脱离肉体的灵魂接收信息或消息。也就是说，通灵师所做的正是他们说自己正在做的——与死者的灵魂在沟通。这个说法最重要的证据是通灵师的表演。通常，他们在观众面前表演，与失去亲人的观众谈话。通灵师似乎了解死者亲人的情况，而这只有他们真正与死者接触过才能了解。他们说出的信息从来不是百分之百正确，但他

> 媒介即信息。
> ——马歇尔·麦克卢汉

们"说中"的情况频繁出现，让人印象深刻，足以说服许多观察者。

通灵师的能力很少用受控的方式检验过。然而最近，亚利桑那大学的心理学家加里·施瓦茨（Gary Schwartz）宣称，他的研究提供了巫师确实可以和死者交流的证据。在一系列的小型研究中，他和他的同事们让几个知名的通灵师（包括约翰·爱德华）给一个或两个参与者（称为"坐着的人"）读东西。通灵师给参与者读已故朋友和亲人的信息，参与者评价通灵师表述的准确性。施瓦茨声称，通灵师一致而准确地提供了具体的事实和名字，而且这些阅读不能被解释为冷读术或幸运的猜测。

然而，其他科学家说这些研究在许多方面存在根本性的缺陷，因此不能证明任何东西。例如，他们指出通灵师的准确程度完全取决于参与者的主观判断。考虑到通灵师含糊的陈述，一个参与者可以找出许多方法使陈述与已故亲人的事实相一致。在本研究的一个实际阅读中，一个通灵师说："首先显现给我的是我上面要说的一位男人的体形，是某种父亲的形象……显示给我的是5月……他们告诉我谈论的是关于大H，嗯，跟H连接。对我来说，这是一个H与一个N结合的声音。"心理学家雷·海曼解释了为什么这个参与者可以轻易地——几乎不可避免地判断这些信息切中要害。

参与者确认这一描述说的是她已故的丈夫亨利。他的名字叫亨利，死于5月，"被亲切地称为'温柔的巨人'"。参与者能够确认通灵师的其他陈述适合她已故的丈夫。

但是，请注意参与者把这样的陈述和个人状况相匹配的巨大自由度。短语"某种父亲形象"可以指她的丈夫，因为他对她的孩子而言也是父亲。然而，它也可能指她自己的父亲、她的祖父、其他人的父亲，或任何有孩子的男性。它也很容易指没有孩子的人，如牧师或像父亲的某个人——包括圣诞老人。如果她的丈夫生在5月，结婚在5月，被诊断出患有某种危及生命的疾病在5月，或者他最喜爱的月份是5月，那么这就会成为一个很好的匹配。"HN"之间的联系也非常合适，如果参与者的名字叫汉娜（Henna）或者她丈夫的狗叫汉克（Hank）。[32]

这种判断偏误对于像这样的研究是致命的。不幸的是，这种错误不是唯一的一个。批评者也揭露了施瓦茨的研究当中的其他致命缺陷。

两个事实引起了人们对于表演证据的怀疑。第一，在表演中实际说中的信息的比率可能比大多数人认为的低得多。一个调查者观察了范·普拉格的好几次表演，发现正确率只有16%到33%（准确陈述或答对问题的比率），比率远远低于轮盘赌的平均猜中率。然而，低命中率可能不会很明显地出现在以通灵学为特色的电视节目上，因为很多地方被删掉了，电视观众在剪辑了的节目中是看不到的。第二，通灵师总是用特设假说解释失误，这种假说不能被独立地验证。特设假说并不能证明任何事情，往往只是试图拯救一个弱的解释。

假说2：通灵师用传心术阅读生者的心灵以发现死者的信息。或许有利于这个解释的最重要的因素是，在场的观众里总是有一个人知道逝者的信息。如果传心术起作用，这一因素会有意义。然而，没有独立的证据表明传心术假说是正确的。

假说3：通灵师正在进行"冷读"。冷读是古代算命者和现代测心者（操作者假装能读懂心灵）的一种技艺。这是一种高明的把戏，能让超自然现象真的显现。在这种技艺中，"通灵"阅读者通过向被

> 不要生活在断层线上。它是个拉链。
> ——存在体蓝慕沙

试者提问并仔细观察其反应,来收集被试者的信息——整个过程给人一种印象:获得的信息来路神秘。

读心者可以用几种方法获取相关信息(或者好像得到了信息)。下面是其中的一些方法。

1. 读心者问许多问题,并且把肯定回答当作证实了他们所做的一个陈述:

> **读心者**:那个生病的或患有某种病的人是谁?
> **被试者**:那是我妈妈。
> **读心者**:因为我觉得她为病付出了沉重代价,她想康复。

2. 读心者可以做出适用于大多数人的陈述。例如,大多数人都会对熟悉的话题产生联想,如照片、珠宝、宠物、古董、疾病等。

> 意识的统一是错觉。
> ——欧内斯特·R. 希尔加德

> **读心者**:我觉察到了像猫或小狗一样的东西。我感受到这个动物的强烈形象。
> **被试者**:是的,我的哥哥有一只猫。

> **读心者**:我对一个钟爱的首饰感受强烈。我感到你的亲人在去世前,对某种珠宝情有独钟。
> **被试者**:哎呀,我母亲有一个她珍爱的胸针。

3. 读心者根据被试者提到的事实,推断准确而明显的信息。

>　**读心者**：你（已故）父亲的职业是什么？
>
>　**被试者**：他是一个农民。
>
>　**读心者**：是的，他在田间耗去了很多时光。他有一双长满老茧的手。他总是担心天气，也总是对农作物的价格忧心忡忡。
>
>　**读心者**：你说你的祖母在去世之前得了抑郁症？
>
>　**被试者**：是的，很严重的抑郁症。
>
>　**读心者**：我感到她对事情的结果非常悲伤……她甚至一度想要自杀。
>
>　**被试者**：是的，是这样的。

4. 读心者的陈述带有多个变量以便获取高的猜中率。

>　**读心者**：我感觉你（已故）的父亲曾过得很痛苦，或很挫败，也许是精神上的痛苦。
>
>　**被试者**：是的，他临终时非常痛苦。

5. 读心者邀请被试者填补空白。

>　**读心者**：我感觉到头部或者脸部的某种东西。
>
>　**被试者**：是的，我母亲患有严重的偏头疼。
>
>　**读心者**：我感觉到了药，重大的药物治疗，我也不知道为什么。
>
>　**被试者**：我的父亲由于患有癌症不得不做化疗。

使用这些冷读技巧以及许多其他技巧，读心者似乎轻而易举地读出了对方的心思，就像一个在行的测心术者一样。通过练习，几乎任何人都能成为"通灵师"。更重要的是，很明显职业通灵师大部分甚至全部的惊人表演都能用冷读技巧复制。范·普拉格、爱德华和其他通灵师可能确实是死者心灵的读解者，但他们的表演与通过冷读产生的效果似乎难以区别。

假说 4：通灵师提前获取了被试者的有关信息。一些通灵师和测心术者在表演之前已经获得了关于被试者的情况。他们会研究被试者，寻找点点滴滴能留下惊人印象的个人信息——可能是挚爱的人的绰号、家族流传的一个古老故事，或者是带有情感价值的物件。

没有证据表明顶级通灵师一以贯之地使用这种策略。但是，他们中的一些在表演前特地获取被试者的信息，然后把这些信息表达出来，好像它来自坟墓那边一样。一些顶级通灵师演出前与观众攀谈，或者向电视制作人询问电视表演时在场的被试者的情况。

> （招魂师）不仅缺乏批判意识，而且缺乏最初级的心理学知识。他们在灵魂深处不是想通过学习来提升自己，而是只想继续相信下去。
> ——卡尔·古斯塔夫·荣格

现在来看看这些假说中哪个是最好的。所有的竞争假说都是可检验的，但根据其他妥适性标准，它们的座次有别。假说 1 即通灵师的解释，在所有方面都很差。它从未产生任何新颖的预见，它的范围是有限的，因为它除了巫术表演外没有解释任何现象。它假定的实体（离开身体的灵魂）和一种沟通方式从未被证明存在过，所以它也不具有简单性。最后，它不具有保守性，因为它与我们所知的有关死亡、心灵和沟通的一切相冲突。缺乏保守性本身就使它不可能为真。

假说 2（传心术）在各个方面都与通灵假说相似。如同我们在第 6 章的分析表明的，传心术假说并没有产生新颖的预见，它假定未知实体或力量，并与可利用的科学证据相冲突。有人可能争辩说，它比假说 1 有更大的范围，但这种更大的范围并不能把它从不可能中拯救出来。

假说 4（提前了解信息）在广泛性、简单性和保守性上比假说 1 或 2 都好。但现有的证据不支持这个想法，即预先进行研究很普遍或者大部分猜中的信息是预先了解的结果。

假说 3（冷读）是赢家。它在广泛性和简单性上很可能与传心术假说相匹敌。但是与其他假说相比，它与证据更吻合。研究者表明，使用冷读的人能复制惊人的通灵表演——顶级通灵师似乎惯用冷读技巧。因此，我们有极好的理由相信，范·普拉格、爱德华以及其他通灵师都是有才华的、令人印象深刻的又令人扫兴的冷读师。

7.6 濒死体验

在给让-巴普蒂斯特·勒罗伊（Jean-Baptist Leroy）的信里，本杰明·富兰克林曾经说道："在这个世界上，除了死亡和纳税以外，没有什么是确定无疑的。"然而，一些研究人员认为富兰克林充其量只说对了一半。税收可能确实不可避免，但死亡——可以理解为自我的消失——可能不一定发生。我们的肉体无疑会死。但他们说，这并不意味着**我们**会死，因为有证据表明，肉体死了以后我们仍能活下来。有人主张，支持不朽的最令人印象深刻的证据来自濒死体验。

术语"濒死体验"（NDE）是由雷蒙德·穆迪博士创造的，用来描述他在那些死里逃生的人那里常常发现的一些经历。他最初的调查结果是基于大约五十人的深度访谈，这些人或是临床诊断已经死了

（他们的心肺已经停止运作）后来又复活了的人，或是由于事故、伤害或疾病正在面临死亡的人。他发现，虽然没有两个完全相同的经验，但他们的经历却有一些相同的地方。1975年，在他的畅销书《生命不息》里他发表了自己的研究结果，其中提出了下列"理想的"或"完整的"濒死体验的描述：

> 一个男人正在死去，当他的身体达到极度痛苦时，他听到医生宣布他已死亡。他开始听到一个不舒服的噪音，很响的铃声或嗡嗡声，同时他感觉自己在一个长长的黑暗隧道中迅速移动。在这之后，他突然发现自己脱离了躯体，但仍然处于这个物理环境中，他从远处看到了自己的身体，仿佛他是一个旁观者。他试图从这个特殊的有利位置观察身体在努力复活的情景，他处于极度的情感动荡中。
>
> 过了一会儿，他镇定了下来，开始适应这种奇怪的情况。他注意到，他仍然有一个"身体"，但是与他已脱离的身体的性质非常不同，而且具有非常不同的能力。很快，其他情况开始发生了。其他人过来迎接和帮助他。他瞥见了已经死去的亲戚和朋友的灵魂，而且一个他以前从未遇到过的充满爱意和温暖的灵魂——一个光人——出现在他的面前。这个人用非语言形式问了他一个问题，让他来评价他的一生，并帮助他即时全景式地回放了他人生中的主要事件。他发现自己在某种程度上接近某种屏障或边界，这显然代表尘世和来世之间的界限。然而，他发现自己不得不返回尘世，他的死期尚未到来。这时他开始抗拒，因为此刻他正在与来世的经历交流，他不想返回。他被这种强烈的快乐、爱与平静的情感充盈。尽管是这样的态度，他还是与自己的

身体和生活又结合在了一起。

后来他试图告诉别人，却无法做到。首先，他不能找到适合的人类词语来描述这些神秘事件。他还发现别人会嘲笑他，所以他再也不告诉别人。不过，他的经历深刻地影响了他的生活，尤其是他有关死亡以及生死之间关系的看法。[33]

虽然穆迪为《死后的世界》而采访的人中没有一个人经历过上述所描述的所有元素，但是他之后遇到了一些具有以上完整经验的人。[34]

穆迪对濒死体验的描述首次曝光时遭到了大量质疑。曾让数百人起死回生的医生说，他们从未遇到过。其他人认为他的样本太小，不能说明问题。[35] 然而它激发了专家和普通民众的浓厚兴趣。一些科学家和医生开始研究这一现象。为了传播这方面的研究结果，濒死现象科学研究学会在1977年成立。

就绝大部分而言，更广泛的和更好的受控研究证实了穆迪的发现。穆迪所描述的濒死体验在那些与死神擦肩而过的幸存者中间相当普遍。事实上，研究表明，如果你与死神亲近过或在临床上死而复活，你经历这样的体验的概率大约是50%。

丹佛市圣卢克医院心血管服务中心的负责人斯古马克博士在穆迪出版《死后的世界》之前就已从事濒死体验研究十多年了。1979年他出版了他的研究成果。[36] 在他所考察的2,300个案例中，大部分人患有心脏骤停，60%的人报告过穆迪所描述的那种濒死体验。亚特兰大的心脏病专家萨博博士采访了78名有濒死体验的病人。他发现，他们当中有42%的人经历过像穆迪所描述的体验。[37] 1982年的盖洛普民意测验发现，每七个美国人中就有一个经历过死里逃生，每二十人里就有一个有过濒死体验。[38] 一项最详细的濒死体验研究是

《圣经》的灵魂说

许多人相信，能够独立于身体的灵魂的存在是基督教教义的核心信条。对此，圣经学者并不苟同。他们告诉我们，《圣经》表达了一种人的一元观，人的身体和灵魂不可分割。英国神学家艾德里安·撒切尔（Adrian Thatcher）解释说：

> 圣经学者似乎达成了罕见的一致，他们认为，《圣经》中对人的描绘是非二元论者，《圣经》很少或不支持这样的想法：人本质上是个灵，或者说，灵与肉是分离的。当然，二元论者可能回答说，无论《圣经》当时如何看待这个问题，二元论现在都为基督教教义提供了一个令人信服的框架。即便如此，他们还是不能得到事实的真相，从圣经的观点来看，二元论是非常奇怪的。对这个立场，林恩·德·席尔瓦（Lynn de Silva）概括如下：

> > 圣经学已经得出结论，《圣经》中没有人的二分法概念，就像希腊和印度思想中发现的那样。《圣经》中的人的观念是整体的，而不是二元的。灵魂是不朽的，出生时进入人体，死亡时离开人体，这种观点与《圣经》中人的观念非常不同。《圣经》的观点是，人是一个统一体；他是灵魂、身体、血肉、思维等的统一体，所有这一切构成完整的人。没有一个组成元素能够从总体结构中分离出去并且死后继续存活……[39]

为什么圣经学者一致认为《圣经》没有给出理由让我们相信有一个不朽的灵魂呢？因为被翻译成**灵魂**的那些词，如"nephesh"（气息）

和 "psuche"（呼吸）意味着活的、呼吸的生物，如果有诸如不朽的灵魂，那么复活的故事就毫无意义。撒切尔解释说：

> 基督的复活和升天似乎明显排除了对人的二元论的解释。基督的死亡是真正完全的死亡，而不仅仅是他肉体的死亡。复活的奇迹正是上帝让耶稣从死里复活，而不是让耶稣的肉体与他的不朽灵魂结合。我们可能会问，如果耶稣不是真的死了，他的复活有什么意义？是为了说服他的门徒，死亡的枷锁被永远打开了吗？不可能，因为如果门徒相信灵魂不朽，他们在这一点上不会要求保证；如果他们需要这样的保证，一个复活的奇迹不会提供这种保证，它只会制造困惑。二元论对人的说明也使基督的复活成为多余；因为基督的灵魂，在其肉体死亡后仍然存在，没有肉体也会认为能回到上帝的怀抱。那升天是什么呢？是以栩栩如生的方式说再见吗？确切地说，它是彻底改变了的、理想化了的、荣耀的然而仍然有形的基督回到圣父身边的描述。没有哪个该事件的特殊历史版本用如此的论证来赞成。关键在于，由复活所表达的神学信念和升天叙事，使得更好地理解这个假设：所有男人和女人在肉体上死了之后和之前一样，本质上是全身统一体。[40]

肯尼斯·林（Kenneth Ring）博士做的，他是康涅狄格州的心理学家。通过使用医院记录和报纸广告，他能够确认 102 人曾经处于危及生命的情境。他们被要求提供一个他们经验的总体描述，然后被询问具体细节。在他的样本中，几乎 50% 的人有过濒死体验。[41]

林博士把濒死体验分为五个阶段：

1. 平静和幸福的感觉；
2. 与身体分离；
3. 进入黑暗；
4. 看到光；
5. 进入光的世界。[42]

早期阶段的报道比起后期阶段的报道更加频繁。60% 的被试者达到第一阶段，37% 达到第二阶段，23% 达到第三阶段，16% 达到第四阶段，10% 达到了第五阶段。达到哪个阶段不受个人年龄、性别或宗教的影响。事实上，跨文化研究已经表明，濒死体验的核心因素是一样的，无论这个人背景如何。例如，心理学家奥西斯和哈洛生调查了印度灵性大师的濒死体验，发现它们与西方所报告的那些并没有什么本质差异。[43]

上面提到的所有研究都是回顾性研究，即它们都是基于访谈，这些访谈在经历发生十年以后才开始进行。这种延迟很难得到对体验中涉及的心理或生理因素的准确评价。然而，2001 年，荷兰医生罗梅尔和他的三个同事在受人尊敬的同行评审期刊——英国医学杂志《柳叶刀》上发表了濒死体验的前瞻性研究。[44] 这项研究对来自 10 所荷兰医院的 344 名病人进行了访谈，访谈在他们经历心脏病发作后随即进行。为了测量这一事件的长期影响,对这一群体的随访研究持续了两到八年的时间。罗梅尔和他的同事发现,只有18%的病人报告有濒死体验。一个人是否有濒死体验与患心脏病时间的长度、无意识的时段、实施的治疗,或者死亡畏惧因素无关。然而,濒死体验的深度受性别(女人更有可能有深度濒死体验)、复苏的地方(在医院外的复苏更有可能有深度濒死体验)和对死亡的恐惧程度(那些畏惧死亡的人更可能有深度濒死体验)的影响。

鉴于濒死体验是常见和普遍的,我们能得出关于它们的什么结论呢?它们提供了灵魂不朽的证据吗?穆迪认为是。他相信对于这些经验最好的解释是,灵魂或精神在死亡时离开身体并穿行到了另一个世界。[45]这个结论无疑是大多数人愿意相信的,所以让我们先考虑这个假说。

假说1:在濒死体验中,灵魂或精神离开肉身,去了另一个世界。穆迪引用了两个理由来对濒死体验进行表面判断:第一,有这种体验的人在临床死亡时经常能准确地报告他们周围发生了什么;第二,他们的个性常被这种体验改变。[46]他们不再害怕死亡,他们的生活开始充满新的意义、目的和价值。

被一种体验改变的事实并不蕴含该体验的真实性。一个人的个性可以通过阅读一本小说而改变,但这并不意味着小说中的人物是真实的。然而,濒死体验的改变力量是这种体验很重要的一个方面,必须给予恰当的解释。

穆迪提供了下述例子,说明濒死体验期间可能获取的相关见闻:

> 一位49岁的男子患有严重心脏病,经过35分钟的全力抢救,医生放弃了,并开始写死亡证明。当有人注意到他的生命还有一线生机时,医生马上继续用桨形电极和呼吸装置,使这个人的心

脏重新跳动。

第二天病人苏醒后，能详细描述在急救室里发生的一切。这让医生非常吃惊。但是，更令他惊讶的是，病人生动地描述了急诊室的护士匆忙走进房间、协助医生的情景。

他对该护士的描述极其准确，她的楔形发型和她的姓——霍克斯。他说她沿着大厅滚动一辆小车，车上有一个看起来像两个乒乓球拍的机器（电震器，一种基本的复苏设备）。

当医生问他，在他心脏病发作时怎么知道护士的姓和她在做什么时，他说他已经离开了身体——走到大厅去见他的妻子——这时正好经过护士霍克斯的身旁，他读了她的胸牌，并且记住了它，以便之后感谢她。

我和医生详细谈了这件事。他因此事相当慌乱。他说这个人完全准确地描述了当时所发生的事情。[47]

但是，男子的身体在那里。他从他的感觉中获取了这种信息真的是不可思议的吗？他以前来医院的时候见过霍克斯或他进来的时候见过她，这难道不可能吗？也许他在大厅里遇到过她或看到她在桌子后面工作。难道不可能是外科医生在这个过程中提到了她的名字吗？或许一位外科医生说了这样的话："霍克斯护士，请你递给我电击板。"即使这样的话是在男子在手术台上处于临床濒死状态下说的，他也能听到，因为大脑在心肺停止运行时不会停止运转。听觉是最后失去的感觉。[48]既然病人的信息可以通过普通方式获得，那么这个案例就没有提供让人相信灵魂离开身体的令人信服的理由。

穆迪承认他二十二年所收集的濒死体验的证据"不足以科学地得出证明死后重生的结论"。[49]不过他相信，"濒死体验者确实瞥见了另一个世界，在那个世界里度过了短暂时光"。[50]我们所关注的是这种信念是否有道理。

穆迪认为，只有绝对确凿的证据才是科学上可接受的。但正如我们所了解的，这个建议并不可行，因为在科学里没有什么**能**被终极性地证明。科学里的证明标准与常识是一样的：一个主张排除了合理怀疑，它就是正当合理的，而如果它对某事提供了最佳解释，它就排除了合理怀疑。因此我们的问题是，濒死体验的证据是否排除合理怀疑地证明了死后重生的信念。

穆迪在这一点上是正确的，即支持他的理论最有力的证据是濒死体验者在他们的体验中准确感知了实在。他在这一点上也是正确的，即这个证据不是灵魂存在的可接受证据——虽然在为什么上他是错误的。问题不是证据没有终极性地证明灵魂离开身体，而是它没有排除合理怀疑地证明该主张。产生怀疑是因为信息可以通过普通渠道获得。要证明不是从普通渠道获得的，需要更多受控制的观察。

在控制条件下研究濒死体验的一个方法是人工诱导死亡（就像电影《灵异空间》里的情形），让被试者尝试识别通过双盲程序选定的特定物体，然后再让他们复苏。但是，道德考虑阻止我们做这样的实验。

幸好，没有必要用杀人的方式来验证出体感知（out-of-body perception）的准确性，因为出体经验或"灵魂出窍"可以用其他手段诱发。例如，冥想、压力、毒品或精疲力竭，这些都是熟知的诱发灵魂出窍的方法。甚至有人声称能随意引发它们。然而，通灵者对这些人的研究得出了模棱两可的结论，没有坚实的证据表明准确的出体感知能够发生。在综述了所有主要研究之后，出体经验研究的世界级领军专家苏珊·布莱克默做了如下总结：

人体自燃之谜

有一种被称为"人体自燃"（SHC）的现象，是指人突然燃烧起来并且彻底化为灰烬。查尔斯·狄更斯（Charles Dickens）很熟悉这一现象，在他的小说《荒凉山庄》里有以下描述：

> 房间里是闷烧、令人窒息的蒸汽，墙壁和天花板上是一层黑黑的油腻。椅子、桌子和很少离开桌子的瓶子，都像往常一样摆在那里……这儿有一小块烧焦的地板……
>
> 这儿——这儿是烧焦、断裂的木头，上面散布着白灰还是煤？哦，恐怖，他是在这里！……殿下，无论你赐给这种死怎样的名字——它都是同样永恒的死——天生的，源于邪恶躯体的腐朽的体液本身——那只能是——自燃，除此以外，不会是其他任何死亡形式。[51]

狄更斯出版了他对自燃的描述后，哲学家乔治·刘易斯（George Lewes）发表文章责备他在出版的书中宣扬无教养的迷信。狄更斯在《荒凉山庄》第二版的序言里回应了刘易斯，说他对自燃主题做过彻底研究，并且知道至少30个证据充分的自燃案例。自那以后，更多的例子被引用。所以，毫无疑问，人们会以狄更斯所描述的方式燃烧至死。问题是他们的燃烧是否是真正的自燃。

所谓自燃的案例有很多共同的特征：（1）除了四肢，身体有时完全化为灰烬；（2）除了与身体相连的物体，房间里的其余物体通常不会燃烧；（3）覆盖在屋顶和部分墙壁上的油腻煤烟，常常离地板几英尺高。使自燃如此神秘的情况是，它需要用大约 2 个小时、在 871℃ 的温度下去焚化身体，即使这样，骨头也不能完全化为灰烬。（火葬场用杵和臼捣碎了剩余的骨头。）如此高温的一场大火应该毁掉更多的东西而不仅是一个人。因为它没有毁坏其他东西，人的自燃似乎物理上不可能。

鉴于这些大火似乎不可能，一些人求助超自然的方法来解释这一现象。他们认为，自燃是一种神的惩罚。许多自燃的受害者是酗酒的或超重的，但是那些不明智行为似乎不配这种急剧的（痛苦的）死亡。另一些人推测，火的强度是由于受害者消耗的酒精总量导致的。然而，1850 年贾斯特斯·冯·莱贝格（Justus von Leibig）所做的实验表明，即使是浸泡在酒精里的肉也不会自燃成灰。[52] 有些人甚至更离奇地假定，一种新的亚原子粒子——"pyroton"——可以引发一种类似于原子弹内部的链式反应。[53]

然而，没有必要引用超自然或加以修改的物理定律来解释自燃，因为这一现象可以用更加传统的方式来解释。法庭取证生物学家现在相信，自燃的受害者基本上成了人类蜡烛。穿着衣服的人就像一个里朝外的蜡烛，衣服是灯芯，身体的脂肪是蜡。发生自燃的状况是受害者的衣服着了火，熔化了皮下脂肪，脂肪熔化在衣服上或是在受害者坐的椅子上，为火焰提供了额外的燃料。在封闭的房间里，大部分氧气会很快消失殆尽，燃烧成了缓慢的闷烧，产生大量油腻的烟雾。烟里的油脂覆盖在天花板和墙壁上。身体没有接触到的物体没有燃烧，是因为没有足够的氧气来支持它们的燃烧。然而，被高温熏过的物品会出现毁坏的迹象，如断裂或者融化。酒精确实起了作用，但不像传统上假定的那样。它没有火上浇油，而是使受害者对火的反应能力变得麻木。

人体蜡烛在 871℃下不会燃烧。但是如果它烧的时间很长,就不需要在那样的高温下彻底烧成灰烬。道格拉斯·德雷斯戴尔(Douglas Drysdale)解释说:

在火葬场需要 1,300℃的高温或更高的温度才能在相对较短的时间里使尸体燃为灰烬。但是,认为在房间里也需要那样的温度将肉体化为灰烬,那就错了。你可以通过灯芯效应产生局部高温,加上闷烧和燃烧,甚至骨头也能燃为灰烬。在一个相对较低的温度 500℃左右,如果燃烧时间充足,骨头也会逐渐转化成类似于粉末的东西。[54]

所以,当你走在大街上时,不必担心自燃。但是,当你大量饮酒以后,坐在一个封闭的房间里抽烟,可不是一个好主意。

所有这些实验旨在查清被试者是否在一次OBE（出体经验）时能看到远处的目标。最多只有几个恰当控制的实验（一些批评人士说没有）提供了明确证据，表明被试者能用非常规方式发现目标。虽然实验的OBE可能与自发的不同，但从实验研究中得出一个简单的结论是可能的。那就是，OBE幻觉即使发生，也是非常贫乏的。[55]

那么，实验证据不能排除合理怀疑地证明一个人在出体经验期间能够获得物质世界的知识。

然而，研究仍在继续。为了检验濒死体验的人真的离开自己的身体，并飘向天花板的断言，一些医院在吊灯里放了数字，这些数字只能从天花板上看到。如果一个有濒死体验的病人能够准确地说出其中的一个数字，那就有理由相信灵魂假说是正确的。

然而，灵魂假说面临一些其他困难。例如，我们设想的灵魂是怎样的？显然，它在空中，因为人们报告说它在房间四处飘动，并穿壁而过。它显然也有形，因为人们把它描述成有胳膊、有腿的身体。所以它不可能完全是非物质的。那么，它是由什么构成的呢？穆迪在这一点上沉默无语。既然它有一些物理特征，你就会期望它是可以探测的。然而，所有探测它的努力都以失败告终。调查者用紫外线和红外线设备、磁力仪、温度计、热敏电阻器试图记录灵魂的存在。[56]然而，这些努力都还没有成功。

如果灵魂在出体时能获得关于我们这个世界的知识，它必须与这个世界相互作用。但是，如果它与这个世界相互作用，它一定能被观察到。心理学家威廉·拉什顿（William Rushton）解释说：

我们知道，我们通常从外部得来的所有信息都是通过感官获取并由神经编码的。例如对视网膜或者其对应大脑神经的微小损伤，会造成严重的视觉典型缺陷，视觉损伤的位置常常可以根据典型缺陷正确推断出来。这种OOB（体外）眼可以像真眼一样用亿万个光感受器，百万个发出信号的视神经来编码视觉场景，它究竟是什么？除了想象复制一个能做这种事情的真眼外还能有什么可能呢？但是这种漂浮的复制眼要看见物体，它必须要捕捉光线，因而不能是透明的，所以对附近的人来说一定是可见的。

事实上，漂浮的眼睛不能被观察，也不能被期望观察到，因为它们只存在于幻想中。[57]

既然灵魂看不到，它在体外能否获得知识就让人质疑。问题是这样的：如果灵魂是物质的，那么它应该是可被侦测的。我们无法侦测它的事实引起了对它的物质属性的怀疑。然而，如果它是非物质的，它如何能有形，如何能在空间中出现，如何获取我们世界的知识，这些都难以解释清楚。如果没有更多的关于灵魂本质和它与物质世界往来的信息，就没有好理由认真对待非物质的灵魂假说。因为没有这样的信息，那个假说所告诉我们的全部就是：某种东西（而我们不知道这种东西是什么）获得信息（我们不知道它是如何获取的），并去了某处（我们不知道是哪里）。不用说，这个假说没有什么启迪意义。

还有，灵魂理论与现代心理学的发现背道而驰。在过去的200年里，心理学家已经积累了大量心理活动过程与大脑活动过程之间相互关联的数据，神经生理学家巴里·拜尔斯坦（Barry Beyerstein）对这些数据进行了描述：

系统演化的：在大脑的复杂性和物种的认知特点之间有一种进化关系。

发展的：能力伴随大脑发育成熟而出现；大脑发育失败阻止心理发展。

临床的：意外事故、中毒、传染源造成的脑损伤，或者在大脑发育期间营养或刺激缺失，导致可预见的或大量不可逆的心理机能损失。

实验的：心理操作与大脑的电的、生化的、生物磁的和解剖的变化相对应。当人的大脑在神经外科手术期间被电或化学方式刺激时，会产生运动、认知、记忆和食欲，就像相同的细胞平常激活所产生的情况一样。

经验的：许多自然的和合成的物质以化学方式与大脑细胞相互作用。如果这些神经调节器不能欢愉和可预见地影响意识，那么，具有娱乐价值的尼古丁、酒精、咖啡因、迷幻药（摇头丸）、可卡因和大麻基本上就与吹肥皂泡没什么区别了。

尽管这些数据丰富、多样和互相支撑，但它们自身不能产生PNI（心理神经等同论，或简称为等同论）的真相。然而，理论的简洁性（简单性）和研究的生产力（丰富性），所说明现象的范围（范围）以及缺乏可靠的相反证据，对几乎所有神经科学家都具有说服力。[58]

拜尔斯坦的这段话富有教益，不仅因为它所传递的信息，而且因为它给如何使用妥适性标准来决定竞争理论提供了示范。他承认等同论即精神状态是大脑状态的理论，并不是能够解释事实数据的唯一理论。但它是最好的理论，因为与其他竞争解释相比，它的解释更简单、更丰富、有更广的范围。

等同论比二元论更简单，因为它没有假定一种无形物质的存在。它更丰富，因为它成功地预见一些新奇的现象，如心理状态通过对大脑的电刺激而产生。它有更大的范围，因为它能用纯粹的物理术语解释上述现象。

关于濒死体验的一个最流行的假说在天文学家卡尔·萨根的《布洛卡的大脑》一书中得到捍卫。[59] 这个假说首先由心理学家斯坦斯洛夫·格罗夫（Stanislov Grof）和琼·哈利法克斯（Joan Hlifax）提出。该假说主张，濒死体验是对出生体验的生动回忆。[60] 这一解释显然能说明濒死体验的普遍性，因为出生是所有人共有的体验。它也显然能解释经过隧道（进入黑暗）和看到亮光的体验，因为那就是许多人所想象的出生体验。这个假说值得仔细审视。

假说2：濒死体验是对出生体验的生动回忆。 这个假说假定，我们能记住我们的出生，我们所记住的就是沿着一条长长的隧道穿行。然而，婴儿认知研究表明，他们的大脑还没有发育好，还记不住出生时的具体细节。[61] 即使能，他们能记住沿着隧道穿行的经历也很值得怀疑，因为出生时他们的脸紧贴产道壁。在胎儿从子宫里出来之前，他们看不到任何东西。

此外，如果濒死体验建立在出生记忆的基础之上，那么，那些经剖腹产出生的人应该没有隧道体验。苏珊·布莱克默给254人发放问卷来检验这个预见，254人中有36人是剖腹产。她发现，剖腹产的人经历隧道体验的可能性与那些不是剖腹产生的人一样大。因此，我们迄今为止得到的对出生记忆假说的最好检验产生了否定的结果。[62]

为了充分解释濒死体验，出生记忆假说必须告诉我们为什么偏偏是出生体验而不是其他体验被复活了。一个解释是，因为我们死亡时的生理条件与出生时的相似，这触发了对它的记忆，就像气味触发与它相关的记忆一样。但是，出生时的生理条件与死亡时真的那样相似吗？这些条件能在其他环境下产生吗？如果能，为什么那些情景没有被唤起？不回答这些问题，出生记忆的解释就不能被认为是令人满意的。

假说3：濒死体验是大脑里的化学反应导致的幻觉。由于各种药物可以产生与濒死幸存者所报告的完全一样的体验，一些调查者断言，濒死体验完全是以化学方式诱发的幻觉。例如，心理学家罗纳德·西格尔（Ronald Siegel）发现，濒死体验的所有核心要素都能用药物引起。[63] 因而，他做出这样的假说：濒临死亡的压力导致大脑制造产生濒死体验的化学物质。

穆迪反对这一解释，理由是，即使大脑没有出现可察觉的活动，人们仍能经历濒死体验。[64] 例如，斯库恩马克博士报告，55例被试者的脑电图平稳，但他们有濒死体验。然而，穆迪的反对并不起决定性作用，因为脑电图测量的只是大脑最外层的部分活动。正如穆迪自己承认的："大脑活动可以发生在大脑深层位，表层电极检测不到。"[65] 因此，脑电图平稳的人有濒死体验的事实并不能排除幻觉假说。

此外，即使脑电图平稳的人完全没有大脑活动，但有平稳脑电图的人报告有濒死体验这一事实，不能证明那些濒死体验不可能源于大脑活动。濒死体验能够在平稳脑电图之前或之后发生。既然我们不能确定濒死体验的确切时间，我们也就不能确定它发生在脑电图平稳的时候。

幻觉假说最大的问题是，它没有解释为什么临死时的幻觉是如此相似。药物能够产生各种幻觉，它们产生的幻觉往往依赖于背景（期望和环境）。因而，为什么背景如此不同的人却有如此相似的经历?正如苏珊·布莱克默所问的:"为什么是一个隧道,而不是一道门、一个门口,甚至不是伟大的冥河?为什么在隧道的尽头是亮光?为什么光总是在身体之上而不是之下?"[66] 除非我们知道有什么化学物质参与其中,为什么它们产生了这样的效果,否则幻觉假说没有告诉我们太多的信息。

一些人曾经提出,大脑中的化学变化是濒死体验的原因,这些变化是**脑缺氧**或大脑氧损失的结果。[67] 当一个病人被诊断为临床死亡的时候,他的心肺停止运作,结果是大脑再也得不到氧气。做出这种论证的研究者指出,在缺氧的早期阶段,一个人通常体验到一种幸福感和力量。如果这种状况持续下去,他或者她常常会受到蒙骗,可能体验幻觉。但是,和缺氧相联系的幻觉与和濒死体验相联系的那些幻觉并不总是一样的。而且,那些从大脑缺氧中恢复过来的人通常认为他们的幻觉就是幻觉;而那些经历濒死体验的人总是坚持他们的体验是真实的,甚至比清醒的生活更真实。[68] 最后,应该注意的是,斯库恩马克博士经常有机会在心脏骤停时测量血液的含氧量。他报告,有几个被试者在经历濒死体验时,血液中含有足够维持正常脑功能的氧。[69] 大脑缺氧假说不能充分解释与濒死体验相关的一些因素。

假说4:濒死体验是在正常输入来源被中断后,大脑试图构建一个稳定的实在模型的结果。苏珊·布莱克默主张,为了理解濒死体验,我们必须理解我们的大脑是怎样区分幻想与现实的。她说,我们的大脑是一个信息加工器,试图通过构建实在的模型使所接收到的信息有意义。我们在任何一个时间都把最稳定的、最适合可利用信息的模型当作真实的模型。正如她所说的:

人类意识项目

当我们的大脑失去作用时我们依然能感知体验，接受这样的观点就是摒弃现代神经科学最基本的信念之一：感觉和感知依赖于大脑。我们用大脑思考，支持这一观点的证据多如牛毛。随着大脑的改变和损坏，你的思想也跟着改变和损坏。然而一些濒死体验似乎表明情况并非如此；我们在没有（功能性）大脑的情况下依然能思考。为了确定心智/大脑关系的本质，努尔基金会、联合国经济与社会事务部的非政府组织以及蒙特利尔大学共同发起了复活期间的意识（AWARE）研究，此研究是人类意识项目的一部分。

这项研究的领导者是山姆·帕尼亚（Sam Parnia）博士，他是世界著名专家，研究临床死亡期间人的心智和意识，目前正在与美国和欧洲的主要医疗中心（超过25个）开展合作。

一些由独立研究人员完成的近期科学研究表明，在经历了心脏骤停和临床死亡的人群中，有10%到20%的人报告清晰、结构完善的思维过程、推理、记忆，有时能详细回忆起在遭遇死亡时的事情。

"这些经验值得关注的是，"帕尼亚博士说，"尽管对大脑心脏骤停期间的研究一致表明没有可检测的大脑活动，这些受试者却报告了详细的感知，表明了与探究相反的情况——即在不能探测大脑活动的状态下大脑表现出的高水平的意识。如果我们能客观地验证这些说法，结果不仅会对科学共同体产生深远影响，而且对作为一个社会群体的我们理解以及对待生与死的方式也会产生深远影响。"除了用尖端的技术去研究在心脏骤停期间的大脑和意识，医生通过使用在医院的房间里只能从独特的角度看到隐藏图像的方法，也能有效地检测所谓的体外经历，以及声称在心脏骤停期间能看到和听到的主张。[70]

到目前为止，还没有发现明确的证据证明心智能独立于大脑而运行的观点。但如果发现了证据，我们就可能不得不重新思考人究竟是什么了。

> 我们的大脑区分"现实"和"想象"毫不费力。但这种区分不是被给予的。它是大脑不得不自行决定的,即通过决定它自己的模型里哪个表征外部世界来形成的。我是说,它是通过比较它随时拥有的所有模型,选择最稳定的一个作为"实在"来做到这一点的。[71]

当我们正常的信息源被中断的时候,就像我们处在极度压力之下或濒临死亡的时候,我们的实在模型就会变得不稳定。在这种情况下,大脑通过记忆仅有的可用信息来尝试构建一个稳定的模型。然而,记得的事件有一个奇怪的特点:它们几乎总是被鸟瞰。例如,试着回忆上次你走在沙滩上或穿过树林。如果你像我们中的大部分人一样,那么,你会从上面看到你自己。她断言,我们记忆的这个特点有助于解释"灵魂出窍"的体验。这些体验完全是一个实在的记忆模型取代一个感觉模型的结果。[72]

布莱克默假说的一个优势是,它能够解释感知到的出体经验的实在。既然实在是我们最稳定的模型所认为的那样,那么,如果记忆模型成了最稳定的模型,它将被当成是真实的。

奇异事件对我们能产生深远的影响,尤其是如果它们被当成真实的。这些发生在濒死体验中的事情至少是超常的,并且因为它们是当时濒死体验者最稳定的实在模型的一部分,因而它们似乎是真实的。难怪人们经历了濒死体验后对世界的认识发生了根本改变。

布莱克默认为,其他濒死体验的特点能用大脑生理学解释。例如,我们知道大脑会产生鸦片一样的物质**内啡肽**来对某些类型的压力做出反应。经常与濒死体验联系的安宁感和幸福感可以解释为大脑产生了这些天然止痛药的结果。

我们也知道，大脑活动被某些神经细胞抑制行动所限制。如果这种行动减弱了（就像濒死体验时它能减弱一样），那么大脑活动就增强。如果它在视觉皮质处增强，隧道体验就会产生，因为我们的视野被映射到视觉皮质上。[73]因此，在隧道中穿行的体验能被解释为是视觉皮质增加噪音的结果。而且，这些化学反应，实际上以基本的人体生物化学为基础，解释了濒死体验的意象和知觉的普遍性。

在给一个患有癫痫症的妇女做手术时，瑞士神经外科医疗小组发现，出体经验能通过刺激大脑的一个区域即**角回**（angular gyrus）而产生。为了确定癫痫症的病源，他们给她的大脑植入了100个电极。当他们在右角回部位激活电极时，病人报告了这样的感觉：她漂浮在自己身体的上边看着她自己。角回是大脑的一部分，它负责身体意象和空间意识。这个区域的神经细胞由于大脑缺氧或者其他脑损伤会失灵，继而能产生与濒死体验相关的出体经验。[74]

因此，布莱克默的假说对濒死体验主要特征的解释令人钦佩。它是最佳假说吗？让我们来评论以上提出的竞争假说。

假说1（灵魂说）没有产生任何认识论成果，因为它没有预见任何迄今为止未知的现象，它也不具可检验性。与其他任何假说相比，它不如别的假说简单和保守，因为它假定了更多的实体，并且这些被假定的实体没有得到我们当下最佳理论的认可。这个理论的范围是成问题的，因为如同我们在神创论例子里看到的，你不能诉求不可理解的事物来解释未知现象。

假说2（出生记忆说）与我们所知的出生体验的本质相冲突，而且没有实现它的预见。假说3（幻觉说）在解释幻觉的相似性、出体经验感知到的实在和濒死体验的改变效应方面都有问题。另一方面，假说4（布莱克默的记忆理论）能解释濒死体验的所有这些方面以及许多其他方面。因此,其范围比其他任何理论都大。

它的另一个优点是可检验性。它预见那些更擅长用鸟瞰的方式想象事物的人比没有这个特质的人会有更多的出体经验。这个预见已经被心理学家哈维·欧文(Harvey Irwin)和布莱克默自己的研究证实。[75] 所以,她的理论也具有丰富性。

比起灵魂假说,假说 4 也更加简单和保守,因为它的假定与已经证明的结果不冲突。总体来说,布莱克默的理论对濒死体验提供了最佳解释。

7.7 鬼

1575 年,法国图尔的吉勒斯·德莱科瑞(Gilles Delacre)状告房东租给他的房子闹鬼。房东的律师试图驳回这个案件,理由是鬼不存在。在反驳过程中,德莱科瑞的律师引用了许多权威专家(比如奥利金、塞涅卡、李维、西塞罗、普鲁塔克和普林尼)的观点,来证实鬼的存在。法官认为这一证词可信,最后判决德莱科瑞胜诉。[76]

1990 年,纽约州奈阿克的杰弗里·斯坦普夫斯基(Jeffrey Stambovsky)控告海伦·阿克利(Helen Ackley)和埃利斯·瑞艾利特(Ellis Reality),要求取消他的购买协议,因为他要买的房子闹鬼。阿克利要价 650,000 美元,斯坦普夫斯基先生已经付给他 32,500 美元。那是一所古老的维多利亚时代的豪宅,就像电视剧《明斯特一家》里那一家子住的房子一样。几年来,阿克利一直告诉她的亲朋好友这所房子闹鬼。她在 1977 年《读者文摘》上的一篇文章里说,其中一个鬼笑容可掬,红光满面,很像圣诞老人。1989 年奈阿克房地产报纸上的一篇文章把房子描述成"靠近河岸，维多利亚式，有鬼"。这些对斯坦普夫斯基一家来说都是新闻，他们在付了订金以后才发现了这所房子有闹鬼的历史。当地法院起初否认他们的诉求，但斯坦普夫斯基一家坚持上诉。1991 年，州立最高法院上诉庭做出了有利于他们的裁定，判决阿克利犯有故意隐瞒信息的过错。在判决书中，法官鲁宾写道：

> 原告不是"当地人"，他不容易了解签约购买的房子闹鬼。不管被告卖方看到的幽灵是心理的还是精神性的，在国家和地方出版物上对它的存在都有报道，被告并未出面澄清鬼并不存在，这所房子闹鬼是一个法律问题……最后，如果合同的语言被解释成被告所主张的房子包含鬼出现那样宽泛的意思，那就不能说她已按照合同附加条款中她所承担的义务交付的是"空"房子。[77]

所以，法律认可鬼屋的存在不是只属于 15 世纪欧洲的事物，它也可以存在于 20 世纪的美国。

不知道法官鲁宾是否相信鬼的存在。但根据最新的盖洛普民意调查，38% 的美国人相信鬼的存在。传统上把鬼定义为逝者的精神或灵魂，而且有很多人声称见过它们。这些经历从完整形态的幽灵到温度的突变、怪异的气味和某种现场感等，不一而足。毫无疑问，这些经历是真实的。问题是，它们是由脱离肉体的灵魂引起的吗？要回答这个问题，我们必须确定所提供的主张是否是证据的最佳解释。

尽管鬼故事多种多样，它们常常被分为两种基本类型：纠缠鬼和幽灵鬼。纠缠鬼的特点是经常出没于同一个地方，而且不断做出同样的举动。幽灵鬼则时常跟周围的人互动。一些幽灵鬼仅出现一次，目的是告知一些消息或完成某项任务。另一些屡次出现。

假说1：鬼经验是由脱离肉体的精神引起的。对鬼经验最简单的解释方法就是按其表面对待它们：我们好像看到的就是确实看到的，即脱离肉体的精神。但是，如果鬼真的是非物质的，那就难以理解我们如何能看到它们。

传统上把那些相信灵魂或精神存在的人称为**二元论者**，因为他们相信这个世界上存在两类不同的事物：物质的和非物质的。近代最有影响力的二元论者是笛卡尔。他论证心灵或灵魂一定是非物质的，因为物质的东西不会思考、感受或渴望。（许多人对人工智能的前景抱有怀疑也正是因为这个理由。）他主张灵魂没有任何物质属性：没有质量、没有电荷、没有空间广延。但如果没有这些属性，感知灵魂就是个问题。它们不能被看到，因为光子不能从它们反弹回来；它们不能被触摸，因为它们没有质量；它们不能被闻到，因为它们不释放任何分子。我们是怎么觉察到这种实体的依然是个谜。如果鬼经验是由离开人体的精神引起的，它们就不能归于笛卡尔描述的类别。

或许鬼不像笛卡尔认为的那样是非物质的。印度教教徒认为，人是由不同的身体构成的，包括肉体（物质身体）、星体身体和因果身体。**星体身体**像物质身体一样，被认为是由原子构成的，但与构成物质身体的那些原子相比，它是更空灵的一类。印度教神秘主义者波罗摩汉娑·瑜伽难陀（Paramahansa Yogananda）把这些原子称为"生命子"（lifetrons），并断言它们"比原子能更精细"。[78] 但这是什么意思呢？是什么让一种能量比另一种"更精细"呢？生命子像普通原子一样是由质子、中子和电子构成的吗？或者它们是由某种完全不同的物质构成的吗？是不是有不同种类的生命子，就像有不同种类的普通原子一样？生命子是不是可以用不同的方法结合形成不同的物质，就像普通的原子一样？为什么我们不能用现有的仪器发现它们？鬼是由什么构成的依然是个谜。

通灵研究学会的前任主席查尔斯·里基特（Charles Ricket）教授给构成鬼的物质另起了一个名字：**外质**（ectoplasm）。它源于希腊词 *ektos*（内化）和 *plasm*（物质）。不仅鬼被认为留下一些这样的物质（就像电影《捉鬼敢死队》里描述的一样），通灵者接触了幽灵后也可以分泌出这样的物质。然而，当降神会期间产生的外质被分析后，它的神秘面纱就被彻底揭开了。蛋白、干酪包布和木浆是外质最常见的成分。

如果鬼确实有物质属性，那么用现代测量仪器就应该能检测到它。这就是为什么现代的驱鬼者拿着像电磁感应器一样的设备驱鬼。有时，这些超自然的探索者在有鬼的地方会发现异常信息。但是，就像我们将要看到的，这些信息并不一定表明鬼的存在。

即使人是由多种身体构成的，仍然存在一些问题：这个身体的功能是什么？它是怎么发挥这种功能的？印度教教徒称星体身体是"人类心智和情感本质的所在地"。[79] 这是不是意味着我们依靠星体身体思考和感觉呢？那么，物质的身体和大脑又有什么作用呢？难道大脑只是星体身体给物质身体传送信号的复杂中转站，或反之亦然？我们是要相信大脑严重受损的人在认知和情感方面并未真正受损吗？例如，那些患有严重阿尔茨海默病（老年痴呆症）的人能够完全控制他们的能力吗？他们是仅丧失了与自己身体交流的能力吗？这是可信的吗？

大部分看到过鬼的人都看到鬼穿着衣服，那么星体身体的衣服又从何而来？星体身体恐怕并不是穿着星体衣服出现。有卖星体衣服的商店吗？这些店铺囊括了从古希腊到现代嘻哈款式的衣服吗？为什么鬼只穿它那个时代的衣服？鬼会化妆美容吗？这些都是严肃问题，如果我们认真对待它的话，鬼理论需要回答这些问题。

除了前面提到的对鬼经验的客观解释（这些解释把它们归因于对鬼的实际感知）外，也存在一些主观解释，这些主观解释把它们归因于由不同环境因素导致的异常意识状态。其中的一种理论是"石头磁带理论"。

假说2：鬼经验是由储存在建筑物或裸露的石头里的声音和图像引起的。这一观点认为，与鬼相关的情感事件在附近的石块上留下了印记。由于某种原因，在鬼经验期间，石头里记录的事件被回放了。这就好比录音机和磁带的关系：石块是磁带，而心灵是录音机。

问题是，我们知道没有一种机器能够在一个石块上记录或回放这样的信息。石块并不具有与磁带相同的属性。甚至，如果没有特殊录音磁头，磁带也无法记录声音和影像。对着磁带讲话不会录下任何东西。把磁带放到耳朵边，人也听不到磁带录的内容。这两种情况下，都需要一种特殊的设备，比如读/写磁头，而石头磁带理论对这一设备没有提供任何线索。

很多见鬼现象发生在夜晚，就在人们入睡之前，或者在早上，就在人们醒来之前。这些时候报告的鬼通常表现为黑暗中漂浮的面孔，在房间里穿行，甚至可能会叫出睡觉者的名字。然而，睡觉者这时候常常处于暂时的瘫痪状态，不能做出任何反应。我们之前在解释外星人劫持时已经碰到了睡眠瘫痪的现象。它也可以解释一些见鬼现象。

假说3：鬼经验是睡眠瘫痪的结果。在大部分梦出现的快速眼动（REM）睡眠期间，身体处于暂时的瘫痪状态，防止人们做出梦里的行为，防止可能的自我伤害。然而，如果你入睡太快，你会在清醒的状态下滑入快速眼动睡眠。结果很可能出现梦惊或醒梦，这时清醒的体验与梦的意象交织在一起，产生了栩栩如生的幻觉。

发作性睡病患者比一般人更容易经历梦惊，因为他们几乎在一天中的任何时候都能迅速入眠。传统的治疗方法是让患者服用一些兴奋药片或刺激剂，保持清醒状态，直至到了该入睡的时间。一种新药——莫达非尼（modafinil）——许诺能减少梦惊的经历，没有刺激剂的副作用。在临床试验中，莫达非尼帮助发作性睡病患者保持清醒状态的时间比控制组延长了50%。[80] 因为它可以降低夜间梦惊发生的频率，一些人把它当成化学驱鬼剂来兜售。

有闹鬼名声的房子或建筑物常常有产生鬼经验的历史，并且这些经验经常出现在房子或建筑物的某个部分。赫特福德郡大学的心理学家和通灵现象调查者理查德·怀斯曼想知道闹鬼地方的环境是否可能存在某种产生鬼经验的东西。为了检验这一假说，他决定去考察英国两个闹鬼最厉害的地方：英格兰的汉普顿宫和苏格兰爱丁堡的南桥穹顶。

500多年来，汉普顿宫一直是英国皇室的住所。传说这个宫殿闹鬼，鬼是亨利八世的第五个妻子凯瑟琳·霍华德（Catherine Howard），她被指控通奸而被判了死刑。当听到对她的判决时，据说她跑到国王那里恳求饶命，但被人拖走了，她的尖叫声穿过了宫殿的一部分，这就是著名的"闹鬼走廊"。然而，这并不是宫殿里唯一一处闹鬼的地方。有报告说，宫殿的其他地方也闹鬼，包括著名的"乔治屋"。

爱丁堡穹顶由一系列小内庭和走廊构成，位于南桥之下，南桥建于18世纪末。起初，它们被用于作坊、储物间和穷人居所。然而，到了19世纪中叶，由于漏雨和过度拥挤，它们成了公共健康的公害，所以就被遗弃和忘却了。20世纪末这些穹顶被重新发现，1996年，这些地方对公众开放，成了旅游景点。从那时起，许多人说在穹顶的特殊区域遇到了鬼。

为了弄清楚鬼经验是否与环境因素有关，怀斯曼和他的同事让

600多人走过这些建筑物,并记录下他们经历的任何不寻常的现象。在汉普顿宫,怀斯曼团队把电磁传感器安放在宫殿的不同地方来监测磁场。在南桥,他们监测了空气温度、空气流动、光级度和磁场。他们发现,即使人们先前不知道这些大建筑物的哪些部分闹鬼,在磁场波动大或有其他环境变量起伏的地方,人们都一致报告了不寻常的经历。怀斯曼得出结论:"事实数据有力地支持这个观点:在'闹鬼'的地方人们一致报告不寻常的经历,这是由于环境因素引起的,这些因素因地方不同而不同……总体来说,这些发现有力地表明,这些所谓的闹鬼并不代表有'鬼'活动的证据,而是人们也许不知不觉对他们周遭的'正常'因素反应的结果。"[81]

假说4:鬼经验是环境因素和感官与大脑相互作用的结果。怀斯曼的研究证实了迈克尔·波辛格的观点,他发现磁场的变化会产生各种超常体验,包括外星人劫持、出体经验和宗教体验。其他研究人员也注意到了类似的相关性。例如,在《心灵学研究杂志》上发表的一篇文章里,威尔金森和古尔德发现,闹鬼与造成地球磁场波动的太阳黑子周期有关。[82]西佐治亚州立大学的威廉·罗尔(William Roll)也发现闹鬼与磁场波动有关。[83]大脑是一种电化学装置,受周围电磁场变化的影响,这样说是有道理的。

另一种可能涉及的环境因素是次声。**次声**是频率低于人的听力极限的声波的名称,通常为每秒20赫兹或更低。计算机专家维克·坦迪(Vic Tandy)偶然发现次声可以产生鬼经验。一天夜晚,在实验室工作时,他突然出了一身冷汗,并明显地感觉到他被监视。然后他看到一个灰色的身影突然出现了,并且在房间里移动。稍即,他拿来轻剑到实验室准备进行决斗。当他举起剑时,剑开始抖动,好像某种未知的实体在摇动它。坦迪知道,声波可以产生这样的振动,所以他决定测量实验室里的声波。他发现，实验室里的空气每秒振动 19 赫兹，这个频率是眼球开始振动的频率。他也发现，当他关掉一个新安装的抽风扇时，振动停止了。风扇不是产生这种低频振动的唯一东西。地震、打雷和风倒灌烟囱或通过长廊也能产生次声。也许这就是为什么鬼时常与咆哮的风和雷雨联系在一起的缘故。

为了在更受控的条件下研究次声的影响，理查德·怀斯曼和英国国家物理实验室的理查德·罗德（Richard Lord）让人们记录他们在伦敦都市大教堂音乐会上听音乐时的感受。在演出的不同时间里，他们悄悄地用低音扬声器生成次声，穿过一根长 21 英尺的下水管道。音乐会上的人们在次声产生的时候好像的确注意到了。那时候，他们匆匆记下这样的感受，"脖子后面有刺痛感""胃里有某种东西"和"感觉有鬼"。[84] 怀斯曼最近打算买一套房子，以便在更可控的条件下测试这些不同的环境因素。一座配置波动的磁场、光级度、气流和次声的房子，会比在游乐场遇到的更恐怖。[85]

对于引起鬼经验的原因，我们应该相信什么？让我们来考察一下不同假说的相对似然性。灵魂假说最不具简单性，因为它假定一种未知物的存在。尽管它似乎解释了鬼经验的很多方面，但其范围有问题，因为它所引起的问题比它回答的问题还要多：灵魂是由什么构成的？它是如何做到到处走动的？它有肌肉、神经或大脑吗？它是怎样与世界相互作用的？为什么我们无法发现它？它是在哪里买到衣服的？除非这些问题都回答了，否则灵魂假说给我们留下的谜与开始时一样大。

石头磁带假说没有假定任何未知实体的存在，但它假定了未知的过程。我们无法知道声音或图像如何储存在了石头里。而且，即使这种机制被找到，它也只能解释纠缠鬼，而不能解释似乎与人互相作用的幽灵鬼。所以，它的范围有所限制。

搜鬼人

很多人在那里追逐一种吸引人但又令人沮丧的、捉摸不定的猎物——鬼。许多这样的探究者一直受到美国科幻频道《捉鬼敢死队》节目中的著名灵媒侦探的鼓舞。不像百年前的搜鬼人，节目明星及其大量模仿者声称，他们的搜鬼过程是科学的，使用了科学方法。他们真的是科学的吗？一位批判性思维和科学素养书籍作者本·雷福德（Ben Radford）断言，他们离成为科学的还差得很远。大部分科学家会同意这个断言。雷福德本人是个超常现象研究者，他利用这种经验和他的科学方法知识批判那些伪装成在做科学研究而其实不然的搜鬼人。以下是他列举的搜鬼人的一些错误。

1. 对异常的或"无法解释的"现象没有考虑替代解释。 搜鬼人常常过度解释证据，没有充分地考虑替代解释，比如，假定"灵量球"（orbs）是鬼，EVPs（电子声音现象）是鬼的声音等。

为什么错了：仅当所有其他正常的、自然的解释经过仔细分析而被排除时，"无法解释的"或超常的现象的指称才必须被接受。关于灵量球是灰尘、昆虫、薄雾等的（照相机）闪光反射的解释被广泛讨论许多年了。许多承认对灵量球科学的、怀疑论解释的搜鬼人，不顾EVPs有效性的科学证据与支持灵量球的证据一样贫乏的事实，继续把EVPs当作鬼声录了下来。

2. 把主观感觉和情绪当作遇见鬼的证据。 搜鬼人常常这样报告个人感觉和经验的描述："我感到一个沉重的、悲伤的东西，想要哭号"或者"我感到好像某种东西不想要我在那儿"等。他们也可能细致描述如何在进入一个房间的时候起了一身鸡皮疙瘩，或者产生了对某个看不见的东西的恐慌，假想他们是在对隐藏的鬼魂做出反应。

为什么错了：主观经验本质上是故事和奇闻轶事。个人经验没有什么不正常，但是，它们自身并不是任何事物的证明或证据。报告这种经历的大多数人真诚地相信鬼引起了他们的恐慌，但是，这个信念并不必然使其为真。当然，问题是在真实的危险或鬼魂的存在与一个人如何感觉之间，并不必然存在任何关系。暗示的力量可能非常强，易受影响的搜鬼人可能容易说服自己——和他人——相信某种怪异的东西正在黑暗的、在令人毛骨悚然的房间里活动。

3. 使用不合适的和不科学的探究方法。搜鬼人常常误用科学设备，忽视良好的科学研究方法。有一些典型的例子……

用关灯来调查

几乎每个以鬼为话题的电视节目都有这样一些场景：调查者通常在夜晚没有灯光的地方四处走动来找鬼。故意在黑暗中进行调查，特意给调查制造障碍，完全是事与愿违的。在黑暗中搜寻，将试图辨识和理解周遭有什么情况的调查者置于一种直接而明显的不利条件下。除非一个鬼或实体特别而反复地被报告，或者被拍到了发射光，否则调查鬼的人就没有正当的、合乎逻辑的理由在黑暗中工作。

4. 使用未经验证的工具和设备。许多搜鬼人认为，如果他们使用高科技设备，比如盖革计数器、电磁场探测器、离子检测器、红外相机和感应麦克风等，那么他们自己就是科学的。然而，任何设备要成为有用的，它必须已被证实与鬼有关系。比如，如果知道鬼发射电磁场，那么一种测量这种磁场的装置才会是有用的。假如知道鬼能引起温差，那么一个灵敏的温度计才会是有用的。倘若知道鬼放射离子，那么测量这种离子的装置才会有用处。

  问题是，没有任何研究表明这些设备所测量的任何东西与鬼有关系。除非有人能够可靠地证明鬼有某些可测量的属性，否则测量那些属性的装置都是不相干的。[86]

睡眠瘫痪和环境因素假说比其他假说在简单性上占优势，因为它们没有假定任何未知实体或力量的存在。它们比其他假说有更大的适用范围，因为总体来说，它们能解释鬼经验的各个方面，从在场的感觉到全部形式的幽灵。它们也能解释为什么鬼出现时经常穿着衣服：鬼是心理建构，而非外部存在物。

7.8 阴谋论

你是否曾经听说过这样的事情：来自四维空间的爬行动物掌控着这个世界，它们靠吸食人血来维持其人的外表？阿波罗十一号登月是美国航空航天局捏造出来的？一个名叫巴伐利亚光明会的秘密社团自1776年以来就在活动，要摧毁所有宗教，推翻所有政府，建立一个新世界秩序？如果听说过，你就是在受阴谋论的影响，这种理论试图把事件解释为是一小部分但拥有强大权力的人在幕后操纵的结果。通常，没有任何直接的证据连接所谓的阴谋家和他们的恶行。然而，阴谋论者主张，环境证据能用阴谋者秘密团体在行动这样的假设得到最佳解释。

例如，参议员乔·麦卡锡（Joe McCarthy）认为，"二战"后一年间美国随即失去了全球性权力和威望，这只能用这样的假设来解释：共产主义者密谋要摧毁美国。在国会的一次演讲中，他问道：

> 除了相信这个政府中的高官正协力把我们推向灾难外，我们能如何解释我们的现状？这一定是一个巨大阴谋的结果，它在规模上如此巨大，以至于人类历史上先前任何如此的冒险都变成小巫见大巫。这个阴谋是如此阴险以至于最终暴露时，它的首犯们

将永远受到所有诚实人的诅咒。[87]

为了根除这些阴谋家,麦卡锡在参议院举行了公开的听证会,即臭名昭著的麦卡锡听证会。他的指控玷污或毁灭了在其他方面受尊敬者的职业生涯。但是,最终的结果是,麦卡锡自己才是应受到所有高尚的人诅咒的那个人。

然而,麦卡锡对共产党的态度代表了许多阴谋论者对所谓阴谋家的看法。阴谋家经常被视为是异常邪恶、非常有权势、组织异常有序的人。阴谋论者论证,归咎于阴谋家的事件如此巨大,只有支配强大力量的一群人才能办到。我们之前已经碰到过这种推理风格。这是代表性启发的一个版本:同类相生。大的事件需要大的原因。伦敦皇家霍洛威大学的心理学家帕特里克·莱曼(Patrick Leman)认为,许多阴谋论的心理诉求背后都存在这种认知偏见。[88]

为了检验这一假说,莱曼让64位学生阅读虚构的报纸(看起来像真的)描述一场未遂暗杀的4篇报道中的1篇。第一篇讲的是,一个持枪歹徒开枪打死一名外国总统。第二篇讲的是,一名持枪歹徒打伤这位总统,但总统幸免于难。第三篇讲的是,这个持枪歹徒打伤了这个总统,但总统后来死于别的原因。第四篇讲的是,这个持枪歹徒向总统开枪但走火了。当学生们被问到这次暗杀是否是一个阴谋时,读第一篇的学生认为是最有可能的。为什么呢?莱曼博士指出,我们倾向于把大事件(比如刺杀总统)与大原因(比如一个阴谋)相联系。这也许在一定程度上可以解释为什么如此多的人相信,约翰·菲茨杰拉德·肯尼迪总统、司法部部长罗伯特·肯尼迪和受人爱戴的马丁·路德·金的刺杀事件不仅是一个持枪歹徒所为。

一旦一个人被卷入与阴谋论相关的信念系统,另一个认知偏差——证实偏见——常常对这些信念起推波助澜的作用。接受了阴谋论，尤其是把阴谋家看成热衷于全球统治，一个人就戴上了玫瑰色的眼镜来观察世界。正如社会学家多纳·考西（Donna Kossy）所说：

> 阴谋论就像黑洞——它吸纳了所有靠近它的东西，不分内容和起源；阴谋是通往其他世界的门户，它自相矛盾地驻留在我们自己的世界里。你所知道或经历的任何事情，不管多么"无意义"，一旦与阴谋宇宙相联系，就会被吸纳进去并披上罪恶的外衣。一旦进入它的里面，旋涡就会越来越大，越来越有力，吸附你所碰触的任何东西。[89]

那些似乎证实了人们信念的事件引起了注意，被记住了；那些与他们信念相冲突的被忽视，被遗忘了。就这样，阴谋论者自欺欺人地认为有大量的证据支持他们的观点，而事实上，所有证据都可以用更普通的方式加以解释。

许多得以接受的阴谋论背后无疑有着其他心理因素。在一个被加速变化和无意义煎熬的世界里，把大的社会动荡看作是强有力的秘密团体的杰作是可以理解的。看不透、浑浊和不可理解的世界一去不复返了。从前那些被认为是随机和毫无关联的事件，现在被看作是总体规划的一部分。为什么好人身上会发生坏事，现在有答案了：因为是阴谋家干的。这样的回答也能给人一种力量感和优越感——力量是因为人们识别了敌人，优越感是因为自己具备某种知识而别人没有。

但是，即使你能从相信阴谋论中得到一些心理上的益处，可那并不意味着它就是真的。即使你认为你了解事情真相，事实也可能并非如此，因为正如我们了解的，相信某事为真并不使它为真。只有阴谋论确实对某事提供了最佳解释，你才能正当合理地相信它是真的。

阴谋论的部分认知诉求是，它们用如此少的理论解释了如此多的现象。

换言之，它们似乎应用范围极广而内容极简单。例如，世界上最古老的阴谋论——共济会成员干的——被用来解释任一事件，大到法国大革命，小至开膛手杰克的杀戮。（共济会是世界上最古老、最大的兄弟会组织。像其他兄弟会组织一样，它们的集会仅限于自己的成员。）广泛性和简单性的确是一个好理论的标志。但很多阴谋理论的广泛性和简单性虚有其表。

一个理论的简单性不是依据其易于理解而是依据它做出的独立假设的数量来衡量的。尽管大部分阴谋论容易理解，但提出了一系列令人困惑的假设。例如，共济会阴谋论假设，共济会成员要统治世界；一个核心管理部门协调会员个人的行动；个体共济会成员（不管其社会地位如何）执行共济会主人的命令（不管它多不道德）等。显然，所有这些假设都可被证明是错误的，但是，如果共济会阴谋论要有所进展的话，这些假设却必须被认为是理所当然的。

一种理论的范围是由它解释的不同现象的总量决定的，而阴谋论看起来具有几乎无限的范围。"共济会成员（共产党、中央情报局、巴伐利亚光明会、犹太人、爬虫军等）干的"的断言，似乎能解释任何事情。但是，除非阴谋论者有足够的证据证明是这些团体（而非其他人）干的以及这些团体如何干的，否则他们的阴谋论解释不了多少现象。回顾一下第6章里讨论的桥梁坍塌的小精灵理论。任何理智的人都不会认真对待这样的主张：桥梁破坏是持枪的小精灵干的，因为没有任何证据表明是小精灵（而不是别的）干的，而且小精灵的激光枪完全没有得到详细说明。所以，与其主张一个特殊的阴谋群体干了某事，还不如说是小精灵所为，除非在这个特定团体以某种手段做了这件事这个假设下，证据得到了最佳解释。

在简单性和广泛性上，阴谋论似乎有优势，但它通常在保守性上有欠缺。保守性就是符合现有知识。一个主张与现有知识越冲突，其保守性就越小，因而其可能性就越低。阴谋论经常与我们有关人性和自然界的各种知识相冲突。例如，我们知道人的纪律性和组织性是有限的。而阴谋论者让我们相信特定组织的成员，比如共济会成员，是如此有纪律性和组织性，他们可以几百年来保守秘密，即使成千上万的人知道那些秘密。

然而，即使最强大的组织也免除不了泄密。其中一个最著名的事件——一个被许多人认为是现代阴谋文学之基石的泄密事件——结果证明是一个骗局和恶作剧。著名的《锡安长老会纪要》（以下简称《纪要》）1903年首次在俄国印刷。它是一本指导手册，分发给各位新长老（犹太领导者精英委员会成员），指导如何控制世界。事实上，它是由沙皇的秘密警察奥克拉纳警备队编造的文档。该纪要抄袭莫里斯·乔利（Maurice Joly）1864年所写的政治讽刺文章《马基雅维利和孟德斯鸠在地狱的对话》（以下简称《对话》）。然而，乔利的《对话》只字未提犹太人。《纪要》这方面的内容剽窃德国反犹太分子赫尔曼·格德舍尔（Herman Goedsche）的小说《比亚里茨》。奥克拉纳编造《纪要》并非为了使对犹太人的迫害正当化，而是为了削弱当时受控于犹太人的财政部部长谢尔盖·维特（Sergey Witte）的势力。自1921年伦敦的《时代》杂志发表一个揭发它虚构来源的报道以来，《纪要》是一个骗局已人所共知。然而，直到今天，这本书在一些阿拉伯国家依然很畅销。其他阴谋理论家也用《纪要》来支持其青睐的理论，他们声称，提及犹太人是给他们挑选的阴谋者指定的密码，这些阴谋者是共济会、光明会或爬虫军。

阿波罗阴谋：我们登上过月球吗？

大多数人认为美国航空航天局的航天员登月是一个历史性壮举，但有人并不买账。通过书籍、网站以及2001年福克斯的一个电视节目《阴谋论：我们到达过月球吗？》，怀疑者们坚持认为，根本没有登月这回事，事实上，它是在一个摄影棚上演的。他们主张，知名的登月壮举——阿姆斯特朗闻名的"一小步"、栽旗、宇航员高尔夫球、月球探险车演习等——都是在地球上巧妙捏造的，因为美国航空航天局根本没有完成这个壮举的技术实力。换句话说，1969年至1972年间阿波罗的六次登月计划是巨大的、非常成功的阴谋。怀疑者称，这个精心策划的阴谋的目的就是在太空竞赛中战胜苏联，哪怕是伪装的胜利。

被认为支持阴谋想法的证据主要包括，据称在月球上拍摄的视频和照片与月球明显不一致。阴谋论者指出，许多照片的细节看上去不是在月球上拍摄的，而是在一个摄影棚里拍摄的或由技术人员伪造的。例如：

- 在月球的照片上，天空没有星星。如果照片真的是在月球上拍的，那么，在漆黑的太空中你会看到星星。
- 宇航员插美国国旗的视频表明，旗在摆动，就像有风在吹一样，但月球上没有风。
- 月球表面物体的投影应是平行的，因为太阳光线是平行的。但在很多图片里，宇航员和其他物体的影子并不是平行的，影子的角度与你使用多种光源的摄影棚里能够看到的一样。

- 在一张宇航员站在月球探险车旁的照片里，一个字母C在附近的岩石上清晰可见，这可能是道具部门留下的标记。

这样不一致的地方能列出一长串，但作为阴谋论的证据，它们有多大力量？事实上它们非常弱，因为它们提供的支持充其量也是模棱两可的。在每一种情况下，这样的不一致可能是出于骗局，也可能是在拍摄登月照片时的异常条件造成的。没有过硬的证据证明这样的不一致是由阴谋或欺骗引起的。

另一方面，专家对照片里的许多奇怪现象给出了合理解释，包括怀疑者纠缠的大部分问题。例如，他们指出，星星在这些照片上是看不到的，因为照相机的曝光是为月球的强光背景设定的——相机的设置阻止胶卷上出现光亮比较弱的物体，如星星。旗帜摆动是因为宇航员在把旗杆扭动着插进月球土壤时引起了横倚着旗杆的旗帜前后摇摆。因为月球上空气阻力几乎为零，所以旗子就在持续摆动。由于透视的性质，即使只有一个光源，看到的影子也不是平行的——这在月球和地球上都是常见现象。至于在月球岩石上似乎出现的字母C是照片洗印的效果——字母C（有可能是一根头发）在原始影像里没有出现。

骗局理论最大的问题是它缺乏简单性，因为它是建立在几个可疑假定之上的。例如，它假定有成千上万的人为阿波罗计划卖力，却没有一个人揭露整个计划是一个骗局；这项庞大和复杂的阴谋能被编出来，而不被告密者、不满的雇用者或者阴谋者泄露；数千名为美国航空航天局工作的合同工从未站出来抗议；在超过三十五年的时间里没有确凿证据——没有真正的文档、文件、记录或其他任何东西——显露事实真相；世界各地接触过阿波罗计划令人惊愕的海量数据的科学家和工程师没有一个怀疑它是个骗局并和盘道出；苏联难道无能力或不愿揭露美国在冷战时最精心策划的阴谋？拥有先进技术的许多其他国家不能测出阿波罗的无线电信号并非来自月球？

骗局理论也与证明阿波罗飞行任务确实发生过的有力证据相冲突。在这些证据中，有地球上的望远镜拍摄到的阿波罗飞船飞向月球的照片，有月球上科学实验得到的数据，有阿波罗宇航员和无数科学家和技术人员的证词，有841磅重的月岩，这些都是月球上独有的，不可能用地球技术伪造。

除了纪律，据说阴谋家还有超凡的能力，诸如利用巫术或先进技术来推进其目标的能力。例如，一些阴谋论者主张，几百年来共济会以制造反引力装置见长，并向我们隐瞒这种知识，试图让我们一直处于他们的控制之下。某人开发了反引力装置的断言——如同某人能穿墙而过的断言——与我们所知道的世界是怎么运转的背景知识相矛盾。因此，其可信度很低。一种阴谋论做出这样的断言越多，我们就越没有理由接受它。

7.9 气候变化

由于许多人沮丧，一些人不相信，科学家一直在发布一些关于全球气候变化的令人不安的报告。要点是，地球总体的平均温度在升高——在过去一个世纪升高了 0.7℃ 以上，看起来微不足道，但正在造成世界范围的巨大的、潜在的灾难性影响。地球有自然的冷暖周期，但专家说，这一变热的趋向是一种最近的反常情况，即全球变暖已成一种威胁，且形成不可逆转的灾难模式。而且，这些变化被认为不是大自然而主要是人类行为引起的问题。这种人类行为可以修正，以避免地球灾难或将其减到最小。

气候学家说，地球的温室效应，即我们的底层大气中的太阳辐射（及其热量）无法向外层空间发散引发了全球变暖。当太阳辐射抵达地球时，其中一些反弹到太空，但多数还是进入地球大气层，热量被气体困在那里（称作温室效应，因为就像温室一样，它们让辐射进来但阻止其热量散出）。温室气体包括水蒸气、二氧化碳、甲烷等。二氧化碳最麻烦，在过去 200 年间一直在增加，且在最近 50 年里大幅飙升。

二氧化碳的某些增长来自滥砍滥伐和火山喷发，但大部分是由于燃烧化石燃料——煤、石油、燃气造成的。科学家说，结果是全球温度升高。

气候学家坚持，一段时间以来，行星一直在感受全球变暖的可怕效应，在未来一定会感受更多。按照美国全球变化研究规划的报告，与气候相关的变化早已被美国和全世界观察到。这些变化包括：空气和水的温度增高，霜日减少，暴雨变得又多又强，海平面上升以及积雪、冰川和海冰减少。湖与河流的无冰期越长，生长季节就越长，而且也可以观察到大气中水蒸气增多。

预计这些与气候相关的变化随着新变化的发展会继续下去。美国和周围沿海水域的未来变化，很可能包括与风、雨和风暴潮（不一定登陆的风暴数量增加）相关的更为强烈的飓风，以及西南方和加勒比海更干燥的气候。这些变化将影响人类健康、水供应、农业、沿海地区和社会的许多其他方面以及自然环境。[90]

在某些领域，全球变暖是有争议的，主要是因为它的政治意蕴。许多人论证，假如地球真的在危险地变暖，假如主要原因是燃烧化石燃料，那么我们就应该设法停止或至少大幅度减少燃烧化石燃料。这样做将彻底改造每一个目前依赖化石燃料的经济系统、社会系统和政府系统，对某些人而言，这无异于好战言论。坚持任何一个立场都不是天生错误的，但是当这场辩论中的"游击队"让他们的政治观点指挥他们对证据的评估时，他们就犯错了。太多的人成为证实偏见、否认证据、可得性偏差、谬误的诉诸权威的牺牲品。这些干扰可能导向合乎心意但通常无根据的结论。

因而，让我们看看，能不能做得更好。问题是，什么是解释气候变化数据的最佳理论？一个常见的观点是假说1：**全球气候变化是因为地球冷暖的自然变异，与人类活动没多大关系。**有人指出，地球冰河期——冰河时代（以及在它们之间的暖期）是这个观点的证据。在过去 3,500,000 年里，曾经出现过 24 个这样的暖和冷的年代，科学家现在知道了为什么。在常规时期（称作米兰科维奇周期），地球轨道的轻微变化使地球离太阳更近和更远，引起了持续时间长的寒冷期与暖和趋势。

在最近的 10,000 年里，地球也经历了某些不太显著的气候周期，这似乎削弱了地球因人类活动而逐渐变暖的看法。比如，在 950 年到 1250 年之间，即称作中世纪暖期的时候，温度有轻微上升——在工业革命开始将二氧化碳送入大气层**之前**。更近的，从 1998 年到 2000 年，世界进入一种温和的寒冷期（冷是相对于其他年份的）。

这个证据有多强？对假说 1 的支持弱于它乍看之下的支持力。地球气候确实几个世纪来以可预见的方式波动。但是，科学家说，这些变化不能解释最近地表温度的升高。到了大约下一个千年，地球会缓慢进入另一个冰期，但它已经比任何早先的暖期更暖。按照政府间气候变化专门委员会（IPCC）的看法，

> 最近 12 个年头中（1995—2006 年）有 11 年跻身于地表温度仪器所记录（自 1850 年以来）的 12 个最暖年份……温度升高是全球普遍现象，在更高的北纬上升幅度更大。陆地比海洋变暖的速度更快。[91]

美国科学院发布的一个报告持类似观点：

> 可以以高置信水平说，20 世纪最后数十年的地球平均表面温度要比之前 4 个世纪任何可比较的时期都高。这一陈述已得到来

自地理上多种多样证据的一致证明（来自树木年轮、珊瑚、海洋和湖泊沉积、洞穴沉积、冰芯、钻孔和冰川的间接证据）。[92]

另一个解释是假说2：**全球气候变化是由太阳能量输出的变化而非人的活动引起的**。毫无疑问，地球气候系统主要是由太阳驱动的，太阳能量的变化能影响我们的气候。其实，科学家已经表明，与太阳黑子相联系的太阳辐射有11年和22年的波动周期。有些人把这些事实当作全球变暖是太阳现象而非人类现象的证据。

但是，美国航空航天局的科学家（和其他许多人）驳斥了这个主张：

> 一些证据链表明，现在的全球变暖不能用来自太阳的能量变化来解释：
>
> ·自从1750年以来，来自太阳的平均能量或者保持不变，或者略有增加。
>
> ·假如变暖是由一个更为活跃的太阳引起，那么科学家就会有望看到大气层的各层都有更暖的温度。但是，恰恰相反，他们在上层大气中观察到了冷却，而在地表和大气层的较低层观察到了变暖。这是因为，在较低层大气，温室气体封闭了热量。
>
> ·包括太阳辐射照度变化的气候模型不能重现所观察到的过去百年的温度趋势，更没有将温室气体的升高纳入其中。[93]

现在，来看看假说3：**不存在世界范围的气候变化，人为的全球变暖概念是由一个科学家阴谋集团所持的一种诡计**。像大多数阴谋论一样，假说3只有它所钟爱的环境证据；直接证据几乎没有。编列证据的企图常常牵涉证实偏差和否认证据这一对孪生错误。

这个假说也被三振出局：它不满足广泛性、简单性和保守性标准。它很少有或没有广泛性是因为它没有证据证明那些阴谋家是谁，他们如何达成其目标。所以，它什么也没有解释。它缺乏简单性，因为它做出了数不尽的假设：实际上存在阴谋家（一些科学家），他们为了毫无怀疑地推销全球变暖的理念可能遵循一个党派议程，他们能协调他们的活动，他们都能保守阴谋的秘密，他们会冒职业生涯的风险撒一个弥天大谎，科学共同体不会发现这个欺骗等。该假说不是保守的，它与我们所知的人的本性、科学的行为和态度，以及科学研究所使用的标准和程序相冲突。它也并不符合现有关于气候的知识，因为它完全偏离了几乎所有气候学家认定的事实——人为的全球变暖是个现实。

这里还有假说4：**全球变暖正在发生，主要原因是人们使用化石燃料**。大量气候研究表明，地球的确在变得更暖。全球气温不仅正在升高，而且比以前任何时候升得更快。科学家预计，如果世界变得更热，一些全球现象将会出现——升温的海洋、海冰丧失、上升的海平面、与日俱增的地表温度、收缩的冰山、格陵兰岛和南极的冰盖总量减少、冰川后退（在阿尔卑斯山、喜马拉雅山、安第斯山等地），以及在美国更为极端的高温。正如所预计的，所有这些变化正在发生。政府间气候变化专门委员会的一个报告概括了科学观点的共识：

> 气候系统的升温是明确的，现在，从很多观察可见一斑：全球空气和海洋的平均温度增高，雪和冰的大范围融化以及上升的全球平均海平面。[94]

大量的证据也支持这样一个结论：全球变暖主要是由燃烧化石燃料生成的二氧化碳引起的。现在，我们的大气中二氧化碳水平比过去650,000年中的任何其他时间都要高。在工业革命之前，大气的这种温室气体水平按体积计大约是百万分之二百八十；现在这一水平已超过百万分之三百八十。由于二氧化碳剧增，所以全球地表温度增高。

气候科学家运用精巧的数学模型发现，自然过程（火山活动、太阳辐射、地球绕轨道运行等）独自不能解释过去百年里地球变暖的趋向，而人所生成的温室气体（主要是二氧化碳）**能够**解释它。

世界各地的主要科学组织——包括美国科学院、政府间气候变化专门委员会、美国航空航天局和美国国家海洋和大气管理局——都检查过气候变化的证据，并得出同样的结论：全球变暖正在发生，人类对使用化石燃料成瘾应承担责任。

在这里，假说4看起来是明显的赢家，但是让我们回顾一下所有假说，来看看为什么是这样。假说1（自然的可变性）是可检验的、简单的，有点广泛性，因为地球气候的自然变异也能解释某些气候年，比如18世纪和19世纪的小冰期。但是，该假说并不丰富，它没有预见到先前未知的现象。最糟糕的是，它无法满足保守性：它与全球变暖的量级和模式的既成事实相冲突。地球冷和热的正常循环方面的变异根本不符合有关地球异乎寻常变暖趋向的科学数据。

假说2（太阳能量输出）也是可检验的和简单的。和假说1一样，它也许因解释了与太阳11年辐射周期相关的现象而在广泛性方面有所得分，但没有满足保守性标准，理由与假说1相同：太阳辐射周期并不符合已知的全球变暖的模式。

正如早先提到的，假说3（科学家的阴谋）没有满足广泛性、简单性和保守性标准，也没有因为是丰富的而得到好评。它是竞争假说的最糟情形。

假说4赢得了这场竞争，因为它是可检验的、简单的、丰富的和保守的。它的丰富性在于成功地预见了某些先前未知的现象——从升高的海平面到冰川后退，再到大气的冷和暖等每一件事。它是保守的，因为它与科学规律、得到良好支持的理论和确定的事实相一致。

科学就是对真理的探寻。它试图探明世界存在的方式。但是，有人声称这样的探寻误入歧途，因为我们各自创造了自己的实在。他们说，对你是真的对我却并非真。对他们而言，客观真理不仅是难以企及的目标，而且是过时的神话。在下一章，我们会尝试发现关于真理的真理。

小　结

根据我们对世界的了解，怪异现象是看似不可能的事件或物体。为了解释这些事物，人们常常假定与怪异事物一样奇异的力量或属性。只要它们对所讨论的现象提供最佳解释，我们就有理由相信这些力量或属性的存在。通过确定竞争的解释所产生的理解的多少，我们能评价彼此相关的竞争解释的优劣。一个解释产生的理解的总量要看它在多大程度上系统化和整合了我们的知识，而这又取决于它符合妥适性标准即简单性、保守性、广泛性和丰富性的程度。查究方法突出了评价一个解释应采取的步骤：陈述主张，审查支持主张的证据，考虑备择解释以及根据妥适性标准评价每一个假说。

这些考虑不应被当成是本书所考察问题的定论。我们只是试图呈现我们对这些问题的最佳思考。你也许不同意我们的观点——如果你不同意，我们相信那是基于好理由。

既然你知道了好理由与坏理由的区别，你就掌握了基本的智力工具，这些工具对评价各种无论是奇异的还是普通的主张，都是必需的。我们希望你运用这些工具，因为你的生活质量取决于你决策的质量，而你决策的质量取决于你推理的质量。

学习问题

1. 什么是查究公式？
2. 什么是妥适性标准？
3. 成千上万的人使用顺势疗法。这个事实本身说明顺势疗法有疗效吗？
4. 你认为UFO劫持证据的可信度有多高，为什么？
5. UFO劫持假说不是一个非常简单的解释，因为它包含一些没有根据的假定。这些假定是什么？
6. 与死者沟通的假说在哪些方面不如它的竞争假说保守？
7. 濒死体验的最佳解释是什么？为什么它是最佳解释？

运用查究方法评价这些主张

1. "人体自燃"是大家熟知的一种现象，大部分受害者的身体以及受害者坐的椅子被发现烧成了灰烬，而房间里的其他物品完好无损。这种现象表明有一种新的亚原子粒子——一种"pyroton"——它与细胞相互作用，导致受害者燃烧。——L. 阿诺德，《着火！》（New York: M. Evans, 1995）

2. 许多人报告见鬼了，包括再现的战争、死亡，或者谋杀。这个

结果表明，某种物质，如石头，能像磁带一样记录情感和事件。——奈杰尔·涅尔，《石头磁带》，1972年2月25日BBC播放

3. 实际上没有人曾经被外星人劫持过。相反，被劫持的经历被宇宙中某个地方的智能生命用光传到了被劫持者的大脑中，它与我们星球的生命是共生关系。——D. 斯科特·罗戈，《超越现实》（Wellingborough, England: Aquarian Press, 1990）

4. 当被别人盯着看的时候，人们常常会知道。这表明感知不仅包括接收来自物体的光线，也包括把某种影像投射到物体上。——鲁帕特·谢尔德雷克，《改变世界的七个实验：一部革命性科学的自助指南》（London: Fourth Estate, 1994）

5. 梦经常像清醒时的体验一样真实，因为人由两个身体组成：肉体身体和星体身体。做梦时，我们的星体身体离开肉体，并穿行到灵界，那里是梦实际发生的地方。——T. 罗布桑·拉姆帕，《永恒的你》（York Beach, ME: Samuel Weiser, 1990）

6. 保存在具有胡夫金字塔形状的结构里的食物比保存在该结构外的食物保鲜时间更长。金字塔一定像透镜一样聚集了某种宇宙能量，并将其提供给食物。——麦克斯·托斯和格雷格·尼尔森，《金字塔的力量》（Rochester, VT: Destiny Books, 1990）

学习问题

任务：回忆发生在你身上的一次神秘和怪异的经历。（如果你从未经历过任何符合这种描述的经历，回忆你的朋友或者家人告诉过你的一次奇异经历。）至少列出对这个经历的三种解释，包括至少一种超常的或超自然的解释。然后运用查究公式对这些假说进行分析。如果

必要的话，在互联网上搜索支持每个假说的事实。陈述你的结论：根据你的分析，哪个解释最合理？

批判性阅读与写作

I. 阅读下面段落并回答下列问题：

1. 段落里解释的现象是什么？
2. 提出的解释现象的理论是什么？
3. 所提出的理论是逻辑上不可能的吗？
4. 所提供的自然解释是什么？
5. 能提出其他自然解释吗？

II. 写一篇250字的文章，评价影子人是鬼的理论。把这个理论与下面的自然理论相比较：影子人现象是视觉感知的自然异常的结果，如同"飞蚊症"——由于玻璃体液碎片导致的眼前漂浮的斑点。运用查究公式。

段落6

深夜，你坐在电脑前，屏幕微弱的光是房间里的唯一光源。你的猫惬意地卧在书桌旁的小桌子上。室内安静，你很自在，完全沉浸在工作当中。突然你的工作被打断了，眼角余光看见一个黑色的身影。你跳了起来，四处看看。什么也没看见。

这种事情有多少次发生在你身上？如果你对自己是诚实的，我确信你会说这种事情发生过无数次。通常你会把它当成妄想症或者你太累了的缘故，对它一笑了之。越来越多的人相信它是影子人。如果你是其中的一员，你可能也这样认为。

影子人是谁？目前所知还不多。也许确实是我们的想象或神话故事误入了歧途。也许我们所看到的完全是我们认为所看到的——在阴影中穿行的生物。我听到过无数有关影子人真实身份的故事和主张。它们是鬼？是外星人？是其他空间的人？（源自网址 Shadowers.com）

注　释

1. Mahlon W. Wagner, "Is Homeopathy 'New Science' or 'New Age'?" *Scientific Review of Alternative Medicine* (Fall–Winter 1997): 7–12.
2. Rick Warren, "God Debate: Sam Harris vs. Rick Warren," *Newsweek*, 9 April 2007.
3. Andrew Neher, *The Psychology of Transcendence* (Englewood Cliffs, NJ:Prentice-Hall, 1980), pp. 182–183.
4. Whitley Strieber, *Communion* (New York: William Morrow, 1987).
5. Budd Hopkins, *Intruders* (New York: Random House, 1987).
6. Keith Fitzpatrick-Matthews, "I remember why I've never wanted satellite television," *Bad Archaeology*, http://badarchaeology.wordpress.com/2011/09/17/i-remember-why-I%E2%80%99ve-never-wanted-satellitetelevision/
7. Martin T. Orne, "The Use and Misuse of Hypnosis in Court," *International Journal of Clinical and Experimental Hypnosis* (October 1979):311–341.
8. Ibid.
9. A. H. Lawson and W. C. McCall, "What Can We Learn from theHypnosis of Imaginary Attackers?" *MUFON UFO Symposium Proceedings*(Seguin, TX: Mutual UFO Network, 1977), pp. 107–135.
10. Terence Hines, *Pseudoscience and the Paranormal* (Buffalo: PrometheusBooks, 1988), p. 195.
11. Robert A. Baker, *They Call It Hypnosis* (Buffalo: Prometheus Books,1990), p. 247.
12. Ibid., p. 252.
13. Philip J. Klass, *UFO Abductions: A Dangerous Game,* updated edition(Buffalo: Prometheus Books, 1989).
14. U.S. Office of Technology Assessment, *Scientific Validity of PolygraphTesting: A Research

Review and Evaluation (Washington, DC: Office ofTechnology Assessment, 1993, November) (OTA-TM-H-15);D. Lykken, *A Tremor in the Blood* (New York: McGraw-Hill, 1981).

15. Charles H. Bennett, Gilles Brassard, Claude Crepeau, Richard Jozsa, Ashes Peres, and William K. Wootters, "Teleporting an Unknown Quantum State via Dual Classical and EPR Channels," *Physical Review Letters* 70 (March 29, 1993): 1895–1899.
16. Phil Patton, "UFO Myths: A Special Investigation into Stephenville and Other Major Sightings," *Popular Mechanics,* December 18, 2009, http://www.popularmechanics.com/technology/aviation/ufo/4304170
17. "The Stephenville Lights: What Actually Happened," *Skeptical Inquirer* 33:1 (January/February 2009) http://www.csicop.org/si/show/stephenville_lights_what_actually_happened/
18. Samuel L. Braunstein, "A Fun Talk on Teleportation," www.research.ibm.com/ quantuminfo / teleportation/braunstein.html, accessed September 2007.
19. Elizabeth Slater, "Conclusions on Nine Psychologies" in *Final Report on the Psychological Testing of UFO "Abductees,"* ed. R. Westrum (Mt. Rainier, MD: Fund for UFO Research, 1985), pp. 17–31.
20. Ibid.
21. Klass, *UFO Abductions,* pp. 25–37.
22. S. C. Wilson and T. X. Barber, "The Fantasy-Prone Personality: Implications for Understanding Imagery, Hypnosis, and Parapsychological Phenomena," in *Imagery: Current Theory, Research, and Application,* ed. A.A. Sheikh (New York: John Wiley, 1983).
23. Ibid.
24. K. Basterfield and R. Bartholomew, "Abductions: The Fantasy-Prone Personality Hypothesis," *International UFO Review* 13, no. 3 (May/June 1988): 9–11.
25. Baker, *They Call It Hypnosis,* p. 247.
26. Ibid., p. 250.
27. Ibid., p. 251.
28. Hines, *Pseudoscience and the Paranormal,* p. 203.
29. Susan Blackmore, "Alien Abduction," *New Scientist* (November 19,1994): 29–31.
30. *Report of Air Force Research Regarding the "Roswell Incident,"* reprinted in*Skeptical Inquirer* 19 (January/February 1995): 43.
31. Charles B. Moore, quoted by Dave Thomas in "The Roswell Incidentand Project MOGUL," *Skeptical Inquirer* 19 (July/August 1995): 16.
32. Ray Hyman, "How *Not* to Test Mediums: Critiquing the AfterlifeExperiments," *Skeptical Inquirer* (January/February 2003).

33. Raymond A. Moody Jr., *Life after Life* (New York: Bantam Books, 1975), pp. 21–23.
34. Raymond A. Moody Jr., *The Light Beyond* (New York: Bantam Books, 1988), p. 7.
35. Ibid., pp. 4–5.
36. Fred Schoonmaker, "Denver Cardiologist Discloses Findings after Eighteen Years of Near-Death Research," *Anabiosis* 1 (1979): 1–2.
37. Michael Sabom, *Recollections of Death* (New York: Harper and Row, 1982).
38. Susan Blackmore, "Near-Death Experiences: In or Out of the Body?" *Skeptical Inquirer* 16 (1991): 36.
39. Adrian Thatcher, "Christian Theism and the Concept of a Person," *Persons and Personality*, eds. A. Peacocke and G. Gillette (Oxford: Blackwell, 1987), p. 183.
40. Ibid., p. 184.
41. Kenneth Ring, *Life at Death* (New York: Coward, McCann and Geoghegan, 1980), p. 32.
42. Ibid., p. 40.
43. Karlis Osis and Erlendur Haraldsson, "OBE's in Indian Swamis: Sathya Sai Baba and Dadaji," in *Research in Parapsychology 1976*, eds. J. D. Morris, W. G. Roll, and R. L. Morris (Metuchen, NJ: Scarecrow Press, 1980), pp. 142–145.
44. Pim van Lommel et al., "Near Death Experience in Survivors of Cardiac Arrest: A Prospective Study in the Netherlands," *Lancet* 358 (December 15, 2001): 2039–2045.
45. Moody, *Light Beyond*, pp. 196–197.
46. Ibid., p. 197.
47. Ibid., pp. 170–171.
48. Blackmore, "Near-Death Experiences," p. 43.
49. Moody, *Light Beyond*, p. 197.
50. Ibid.
51. Charles Dickens, *Bleak House* (New York: P. F. Collier & Son, 1911), pp. 459, 460.
52. Justus von Liebig, *Familiar Letters on Chemistry* (London: Taylor, Walton, and Maberly, 1851), letter 22.
53. Larry E. Arnold, *Ablaze! The Mysterious Fires of Spontaneous Human Combustion* (New York: M. Evans, 1995).
54. Douglas Drysdale, quoted in Jenny Randles and Peter Hough, *Spontaneous Human Combustion* (London: Robert Hale, 1992), p. 43.
55. Susan J. Blackmore, *Beyond the Body* (Chicago: Academy Chicago Publishers, 1992), p. 199.
56. Ibid., p. 200ff.
57. William Rushton, "Letter to the Editor," *Journal of the Society for Psychical Research* 48 (1976): 412, cited in Blackmore, *Beyond the Body*, pp. 227–228.

58. Barry Beyerstein, *The Hundredth Monkey and Other Paradigms of the Paranormal,* ed. Kendrick Frazier (Amherst, NY: Prometheus Books, 1991), p. 45.
59. Carl Sagan, *Broca's Brain* (New York: Ballantine Books, 1979), p. 356ff.
60. S. Grof and J. Halifax, *The Human Encounter with Death* (New York: E. P.Dutton, 1977).
61. C. B. Becker, "The Failure of Saganomics: Why Birth Models Cannot Explain Near-Death Phenomena," *Anabiosis* 2 (1982): 102–109.
62. Susan Blackmore, "Birth and the OBE: An Unhelpful Analogy," *Journal of the American Society for Psychical Research* 77 (1983): 229–238.
63. Ronald Siegel, "Life after Death," in *Science and the Paranormal,* eds. George O. Abell and Barry Singer (New York: Scribner's, 1981), pp. 159–184.
64. Moody, *Light Beyond,* pp. 180–182.
65. Ibid., p. 182.
66. Blackmore, "Near-Death Experiences," pp. 34–35.
67. Hines, *Pseudoscience and the Paranormal,* p. 69.
68. Dina Ingber, "Visions of an Afterlife," *Science Digest* (January/February 1981): 142.
69. Ibid.
70. United Nations press release, "What Happens When We Die: World's Largest Scientific Study to be Launched At U.N. Symposium On Human Consciousness," http://esango.un.org/event/documents/mbs_media_kit.pdf, accessed June 1, 2009.
71. Blackmore, "Near-Death Experiences," p. 41.
72. Ibid., p. 42.
73. Ibid., p. 40.
74. O. Blanke, S. Ortigue, T. Landis, and M. Seeck, "Stimulating Own-Body Perceptions," *Nature* 419 (2002): 419.
75. Blackmore, "Near-Death Experiences," p. 42.
76. F. W. H. Myers, *Human Personality* vol. 2 (London: Longmans, Green, 1903), p. 19.
77. 169 A.D.2d 254, 572 N.Y.S.2d 672, *Jeffrey M. Stambovsky v. Helen V. Ackley and Ellis Realty,* Supreme Court, Appellate Division, First Department, July 18, 1991.
78. Paramahansa Yogananda, *Autobiography of a Yogi* (Los Angeles: Self-Realization Fellowship, 2001), p. 56.
79. Ibid., p. 477.
80. R. J. Broughton, et al., "Randomized, Double-Blind, Placebo-Controlled Crossover Trial of Modafinal in the Treatment of Excessive Daytime Sleepiness in Narcolepsy," *Neurology* 49 (1997): 444–451.
81. Richard Wiseman, Caroline Watt, Paul Stevens, Emma Greening, and Ciaran O'Keeffe, "An

Investigation into Alleged 'Hauntings,'" *BritishJournal of Psychology* 94 (2003): 209.
82. H. P. Wilkinson and Alan Gauld, "Geomagnetism and AnomalousExperiences,1868–1980," *Proceedings of the Society for Psychical Research* 57 (1993).
83. Andy Coghlan, "Midnight Watch," *New Scientist* 160 (December 19,1998): 42.
84. Mick Hamer, "Silent Fright," *New Scientist* 176 (December 21, 2002):50.
85. Andy Coghlan, "Little House of Horrors," *New Scientist* 179 (July 26,2003): 30.
86. Ben Radford, "Ghost-Hunting Mistakes: Science and Pseudoscience in Ghost Investigations," *Skeptical Inquirer,* Volume 34.6, November/December 2010.
87. *Congressional Record,* 82d Cong. 1st sess. vol. 97 (June 14, 1951): pt. 5,p. 6602.
88. Patrick Leman, "Who Shot the President? A Possible Explanation forConspiracy Theories," *Economist* 20 (March 2003): 74.
89. Donna Kossy, *Kooks: A Guide to the Outer Limits of Human Belief* (Portland,OR: Feral House, 1994), p. 191.
90. Global Climate Change Impacts in the U.S., " United States Global Change Research Program, 2009," http://www.globalchange.gov/publications/reports/scientific-assessments/us-impacts/full-report/executive-summary (8 August 18).
91. Intergovernmental Panel on Climate Change (IPCC), "Climate Change 2007: Synthesis Report" (Fourth Assessment Report) 2007, http://www.ipcc.ch/publications_and_data/ar4/syr /en/spms1.html (19 August 2012).
92. National Academy of Sciences, *Surface Temperature Reconstructions for the Last 2,000 Years (2006)*, 2012, http://dels.nas.edu/Report/Surface-Temperature-Reconstructions-Last/11676 (19 August 2012).
93. National Aeronautics and Space Administration, "A Blanket Around the Earth," http://climate.nasa.gov/causes/ (3 December 2012).
94. Intergovernmental Panel on Climate Change (IPCC), "Climate Change 2007: Synthesis Report."

第 8 章

相对主义、真理与实在

给你讲个寓言故事:

四个人碰到了一只鸭子——或者看起来像鸭子的东西。

"它的叫声像鸭子。它蹒跚而行的步态像鸭子。它是鸭子。"第一个人说。

"你看它是鸭子,我看它不是鸭子,因为我们各自创造了我们自己的实在。"第二个人说。

"在你的社会里它可能是只鸭子,但是在我的社会里不是;实在是社会地建构出来的。"第三个人说。

"你的概念架构也许把它归类为鸭子,但我的并非如此;实在是由概念架构建立的。"第四个人说。

也许,这个讨论看起来很奇怪,但是你自己也参与过这种讨论。你难道没有听过别人这样对你讲,"对你而言是真的对我并不真"吗?如果你听过,你就开始与相对主义难题面对面了。该问题是这

> 没有什么比真理更有力,也没有什么比它更奇怪。
> ——丹尼尔·韦伯斯特

样的：实在独立于我们表征它的方式而存在，还是个人、社会或概念架构创造了它们自己的实在？接受第一种选择的那些人被称为"外部实在论者"，或简称为"实在论者"，因为他们不相信实在依赖我们对它的想法。做出第二种选择的那些人叫作"相对主义者"，因为他们相信，世界依赖我们思考它的方式而存在。

> 虽然真理是稀缺的，但总是供大于求。
> ——约什·比林斯

说实在独立于我们自己如何表征它而存在不等于说唯有一种表征它的正确方式。实在能以不同的方式加以表征，就像某一地域能在地图上以不同的方式标绘一样。例如，想一想公路线路图、地形图以及立体地图。这些地图使用不同的符号表征地域的不同方面，出现在一种地图上的符号也许不会出现在另一种地图上。然而说其中的一幅地图是正确的就没有道理了。每一张地图都能提供该地域的准确表征。

相对主义赢得了许多人的好感，因为他们错误地假定了实在论会产生绝对主义——即只有一种正确表征实在的方式的观点。正如阿兰·布鲁姆（Allan Bloom）揭示的：

> 有一件事教授能够绝对确定：几乎每个进入大学的学生都相信真理是相对的……他们认为真理的相对性不是一个理论洞见而是一种道德假定，是自由社会的一个条件……对学生而言，真理的相对性是个道德问题，这在他们遭到挑战时所做出的反应的特征中披露出来了——一种怀疑和气愤的组合："你是个绝对主义者吗？"他们会用同样的语调表达他们所知道的唯一选择："你是个君主主义者吗？"或者，"你真的相信女巫吗？"[1]

绝对主义被认为是道德上令人反感的，因为它导向不宽容。毕竟，历史上所有的迫害难道不是那些相信客观实在并认为他们的实在观是正确的人所犯的罪过吗？另一方面，相对主义被认为能培养宽容，意味着不同观点都有权得到同等尊重，因为它们都一样真。

我们已经看出，相对主义在假定实在论蕴含绝对主义方面是错误的。从实在独立于我们对它的表征而存在这一事实，推不出表征实在只有唯一正确的方式。为了评估那个主张，我们需要仔细考察各种形态的相对主义。

8.1 我们每个人创造了我们自己的实在

第二个人的观点是，我们每个人创造了我们自己的实在。无论是过去还是现在，许多人拥护这个观点，并且认为它既开启心智又深刻。例如，女演员莎莉·麦克琳（Shirley MacLaine）在她的著作《孤立无援》的引言里宣布：

> 读者，如果我对内在真理的探究能帮你获取启示，那么我所做的就很值了。但是我的第一个奖赏是探究我自己的旅程，唯一值得的旅程。通过这个旅程，我学到了深刻而有意义的一课：生活、生命和实在只是我们每个人自己感知的存在。生活不是发生在我们身上，而是我们让生活发生了。实在与我们不可分离。我们每一天的每一刻都在创造我们自己的实在。对我而言，那个真理是终极自由和终极责任。[2]

后来，让她朋友吃惊的是，她由这个断言得出了一个逻辑推断——唯我论，即"唯我存在"和我创造了所有实在的观点。在《尽情欢愉》中，她讲述了当她在新年夜聚会上表达唯我论的意见时如何冒犯了她的客人。

> 我是这样开始的：因为我意识到我在各方面创造了自己的实在，因此我必须承认，本质上**我是我的宇宙中唯一活着的人**。我能感受到当时餐桌上人们议论纷纷。我继续表达我对世界上出现的所有事件的全部责任**和权力**的感觉，因为世界上的一切只发生在我的实在中。**而且**人们感受到的痛苦、恐惧、沮丧、慌乱等，实际上只是**我**的痛苦、恐惧、沮丧、慌乱等的诸方面……我知道我创造了晚间新闻的实在。它是我的实在。但是，是否其他人从我这里**分别**体验到了新闻并不清楚，因为**他们**也存在于我的实在中。如果他们对世界大事做出了反应，那是我在创造他们如此反应的，这样我会与某人交流，从而更好地了解我自己。[3]

1970年，早在麦克琳发表她的创造实在的言论之前，一本名为《赛斯材料》的书出版了。这本书因为用 Seth（一种"不再专注于物理实在的"人格）来指一种假定存在的实体，并通过小说家简·罗伯茨的"渠道"而成为众多畅销书中的一本。该书的一个主题是，物理实在是我们自己的创造：

> 赛斯说，我们本能地塑造了物理宇宙，就像我们本能地呼吸一样。我们没有想着把它当成将来某一天我们要逃离的监狱，或者任何一个人都不可能逃离的死刑执行室。**我们塑造物质**不是为了在三维实在中运行，而是要发展我们的能力，帮助其他人……

我们不知不觉地把我们的想法投射出去，形成了物理实在。我们的身体是我们认为我们是什么样的物质化形态。因此，我们都是创造者，这个世界是我们创造的。⁴

> 心灵不创造它所感知的，就像眼睛并不创造玫瑰。
> ——爱默生

因此我们分别造就了物理实在吗？生物学家泰德·舒尔茨曾一度被这个想法吸引，但很快就开始质疑它了。

我开始对"共识的实在""个人实在"的逻辑外延以及信念力量感到疑惑。假设一个精神分裂症患者被彻底说服相信他能飞。他能吗？如果能，为什么很少看到来自精神病院机构对病人如此神奇行为的报告？那些像耶和华的见证者一样虔诚地相信耶稣在特别的某一天降临的一大批人又怎么样呢？难道不是因为在宗教史上他两次该降临（1914年和1975年）而不降临，致使信徒们要重新设置降临日期吗？假使其他太阳系的居住者相信天文物理的运行与我们相信的在地球上的运行方式不同将又会怎么样呢？两个运行方式同时都为真吗？如果不是，哪一种是与宇宙一致的？地球上的大量天主教信徒使得天主教的上帝和圣徒成为实在了吗？我应该忧虑否认天主教信仰的后果吗？哥伦布之前，因为每个人都相信地球是扁平的，它真的就是扁平的吗？它"变成"了圆的，只是因为人们改变了一致意见吗？⁵

还有什么能比我们相信某事，某事就成真这样的观念更诱人？与舒尔茨指出的完全一样，信念独自就能形成实在的想法存在严重问题。首先，它牵涉逻辑矛盾。如果我们的信念能改变实在是真的，那么，当不同的人持有对立信念时会发生什么？假如 A 相信 p（一个关于实在的陈述），p 因此成真。而 B 相信非 p，它也因此成真。那么，我们将得到同一事态既存在同时又不存在的结果，这是一种逻辑上的不可能性。如果 A 相信所有已知的恐怖分子都死了，而 B 相信都没死，那将会怎么样呢？如果 A 相信地球是圆的，而 B 相信地球是扁平的，又会怎么样？因为我们的信念造就实在这个假设导致一种逻辑矛盾，所以我们得出这样的结论：实在不受我们的信念支配。

> 真理不仅比你所想象得奇特，它比你可能想象得还奇特。
> ——J. B. S. 霍尔丹

唯我论者可以避开这个问题，因为在他们看来，世界上只有一个人，因此只有一个人的信念。但是，相信世界上只有一个人，而那个人仅通过思考就创造了一切的想法有道理吗？考虑一下你自己的经验。

你有一个漏水的水龙头。你放一只桶来接水。你离开了房间。当你回来时，桶里的水满了，水在外溢，地毯泡在水里。诸如此类的简单事件——还有亿万种其他经验——引导我们相信因果序列事件在不断上演，不论我们是否在经历它们，好像它们独立于我们的思想。

你打开橱柜门——意想不到！——书落在了你头上。你脑海里最想不到的事就是书掉下来。就好像这些事是偶然地与我们思想之外的事物连接在了一起。

你在床上睡着了。第二天醒来时，房间里的一切与你睡觉前一模一样。这就好像你的房间继续存在，无论你是否思考它一样。

你手里拿着一朵玫瑰。你看到了它，感受到了它，闻到了它。你的感觉汇聚在一起给了你这朵花的一个统一画面——就好像它独自存在一样。如果它只是你思想的产物，这种汇聚在一起的感觉很难解释。

在你生命的每一天里，你都意识到自己创造的经验（如白日梦、思想、想象）与那些外部实在强加于你的那些经验（如难闻的味道、噪音、寒风)之间的区别。如果存在一个独立的世界,这个区别就有意义。如果不存在,而且你创造自己的实在,这个区别就不可思议。

问题在于,一个独立世界的存在比任何已知的其他说法都更好地解释了我们的经验。我们有好理由相信,世界——它似乎不依赖我们的思想——真的存在。即便有相信世界是我们自己头脑的创造的任何理由,那也少之又少。科学作家马丁·加德纳在一篇关于唯我论的文章中,这样表述这一点:

> 我们当然不是唯我论者,我们都相信其他人存在。这不是令人诧异的一系列巧合吗?即对于任何怀疑外部世界存在的人,这很令人诧异,因为每个人基本上看到了同样的现象。我们走在同一城市的同一街道上。我们在同样的地方找到了同样的建筑物。两个人从望远镜里能看到同样的螺旋星云。不仅如此,他们还看到了同样的螺旋结构。存在一个不依赖于人的头脑、由某种**事物**构成的外部世界的假说如此有用,如此被不同时代的经验有力地证实,所以我们能毫不夸张地说,它比任何其他经验假说都更好地得到确认。它如此有用是在于:对于任何人,除了疯子或职业形而上学家,要领会怀疑它的一个理由都几乎是不可能的。[6]

> 我从不知道我所说的有多少是真的。
> ——贝特·米德勒

存在一个外部实在的信念不仅是一个方便的虚构或教条的假设,它是对我们经验的最佳解释。

尽管相信我们的头脑创造了外部实在是荒唐的,但相信我们的头脑创造了我们关于外部实在的信念完全合理。正如我们了解的,大脑不仅是个被动的信息接收器,也是一个信息的主动操作者。在我们试图理解和应对世界的时候，我们每个人都形成了对世界的不同信念。"对我是真的可能对你不是真的"这个说法可以表达这种信念的多样性。不同的人把不同的事物当成真的。但是，把某事当成真的并不使它成真。

"我们每个人创造了我们自己的实在"的观点被称为主观主义。但是，这个观点并非 21 世纪所独有。它曾在两千五百多年前的古希腊盛行。古代主观主义的盟主被称为"诡辩家"（Sophists）。他们是修辞学教师，其谋生手段就是教富裕的雅典人如何赢得朋友和影响别人。然而，因为他们不相信客观真理，他们教自己的学生对任何事物都进行两方面的对立论证，这在当时成了丑闻。（Sophistic 和 Sophistical 两个词被用来描述看似正确实则谬误的论证。）最伟大的诡辩家——普罗塔哥拉（Protagoras）——惊世骇俗地表达了他的主观主义："人是万物的尺度，是存在者存在的尺度，也是不存在者不存在的尺度。"实在并不独立于人的头脑而存在，而是由我们的思想创造的。因而，任何人不论相信什么都是真的。

柏拉图清晰地洞察到这个观点的含意。如果任何人不论相信什么都是真的，那么每个人的信念就与所有其他人的信念一样真。而如果每个人的信念与所有其他人的信念一样真，那么，主观主义为假的信念与主观主义为真的信念就一样真。柏拉图这样表述它："从普罗塔哥拉那方面说，承认每个人的意见都是真的就必须承认他的对手们的意见是真的，而他们认为他错了。"[7] 因此，普罗塔哥拉的主观主义是自我驳斥的。如果它为真，它即为假。任何其真蕴含了其假的主张都不可能为真。

> 无论谁说出真理都会被九个村庄赶出去。
> ——土耳其谚语

普罗塔哥拉教授论辩颇具讽刺意味，因为在普罗塔哥拉的世界里，不应该有任何论证。当有某个理由相信某人错误的时候，论证就出现了。然而，如果相信某事为真即成真的话，没有人会错；每个人都是一贯正确的。正是因为他们相信某事为真即使其为真这一事实，因而任何人有虚假信念都是不可能的。因此，如果普罗塔哥拉的客户们认真对待他的哲学，他就会失业。如果论辩没人能输，就没有必要学习如何论辩。

> 你和我可能来自不同的地方，但我知道相对主义对我不是真的。
> ——艾伦·加芬科

主观主义将争论归于无用，这常常未被注意到。正如泰德·舒尔茨观察到的：

> 让人不可思议的是，许多新纪元运动者（New Agers）在面对"客观真理是愚钝的理性主义者难以企及的恐怖东西"而表现出满足感时，对他们自己钟爱的信念系统的细枝末节也常常变得极为教条。毕竟，如果"对你是真的"未必"对我是真的"，那么我还该担忧蓝慕沙预言的即将来临的地质巨变准确日期和确切位置，或者阿格拉斯预言的2012年就要到来的"太空兄弟"吗？[8]

如果新纪元运动者是对的，没有人应该忧虑诸如此类的事情，因为每个人制造了自己的真理，没有人可能会错。

尽管我们都很愿意自己是一贯正确的，但我们知道事情不是这样的。甚至最疯狂的持相对主义的新纪元运动者也得承认他或她拨错了电话、赌输过赛马或忘记过朋友的生日。承认这些就表明实在并非是由我们的信念构建的。这里的运行原则是：

仅仅因为你相信某事为真并不意味着它是真的。

如果相信某事为真就使其为真，现实生活中没有了却的心愿、没有实现的抱负和没有成功的计划将会大大减少。

8.2 实在是社会地建构出来的

寓言中第三个人的主张背后的基本理念是，如果有足够的人相信某事为真，它对每个人就变成真的了。我们不是各自创造我们自己单独的实在——我们都生活在一个实在中，但是，如果我们当中有足够的人相信，我们就能彻底改变每个人面对的实在。如果我们能达成群体共识，即一种信念的群聚效应，那么我们就能改变世界。

> 事实不因它们被忽略了而不复存在。
> ——赫胥黎

也许对这一理念最有影响的清晰表达是约瑟夫·奇尔顿·皮尔斯（Joseph Chilton Pearce）的书《宇宙之蛋的裂缝》[9]。在这本书中，皮尔斯断言，人们参与了物理世界的形成，甚至是物理规律的形成。如果我们有足够的人数相信一个新的实在，我们就能改变这个物质世界。如果我们达成群体共识，我们就能按照我们的方式改变这个世界——为每个人。

近年来，这个离奇的论点——如果有足够的人相信某事，它就会突然变成对每个人都是真的——已经非常有影响力。这个观点源自第一百只猴子现象（第1章提到过），是里奥·华生在《生活潮》一书里讲的故事，之后便得到大肆吹捧。在肯恩·凯斯（Ken Keyes）的畅销书《第一百只猴子》里，在同名电影里，在好几篇文章里，这个故事被反复讲述。

关于好神话和坏神话

心理学家玛琳·奥哈拉（Maureen O'Hara）第一个发表了对里奥·华生的第一百只猴子的超常的意识群聚效应故事的质疑性分析。她知道，许多人把这个故事当作有重要意义的神话加以接受。她承认该神话在我们生活中的重要性，但她争论说，作为一个神话，华生的故事"非常没有人性"，它是"对整个人类赋权理念的反叛"：

> 在现行的理想化的群聚效应问题上存在主要矛盾——不仅从第一百只猴子的故事中可以看出，而且从诸如"奥修教"和"宝瓶同谋者"①等这类组织的意识形态中可以看出。在推行这种如果我们真的相信，我们信以为真的就会以某种神奇方式对每个人都变成真的理念的过程中——尽管（目前）这种思想只被几个心灵解放人士接纳——群聚效应的支持者忽略了人道主义和民主开放社会的原则。在我们这种类型的社会里，开放基于这样的信念：不论好歹，我们每一个人，作为负责任的多元文化的参与者，都要坚持自己的信念。我们真的愿意放弃这个理念而去宣扬一种大一统的意识形态，支持对一个"临界量大众"为真的东西将成为对每个人都为真的观念吗？这个理念让我紧张不安……
>
> 那么，我对第一百只猴子现象的反对不是因为它是个神话，而是因为它是个糟糕的神话，它没有从集体的想象力中汲取力

---

① 玛丽琳·弗格森（Marilyn Ferguson）在《宝瓶同谋》一书中认为，在经过了黑暗、暴戾的双鱼座时代之后，人类即将进入另一个爱与光明的、心灵真正解放的宝瓶座时代，这一人心所向的心灵变革运动已经成为一种"共谋"。此书颇受新纪元运动者青睐，被称为"新纪元手册"。

量，而是从乔装成科学的想象里汲取力量。它把我们领向（正如我试图证明的）宣传、操纵和极权主义的方向和一种被权力和说服所左右的世界观——换句话说，这与惯常的做法没什么两样……

……这不是一个促进我们能力全面发展的新型神话，而是一个把我们降低到完全不过是受"伟大的沟通者"支配的没头脑的兽群而已。第一百只猴子现象的神话是比宝瓶现象更令人心寒的奥威尔式现象。[10]

> 一个人仅因为大多数人是大多数而想与群众或大多数人保持思想一致，这是心灵低劣和卑贱的证据。真理不因为它被大多数人相信或不相信而改变。
>
> ——乔尔丹诺·布鲁诺

故事是这样的：华生讲述了来自20世纪50年代科学家关于幸岛日本野生猴的报告。猴群第一次被喂食生红薯后，一只被称为爱默的猴子学会了把红薯泡在溪水里洗掉上面的泥沙。接下来的几年里，爱默把这个技能教给了猴群里的其他猴子。"接下来惊人的事情发生了。"华生说。

研究的细节到这里都很清楚，但是人们必须从主要研究者的个人轶事和民间传说中整理故事的剩余部分，因为大部分研究者仍不完全肯定到底发生了什么。而且那些确实怀疑真相的人害怕被嘲讽也不愿意发表它。因此我不得已编出了这个细节，但是，我所讲的差不多似乎是已经发生的事情。

那一年（1958年）的秋天，幸岛上数量不明的猴子在海里洗红薯，因为爱默已经有了进一步的发现，咸水不仅清洗了食物，而且增加了一种新的风味。为了论证，让我们把猴子定为99只，在星期二上午11点，另一只猴子按通常的方式加入了这个队伍。第一百只猴子显然超过了某种数量的门槛，它把这个数量变成了一个临界量，因为到那天晚上猴群里几乎每只猴子都在洗红薯。不仅这样，这个习惯似乎越过了天然屏障，自发地出现了，就像密封在广口瓶里的甘油晶体，它出现在其他岛上的猴子领地里，出现在本岛高崎山的猴群里。[11]

华生用这个故事支持共识—真理论题。但是你也许会问："这个故事真实吗？这些事真的发生过吗？"（许多在书里和文章里复述这个故事的人从不烦心问这个问题。）

如果它真的发生了,它将会给人们带来极大的科学兴趣。但是,它仍然不会成为达到临界量的人能使某事变成对所有其他人为真的这一论题的证据。一方面,这个证据很容易支持其他假说——可能洗红薯习惯实际上不是传播开的,而是独立实验和不同猴子学习的结果。(换句话说,其他猴子学会了爱默的做法。)

另一方面,如果这个故事没有发生,这也不能证明共识—真理命题是假的。它只说明,一个证明我们相信该论题的潜在经验证据并不是有效的而已。

正如后来人们发现的,**这个故事没有发生过**,至少没有像华生和其他人讲的那样发生过。抛开华生故事的表面真实性,我们还是可以详细考察他的论题。他在《生活潮》中说:"当我们之中有足够数量的人认为某事为真,它对每个人就变成真的了。"[12] 如果基于此他就说人群的共识信念能真正改变物理实在(皮尔斯的观点),那他就错了。

相信人群(或猴群)的思想创造外部实在的观点,就如相信个人的思想创造外部实在的观点一样,不合情理,难以置信。但是,相信社会力量影响个体的思想合乎情理,并不难以置信。我们之所信很

> 大多数人像习惯蛋糕上的葡萄干一样活着。
> ——布兰德·布兰夏德

大程度上是我们在其中成长的社会造成的。例如,如果我们成长在印度教社会,我们可能相信神是一种非人格的力量。如果我们成长在佛教社会,我们可能相信没有神。如果我们成长在一个基督教社会,我们可能相信神是非物质的人。但是,某个社会相信某事是真的这一事实,并不使其成为真的。否则的话,社会就是一贯正确的,而我们知道并非如此。社会曾经相信地球是扁平的,太阳绕着地球转,风暴是神怒造成的。在这些例子里,社会都错了。那么,

我们必须得出这样的结论：

仅仅因为一群人相信某事为真并不意味着它就为真。

群体与个体一样易于犯错误——也许更容易犯错误。我们不能通过主张每个人与我们的信念相同就证明我们的信念有理，因为可能所有人都是错的。试图这样做就是犯了诉诸大众的谬误。

另外，如果社会是一贯正确的，那么，与社会不一致而又正确就会是不可能的。既然真理是社会所说的，主张社会是错的将必然为假。因此，社会改革者永远不能正当合理地主张真理在他们一边。

那么，根据社会建构主义，相信存在普遍适用于无论属于哪个社会的所有人的真理的科学家就被蒙骗了——诸如真理 $f=ma$（力等于质量乘以加速度）和 $E=mc^2$（能量等于质量乘以光速的平方）。如果真理与社会相关，那就不存在普遍真理。社会所说的就是真理，这是大多数人的极度专制。

> 与通常所信的恰恰相反的东西常常是真理。
> ——让·德·拉布吕耶尔

但是假设（也可能是真的）我们的社会与科学家的观点一致：并不是所有真理都是社会地建构出来的。这一结论是说社会建构主义是错的吗？根据建构主义的教义，确是如此。你瞧，社会建构主义面临主观主义所遇到的同样的难题：如果每个社会的信念与所有其他社会的信念一样真，那么，实在不是社会建构的这个社会信念也为真。正如主观主义必须承认另一个体的对立意见为真一样，社会建构主义者必须承认另一个社会的对立意见也为真。

让我们一起共振

与第一百只猴子的想法相关的是生物学家和作家鲁帕特·谢尔德雷克（Rupert Shedrake）提出的惊人的"形态共振"理论。他的观点是，宇宙中的所有有机体和结构都有一种它们活动的形式，因为它们存在于塑造它们的"形态场"里。这些能量场包含物体的形式或模式，以及被自己的场决定的不同种类的物体。这些场"有一种嵌入记忆，这种记忆来自以往类似种类的形式"。谢尔德雷克说："肝的场受以前肝的形式的影响，橡树的场受以前橡树的形式和组织的影响。"[13] 肝的形式与橡树叶的形式彼此共振或者沟通，创造了它们各自的场。形态场把模式强加给有生命和无生命的对象——细胞、晶体、蛋白质分子、原子等其他所有物质。

谢尔德雷克认为，动物和人的行为也创造了形态场，形态场反过来又进一步塑造他们的行为。因此，如果你教伦敦的老鼠走迷宫，物种的形态场就发生了改变，突然巴黎的老鼠也会在同样的迷宫里更轻松地通过了。

谢尔德雷克引用了几个现象，他说他的形态理论可以对它们做出最佳解释。这些现象包括自发的动物学习的例子（类似于第一百只猴子现象），人在其他人先学会了某种事物后会学得更快的例子，以及有些生物（如扁虫）具有再生身体器官和修复身体损伤的能力的例子。科学家质疑谢尔德雷克提到的有些现象是否出现过，许多相关研究还很有争议。

然而，我们可以问，接受谢尔德雷克的形态共振理论有道理吗？现在还不能回答。科学家根据某种重要的标准来判断理论的价值，而谢尔德雷克的理论至少在两个方面不足。一个标准是简单性，即一个理论做出的未经证明的假设的数量。假设越多,理论越不可能为真。谢尔德雷克的理论假设了未知实体和未知过程——形态场,以及它们几乎对每个事物的广泛影响。这些假设本身就会导致对理论的怀疑。另一个标准是保守性,一个理论多大程度上与我们已知的事物相符。与我们已经确立起来的信念相冲突的理论不太可能为真。在其他条件都相同的情况下,与我们整个知识系统最一致的理论最好。谢尔德雷克的理论不具有保守性。它与大量有关场、能量、生物化学、遗传学、人类行为和更多领域的科学证据相悖。完全没有一个好证据证明形态场存在并对世界产生了影响。保守性的缺乏使得这个理论不太可能。

仅在普通理论不能解决问题时,我们才应接受一种超常的理论。而在这种情况下,我们没有好理由相信普通理论不能解决问题。在科学史上,科学家经常面临他们不能用那个时期的自然方式解释的令人惊异的现象。但是,他们没有假定那样的现象一定是超常的或超自然的。他们只是继续探究,而且最终找到了自然的解释。

社会建构主义者将使我们相信，没有人能正当合理地批评另一个社会。只要一个社会在践行它信以为真的东西，就没有人能有正当理由断言它所做的是错误的。例如，假设二战期间德国人民同意纳粹的观点，即犹太人是人类的瘟疫，必须清除。如果是这样的话，按照社会建构主义，大屠杀就是正当合理的。因为纳粹在执行他们社会信以为真的事。他们在做正确的事。像普罗塔哥拉一样，社会建构主义者必须认为纳粹的观点与其他所有人的一样真。

如果你不同意——如果你相信纳粹对犹太人的观点是错的，即便他们得到德国人民支持——那么你就不可能是社会建构主义者，因为你已经承认社会可能是错的。从文明史来看，这样的结论似乎不可回避。社会已经错了好多次了：国王拥有统治的神授权力、放血治病，或女人比男人低下等。因此，社会建构主义的教义不值得推荐。

由于社会建构主义认为，社会信以为真而使命题为真，由此可以得出，无论何时个体对一个命题之真产生分歧意见，那一定是他们实际上对他们的社会是相信这个命题还是不信这个命题出现了歧见。但

> 文化相对主义的理念只不过是侵犯人权的借口。
> ——希林·伊巴迪

是，我们所有的分歧真的都与社会相信什么有关吗？假设我们就宇宙里是否有黑洞产生了分歧意见。仅通过做我们社会成员的民意调查就能解决该分歧吗？当然不能。甚至有关不同道德原则之真的分歧看法也不能通过民意调查来解决。例如，堕胎是否在道德上是正当合理的，不能简单地用拉大众选票的方式来决定。因此，真理一定不只是社会共识。

即使真理是由社会制造的，它也不会那么容易被发现，因为不存在我们每个人明确所属的某个单一社会。例如，假设你是一个生活在20世纪40年代的巴伐利亚黑人犹太共产党员。哪一个是你真正所属

的社会？黑人？犹太人？共产党？巴伐利亚人？不幸的是，没法回答这个问题，因为我们都身属若干不同的社会，没有哪一个能声称是我们真正的社会。因此，社会建构主义不仅不是一个合理的理论，也不是一个非常有用的理论。

8.3 实在是由概念架构建立的

常识告诉我们，个人和社会并非都是一贯正确的。二者都会相信错误的事情，而且即使个人或社会不相信某事物，它也可能是真的。为了保存这些洞见，有些相对主义者，就像我们寓言里的第四个人，主张真理不是相对于个人或社会的，而是相对于概念架构的。一种概念架构是对事物进行分类的概念集。这些概念为我们提供了能把我们的经验构件分置其中的范畴。就像邮局用信函分拣台格架把邮件分成可运送的货堆一样，我们用概念架构把事物分成有意义的群组。然而，不同的人会有不同的分法。一个人可能相信一个事物归在一种概念下，而另一个人可能相信它归在另一个概念下。因此，即使两个人共有相同的概念，他们使用概念的方式也可能不同。[14]

> 真理没有自己独特的时间。它的时间就在现在——永远。
> ——阿尔贝特·施韦泽

为了解释个人和社会的易错性，概念相对主义者必须坚持，简单地相信某种事物归属于某一概念不足以使得该事物就属于该概念。必定存在这样一个事实：关于一个事物应该如何被归类的问题不能仅靠信念决定。那应该由什么决定呢？概念相对主义者认为，它至少部分地应该被世界决定。因此，概念相对主义者必定承认，世界在决定什么为真时发挥作用。[15]

尽管世界约束真理,但概念相对主义者不相信世界是决定真理的唯一因素,因为在他们看来,世界不只以一种方式存在。确切地说,不同的概念架构造就了不同的世界。

对概念相对主义者来说,概念架构和世界的关系类似于小甜饼切刀和小甜饼面团之间的关系。就像甜饼面团被切刀切成了不同形状一样,世界被概念架构赋予了各种属性。世界具有一些不被概念架构影响的属性,正如面团具有不被切刀影响的一些属性一样。这些属性允许概念相对主义者解释错误的分类。然而,在某种重要的意义上,世界是概念架构的产物。如哲学家纳尔逊·古德曼(Nelson Goodman)所言,概念架构是造就世界的方式。[16] 因此,具有不同概念架构的人生活在不同的世界里。

这个观点最有影响的支持者之一是哲学家和历史学家托马斯·库恩。他喜欢把概念架构称作范式。在他的《科学革命的结构》一书中(见第2章),库恩使用**范式**一词来指特殊的科学理论以及用来得出那些理论的概念、方法和标准。范式告诉科学家什么是真实的,如何着手探究实在。它们指示何种难题值得解决,何类方法可以解决这些难题。

库恩说,常规科学涉及解决由范式产生的难题。好的理论做出预见,该预见超出了这种理论曾打算解释的事实数据的范围。科学家探索这些预见,看它们能否被事实证实。如果不能,他们手头就有了一个难题。科学家试图通过范式提供的概念资源来解决这些难题。但有时找不着解决难题的方法。若是这样,科学共同体就进入了一种危机状态,并开始寻找一种能够解释反常现象的新范式。当这种范式被发现时,科学共同体就经历了库恩所谓的范式转换。由于范式界定实在,经历范式转换就如同被运送到了一个陌生的宇宙中。库恩这样描述它：

> 从当代历史编纂学的角度考察过去的研究记录，科学史学家可能会惊叹，当范式改变时，世界自身也随之改变。在一个新的范式引领下，科学家选择新的工具，考察新的领域。更重要的是，在范式革命期间，科学家用熟悉的工具在他们以往的领域探究时看到了新的不同事物。它更像是专业共同体突然被运到了另一个星球，在那里他们所熟悉的事物在不同的光照下被考察，并且与陌生事物相结合。当然，那样的事根本没有发生过：没有地理意义上的迁移；实验室外一切如故。然而，范式改变确实让科学家用不同的方式看待他们所研究的世界。只要他们与那个世界的沟通是透过他们所看的和所做的，我们就可以说，经历了革命之后，科学家们所面对的是一个不同的世界。[17]

> 有害的真理比有用的谎言好。
> ——托马斯·曼

在这里，尽管库恩的陈述极有保留，但他似乎在说，接受不同范式的人实际上生活在不同的世界里。

但是，为什么这样说呢？为什么说那些接受不同范式的人生活在不同的世界里，而不直白地说他们对世界持有不同的信念呢？显然，因为库恩相信我们知觉经验的直接内容是由我们持有的信念决定的，而世界是我们经验的总和。在讨论了亚里士多德和伽利略的运动理论的区别后，库恩评论说："伽利略关于下落石头的直接经验内容并不是亚里士多德曾体验的。"[18] 因为伽利略的运动理论与亚里士多德的不同，库恩主张，伽利略在观察一个移动物体时所看到的与亚里士多德看到的不同。

不同范式造就了不同世界,这个观点背后的假设是,所有观察都是渗透着理论的观察。我们所观察的是被我们接受的理论决定的。例如,那些相信地球是太阳系中心的人看到的日出与那些相信太阳是太阳系中心的人非常不同。因为每一种范式生成了自己的事实数据,因而没有中立的数据能用来客观比较不同的范式。结果是,没有范式能被认为比其他范式在客观上更好。

即使我们承认所有观察都是渗透着理论的观察,但这并不是说没有范式中立的事实数据,因为两个范式可以共同享有某种理论。例如,地心说(地球中心)的支持者和日心说(太阳中心)的支持者都会同意,日出时感知到的太阳和地平线之间的距离变大了。他们也会同意其他观察上的相关理论,诸如望远镜、指南针和六分仪的理论。因此,依赖理论的事实数据不排除范式之间的客观比较。

另外,有理由相信,至少有一些观察不是渗透着理论的。如果我们的范式决定了我们所观察到的一切,那么就不可能观察到不符合范式的任何事物。但是,如果我们永远观察不到任何不符合范式的事物——假如我们从未感知到任何反常——就永远不会有范式转换的任何需要。因此,库恩的理论削弱了理论自身——如果我们接受他的观察理论,我们就必须拒斥他的科学史。

> 事实就是事实,不会因为你的好恶而消失。
> ——贾瓦哈拉尔·尼赫鲁

神经生理学对知觉本质的研究为相信观察不都是渗透着理论的观点提供了进一步的理由。心理学家爱德华·亨德特(Edward Hundert)解释说:

> 如果有人丧失了初级视觉皮层(比如,因为得了肿瘤),他们就失去了视力;他们几乎彻底瞎了。但是,如果他们只失去了

次级或三级视觉皮层,他们会显示出一种异常状况,称为视觉失认症。在这种情况下,视敏度仍然正常(这个人能正确指出视力表里"E"的方向)。但他们失去了在他们的视野内识别、命名或匹配简单物体的能力……这种模式能被转换成心理学术语,即认可"知觉"(输入分析)和"认知"(中央处理)之间的一种功能性区别……

通过"上升"的输入分析,不难看出这一整个架构的进化优势:如果我们的传感器直接与中央系统挂钩,我们在大部分时间会以记忆、相信或期望世界的样子去看(或听)这个世界。对新奇事物——意料之外的刺激物——的识别有极其明显的进化优势,这种识别仅通过"哑"输入分析器分离传感器和中央系统才能成为可能。[19]

如果所有观察都是渗透着理论的,我们就永远不能观察到任何新东西。由于我们能观察到新事物,有些观察就一定是脱离理论的。亨德特说,有两类观察:识别和区分。识别可能涉及理论的使用,但是区分并不涉及。把这两种功能区分开来,大脑就允许我们处理意料之外的事物了。接近客观实在似乎成了生存的必要条件。

这似乎也是交流的必要条件。如果世界真的是由概念架构建立的,那就很难解释拥有不同概念架构的人能够互相理解和交流这样的事实。哲学家罗杰·特里格(Roger Trigg)解释说:

假定"世界"或"实在"不能被构想为独立于任何概念架构所导致的结果是,没有理由假定迥然不同的共同体中的人们所看到的世界以任何方式相似。然而,不幸的是,在不同社会的语言之间的翻译或比较能够发生之前,这个假设却绝对必要。没有这个假设,情况就如同居住在两个星球、性情完全不同的人见了面并试图进行交流。因此,假如不存在共同的经验,各种语言将永远是平行线。[20]

因为我们知道在所有不同的概念架构之间的翻译是可能的,所以世界一定不是由概念架构组成的。

翻译要求共同的基准点。因而,有些人认为存在着另外的关于概念架构的观点没有意义。例如,哲学家多唐纳德·戴维森(Donald Davidson)主张,如果我们能把外星人的话语翻译成自己的,我们的概念架构就一定在本质上是同一个。如果我们不能翻译他们的话语,甚至就没有理由假设他们有一种概念架构。[21]

> 实在就是,在你停止相信它的时候,它不会走开。
> ——菲利普·狄克

然而,只要我们不认为真理是相对于概念架构的,我们就没有必要拒斥另外的概念架构的观点。不用太专业的表达,我们就能说使用不同概念的人拥有不同的概念架构。我们甚至可以说,拥有不同概念架构的人用不同的方式体验世界。我们不能说的是,拥有不同概念架构的人生活在不同的世界里,因为那样的说法造成了我们已经讨论过的所有问题。不同的概念架构用不同方式表征世界;它们没有创造不同的世界。

我们能把概念架构视作地图而不是甜饼切刀。如同前面提到的,一块地域可以用不同的方式标绘,每一个地图倘若是精确绘制的,都能被看作是真实的。例如,每一门科学能被看作是实在的不同地图。生物学提供的地图包含的概念可能比物理学提供的地图包含的概念少得多,但是,就像地形地图和公路地图能被看作是同一地域的地图一样,二者都可以是真的。你是咨询生物学家还是物理学家,取决于你想做什么,就像你是查找地形图还是公路图被你的目的所决定一样。因此,没有一个最好的理论就如同没有一张最好的地图。我们不能忘记的是,就如数学家阿尔夫雷德·柯日布斯基(Alfred Korzybski)指出的,"地图不是领土"。[22] 使用不同地图的人们不一定在穿越不同的领土,而且,与库恩提议的似乎相反,改变我们正在使用的地图并不改变我们正在穿越的领土。领土就是领土,它不受我们表征它的方式的影响。

8.4 相对主义者的炸药包

本章涉及内容的很大比重是反对相对主义的。但是,各种形式的相对主义最严重缺陷纯粹是逻辑缺陷:它是自我驳斥的,因为它的真蕴含它的假。

> 所有的概括都很危险,甚至这个概括本身。
> ——亚历山大·小仲马

相对主义者——不论是主观主义者、社会建构主义者还是概念相对主义者——认为一切都是相对的。说一切都是相对的就等于说无限制的全称概括都不是真的(无限制的全称概括意思是,适用于所有个体、所有社会或所有概念架构的一个陈述)。但是,"无限制的全称概括都不是真的"这个命题本身就是一个无限制的全称概括。因此,如果任何形式的相对主义为真,这种形式的相对主义就为假。结果是,相对主义不可能为真。

为了避免这样的自相矛盾,相对主义者可以尝试主张"一切皆相对"的陈述只是相对为真。但是这个主张毫无助益,因为它只是说相对主义者(或者他们的社会或概念架构)把相对主义当作真的。这样的断言不会让非相对主义者消停，因为相对主义者认为相对主义为真的事实不是所讨论的问题。只有相对主义者能提供相对主义为真的客观证据，非相对主义者才应该相信它为真。但是，这个证据恰恰是相对主义者不可能提供的那种证据，因为，依照他们的观点，不存在客观证据。

因此，相对主义者面临两难境地：如果他们客观地阐释他们的理论，他们就用所提供的不利于它的证据击败了自己。如果他们相对主义地阐释他们的理论，就因不能提供有利于它的任何证据而击败了自己。无论怎样，相对主义者都自己打败了自己。

哲学家哈维·西格尔（Harvey Siegel）这样描述了该两难境地：

> 首先，为了与非相对主义者一起讨论这个问题，概念架构的相对主义者必须非相对主义地辩护概念架构的相对主义。相对主义地——即"按照我的概念架构，概念架构的相对主义为真（或正确、正当合理等）"——"辩护"概念架构的相对主义，就是要做不能辩护它的事，因为非相对主义者恰恰对受这种架构约束的主张不为所动。但是，非相对主义地辩护概念架构的相对主义，就是要放弃它，因为以这样的方式辩护就是要承认评价主张的架构中立标准的正当性，而这正是概念架构的相对主义者必须否定的。因此，相对主义地辩护概念架构的相对主义就是要做不能辩护它的事；非相对主义地辩护它就是要放弃它。因此，概念架构的相对主义是自我挫败的。[23]

而任何自我挫败的东西都不能为真。

相对主义者的问题是，他们想保有自己的蛋糕却又把它吃掉。一方面，他们想说，他们、他们的社会或他们的概念架构是判断事物之真的最高权威。但是，另一方面，他们想说，其他个体、社会或概念系统也是同等权威的。相对主义者不可能两全其美。正如哲学家 W. V. O. 奎因（W. V. O. Quine）解释的：

> 文化相对主义者说，真理是受文化约束的。但是，如果是那样的话，那么他在自己的文化里，应该把他自己的受文化约束的真理当作绝对的。在没有超脱这一点的情况下，他不能宣告文化相对主义，而在没有放弃文化相对主义的情况下，他就不能超脱它。[24]

如果个体的、社会的或概念的相对主义为真，那么，在你、你的社会或者你的概念架构之外就不存在据以做出有效判断的立场。但是，如果没有这样的立场，你将不会有思考相对主义为真的基础。因此，在宣称真理是相对的时候，打个譬喻说，相对主义者把自己吊在了它们自己的炸药包上，他们炸了自己。

> 一个人必须接受真理，不管它来自什么源头。
> ——迈蒙尼德

8.5 面对实在

前几部分提出的论证表明，真理不是相对于个体、社会或概念架构的。信念可以是相对的，因为不同个体、社会和概念架构经常拥有不同的信念。但是，相对信念的存在不意味真理是相对的，因为正如我们所了解的，你不能仅仅因为相信某事为真就能使之成真。因此结论是：

存在一个不依赖于我们对其进行表征的外部实在。

换句话说,世界以某种方式存在着。我们能用许多不同的方式把世界表征给我们自己。但是那个被表征的世界对我们所有人都一样。

客观实在的概念不是可选择的,不是某种我们能拿走或留下的东西。每当我们断言某事是如此这般,或者我们认为某事是某种情况时,我们就假定了客观实在的存在。每当相对主义者否定客观实在时,他们就使自己陷入了自我驳斥和矛盾的泥淖中。在关于客观实在之存在的论证中,接受它和否定它的人都必须假定它,否则论证将永远不会有进展。

"但是等等,"你说,"一定还存在一些事物,它们'对我是真的'而'对你不是真的',如果我说我讨厌歌剧,这个陈述对我不是真的吗?如果我喜爱巴特·辛普森(Barter Simpson)、我的左腿疼或者我被政治讨论搞得无聊透了,这些断言对我不是真的吗?"

> 真理也许没有什么助益,但把真理隐藏起来不可能无用。
> ——梅尔文·科纳

显然存在一些关于我们自己的事情是相对的——对我们是一种情况,对其他人是另一种情况。个人的性格特点——心理学和生理学的独特性——是相对于个人的(简喜欢比萨饼但杰克不喜欢;简鼻子上有个痣但杰克没有;音乐声大得让简头疼但不会让杰克头疼)。因此,某些事态对个体也许是相对的。

但是有关那些事态的真理不是相对的。比如说,简爱喝白葡萄酒而杰克不爱喝。在他们第一次约会吃饭时,简说:"我爱喝白葡萄酒。"简的话对她自己是真的而对杰克不是真的吗?不。她的话道出了关于她自己的一个事实,而且因为她确实爱喝白葡萄酒,她的话是真的。它不是对她是真的,对杰克是假的;它就是真的。如果杰克说:"我不喜欢白葡萄酒。"他的话指的是关于他自己的一个事实，对他们两个都是真的。在每一个陈述中，"我"指的是一个不同的人，因此两个陈述说的是不同的事态。

现在我们可以考虑本章开头提出的问题：实在论导致不宽容和狂妄自大吗？答案是，不。实在论者相信，当有分歧时，通过理性论证得出真相在理论上是可能的。毕竟，如果事物以某种方式存在，那么，解决分歧的唯一方法就是诉诸事物存在的方式。但是，如特里格指出的，

> ……某个相信基本分歧**能**有解决余地的人首先会傲慢自大地假定他自己拥有真理的垄断权，然后靠武力强迫他人接受其观点，这样做没有道理。能有解决分歧的方法这一事实本身并不表明哪一方是对的。当双方相互否认时，无论是在道德领域、宗教领域或者其他领域，每一方（如果他们是客观主义者）都会承认至少一方一定是错了。在坚定相信一方是正确的，和同时意识到他可能是错的之间不必有矛盾。傲慢自大不是任何客观主义者理论的产物。[25]

实在论者可能确实很想把他们的观点强加给别人。但是，相对主义者可能也是这样。相对主义者可能强行让别人跟他们一致，因为他们没有其他的依靠。毕竟，相对主义者不能通过诉诸客观标准或者使用理性论证说服任何人。因为相对主义者不相信那是可能的，如果他们想说服某人，除了强迫和操纵以外，还有什么可以用来达到目的？

当然，教条主义没有被相对主义排除。它意外地出现在相对主义者中间，就像它出现在实在论者中间一样。例如，它显然出现在信奉

> *真理是个伟大的调情者。*
> ——弗朗兹·李斯特

新纪元主观主义的人中间。因此，相对主义所蕴含的宽容至多与实在论蕴含的宽容一样多。

而且，拥抱宽容美德的相对主义者又一次让自己陷入矛盾。他们的陈述，即容忍其他观点是好事，是否是客观上真的陈述？如果该陈述是客观上真的，相对主义者就在否定他们的相对主义，因为他们把某个东西视为在客观上是真的。如果他们的陈述指的是，容忍其他观点是好事只是相对为真，那么他们必须承认相反的观点同样正当合理。因而，相对主义者不可能无矛盾地主张每个人都应该是宽容的。

> 真理给世界带来的好处没有它的表象给世界带来的坏处多。
> ——拉罗什富科

发表下列言论的实在论者根本没有矛盾：陈述或者客观上真，或者客观上假；常常很难说陈述是真还是假；我们可能在关于它们的真或假上犯错；由于我们的易错性，我们必须容忍那些持有反对意见的人，并维护他们不同意的权利。

同时也要明白：仅仅因为客观实在存在（因而也有客观真理）不意味着人们不能用不同方式看待这个客观实在。事实上，有些人恰好受了相对主义的诱惑，因为他们意识到存在观看实在的不同视角，以及许多关于那些视角的分歧。但是，从不同视角和分歧的存在不能推出没有客观实在或客观真理。

小 结

相对主义者相信，实在并不独立于我们表征它的方式而存在，个人、社会或概念架构以不同的方式表征实在而创造了他们自己的实在。许多人拥护我们每个人创造了自己的实在这个观点，而且他们欢迎这样的含意，即如果我们相信某事，它就会成真。但是，这个见解将我们卷入这样一个矛盾：人的信念引起某事物存在同时又不存在。唯我论者可能尝试回避这个问题，却忽略了这样的事实，即对我们经验的最佳解释是有一个独立存在的世界。

如果实在是由人的思想创造的（被称为主观主义），那么任何人不论相信什么都是真的。但是，如果每个人与其他所有人的信念一样真，那么，主观主义为假的信念与主观主义为真的信念一样真。因此，主观主义是自我驳斥的。

有些人相信，如果足够多的人相信某事为真，它对每个人就会成真——真理是社会地建构的。但是，仅仅因为一群人相信某事为真并不意味着它就是真的。如果这个社会建构主义为真，社会将是一贯正确的，这是个不合情理的结果。这个教义与主观主义一样也是自我驳斥的。

一个相关的观点是，实在是由概念架构建立的。潜藏于其中的假设是，所有观察都是渗透着理论的。但是有理由相信，至少有些观察不是渗透着理论的。如果所有观察都是渗透着理论的，我们将永远不能观察到任何新事物。接近客观实在似乎是生存和交流的必要条件。

根据相对主义者——无论是主观主义者、社会建构主义者还是概念相对主义者——一切都是相对的。说一切都是相对的就等于说没有无限制的全称概括为真。但是，"没有无限制的全称概括为真"的陈述本身就是一个无限制的全称概括。因此，如果任何形式的相对主义为真，那么相对主义就为假。因此，相对主义不可能为真。

学习问题

1. 一个人通过相信一个陈述为真就能使该陈述为真吗？为什么能

或为什么不能？

2.一个社会通过相信一个陈述为真就能使该陈述为真吗？为什么能或为什么不能？

3.一个陈述能在一个概念架构里为真而在另一个里为假吗？为什么能或为什么不能？

4.思考这个陈述：没有全称概括为真。这个表述可能为真吗？为什么能或为什么不能？

5.相信我们所经历的一切（包括我们遇到的人）是我们自己思想的创造物，这有道理吗？为什么有或为什么没有？

—— 评估这些主张。它们有道理吗？——

1.不要捡那只癞蛤蟆。癞蛤蟆让人长瘤子，人人皆知。

2.最近的民意测验显示，90%的美国人相信天使。因此，天使一定存在。

3.数百万人使用通灵热线。因此这些热线一定有用。

4.这个国家的税收体制不公正而且荒唐。可以问任何人。

5.爱尔兰人曾相信矮妖精存在好几个世纪。矮妖精一定是真的。

—— 讨论问题 ——

1.一个人不能仅相信某事为真就使它成真。一个人能仅因为相信某事道德上正确就能让它正确吗？一种文化或社会仅通过相信某事正确就能让它正确吗？审视这些问题的含意来评价你对这些问题的回答。

2.尽可能多地识别你所属的不同的文化或社会群体。有决定这些群体里的哪一个是你的真正群体的客观方法吗？如果有，哪个群体是？如果没有，这对社会建构主义有什么含意？

3.假设两个人对他们看到的事物有不同的信念。这是否能推出他们在不同地感知这个事物？能推出他们在感知不同的事物吗？有没有一种方法表明两个中的哪一个是正确的？用具体例子解释你的回答。

批判性阅读与写作

I.阅读以下段落并回答以下问题：

1.这个段落里的主张是什么？

2.提供了支持这个主张的任何理由吗？

3.形态场是物理上可能的吗？为什么可能或为什么不可能？

4.形态场的存在是否能支持实在是由社会地建构的见解？为什么能或为什么不能？

5.什么样的证据会使你信服形态场存在？

II.针对这个段落写一篇200字的评论，着重讨论主张是如何被好理由支持的，以及为什么你认为接受这个主张是有道理的（或者是没有道理的）。

段落 7

与第一百只猴子的想法相关的是生物学家和作家鲁帕特·谢尔德雷克提出的惊人的"形态共振"理论。他的观点是，宇宙中的所有生物和结构都有一种它们活动的形式（形态），因为它们存在于塑造他们的"形态场"里。这些能量场包含物体的形式或模式，以及被自己的场决定的不同种类的物体。

谢尔德雷克认为，动物和人的行为也创造"形态场"，形态场反过来塑造他们的进一步行为。因此，如果你教伦敦的老鼠走迷宫，物种的形态场发生了改变，突然巴黎的老鼠也会在同样的迷宫里更轻松地通过了。"在本世纪内，"他说，"学骑自行车、学开车、学弹钢琴、学用打字机会越来越容易，因为许多人已经掌握了这些技能，这渐渐形成了形态共振效应。"

谢尔德雷克引用了几个现象，他说用他的形态共振理论可以对它们做出最佳解释。这些现象包括所谓的自发的动物学习（类似于第一百只猴子现象），人在其他人先学会了某种事物后会学得更快的例子，以及有些生物（如扁虫）具有再生身体器官和修复身体损伤的能力的例子。

注 释

1. Allan Bloom, *The Closing of the American Mind* (New York: Simon and Schuster, 1987), p.25.
2. Shirley MacLaine, *Out on a Limb* (New York: Bantam Books, 1983).
3. Shirley MacLaine, *It's All in the Playing* (New York: Bantam Books, 1987), pp. 171–172.
4. Jane Roberts, *The Seth Material* (New York: Bantam Books, 1970), p. 124.
5. Ted Schultz, "A Personal Odyssey through the New Age," in *Not Necessarily the New Age* (Buffalo: Prometheus Books, 1988), p. 345.
6. Ibid., p. 15.
7. Plato, "Theaetetus," 171 a, trans. F. M. Cornford, in *The Collected Dialogues of Plato,* eds. Edith Hamilton and Huntington Cairns (Princeton: Princeton University Press, 1961), p. 876.
8. Schultz, "Personal Odyssey," p. 342.
9. Joseph Chilton Pearce, *The Crack in the Cosmic Egg* (New York: Julian Press, 1971).
10. Maureen O'Hara, "Of Myths and Monkeys: A Critical Look at Critical Mass," in Schultz, *Fringes of Reason,* pp. 182–185.

11. Lyall Watson, *Lifetide* (New York: Bantam Books, 1979), pp. 147–148.
12. Ibid., pp. 148–149.
13. Rupert Sheldrake, "Mind, Memory, and Archetype Morphic Resonance and the Collective Unconscious," *Psychological Perspectives* 18(Spring 1987): 9–25.
14. Israel Scheffler, *Science and Subjectivity* (Indianapolis: Bobbs-Merrill,1967), p. 36ff.
15. Chris Swoyer, "True For," in *Relativism: Cognitive and Moral,* eds. Jack W.Meiland and Michael Krausz (Notre Dame, IN: University of Notre Dame Press, 1982), p. 97.
16. Nelson Goodman, *Ways of World Making* (Indianapolis: Hackett, 1978).
17. Thomas S. Kuhn, *The Structure of Scientific Revolutions* (Chicago: University of Chicago Press, 1970), p. 111.
18. Kuhn, *The Structure of Scientific Revolutions*, 125.
19. Edward Hundert, "Can Neuroscience Contribute to Philosophy?" in *Mindwaves,* eds. Colin Blakemore and Susan Greenfield (Oxford: Blackwell,1987), pp. 413, 420–421.
20. Roger Trigg, *Reason and Commitment* (London: Cambridge University Press, 1973), pp. 15–16.
21. Donald Davidson, "Presidential Address" (speech made to the seventieth annual eastern meeting of the American Philosophical Association,Atlanta, December 28, 1973).
22. Alfred Korzybski, *Science and Sanity,* 4th ed. (Lakeville, CT: International Non-Aristotelian Library, 1933), p. 58.
23. Harvey Siegel, *Relativism Refuted* (Dordrecht, Netherlands: D. Reidel,1987), pp. 43–44.
24. W. V. O. Quine, "On Empirically Equivalent Systems of the World," *Erkenntnis* 9 (1975): 327–328.
25. Trigg, *Reason and Commitment,* pp. 135–136.